彩图1

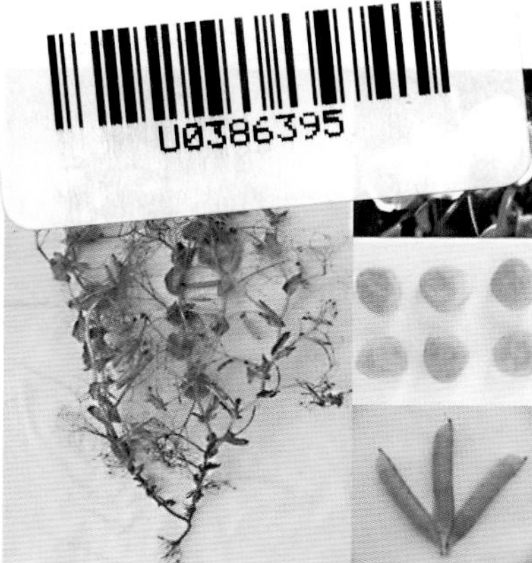

彩图2

彩图3

彩图4

彩图5　　彩图6

彩图7　　彩图8

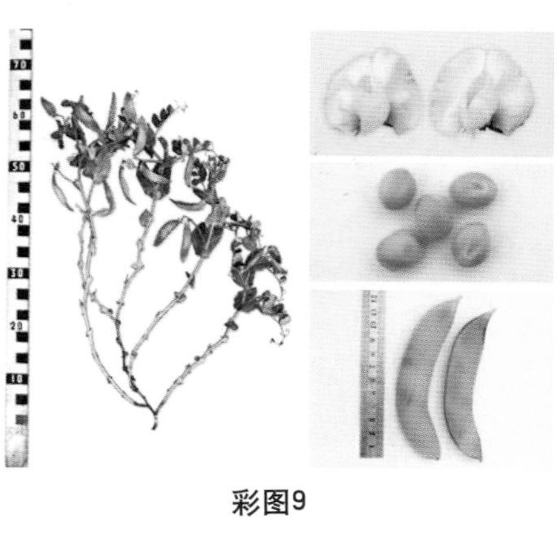

彩图9

彩图10

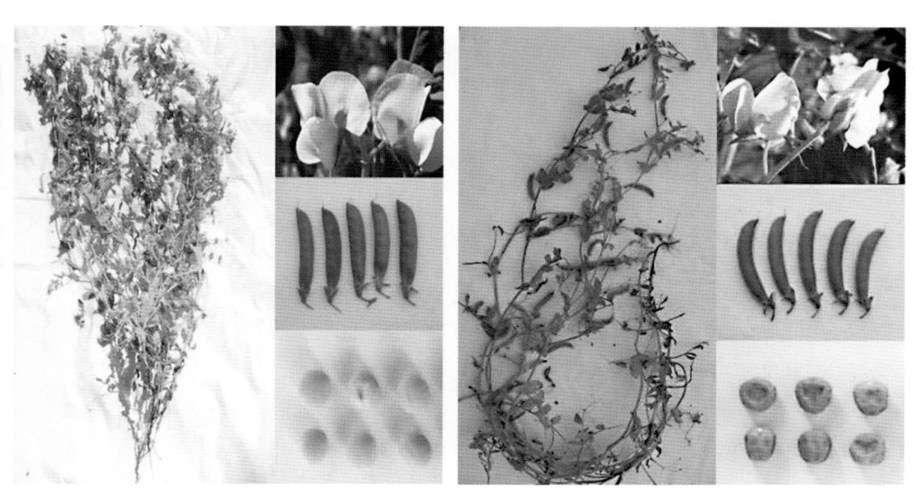

彩图11

彩图12

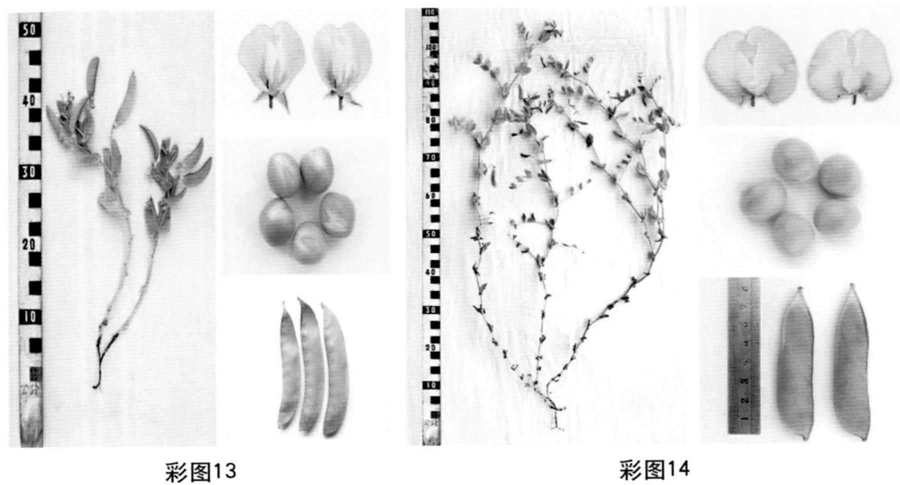

彩图13　　彩图14

彩图15　　彩图16

彩图17

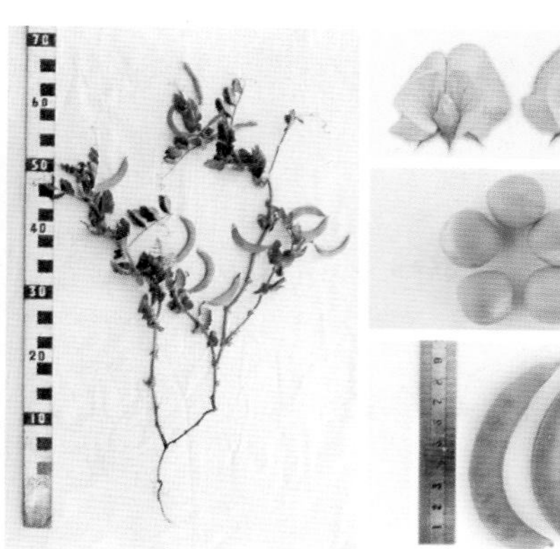

彩图18

彩图19

彩图20

彩图21

彩图22

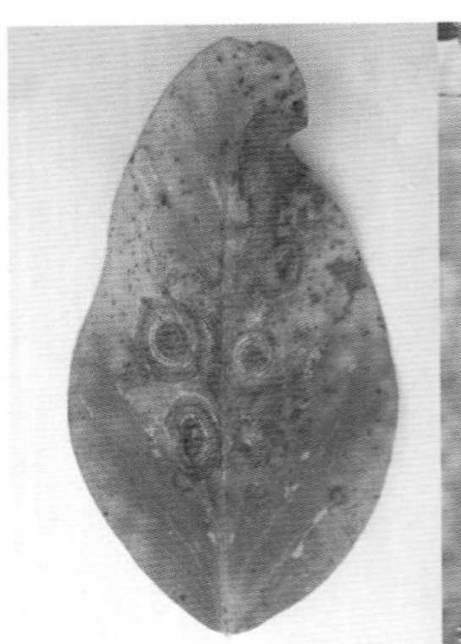

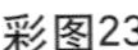
彩图23

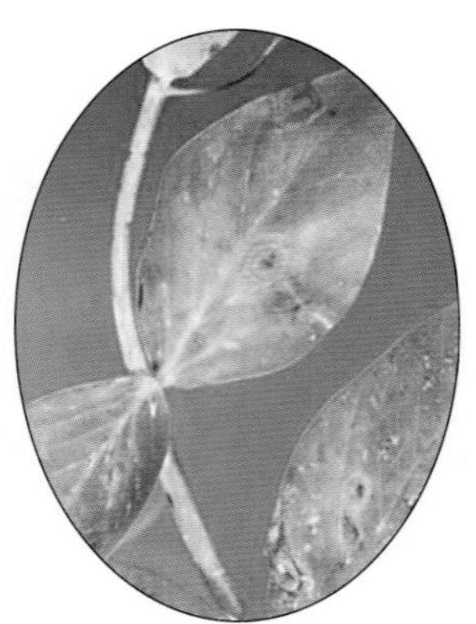
彩图24

彩图25

彩图26

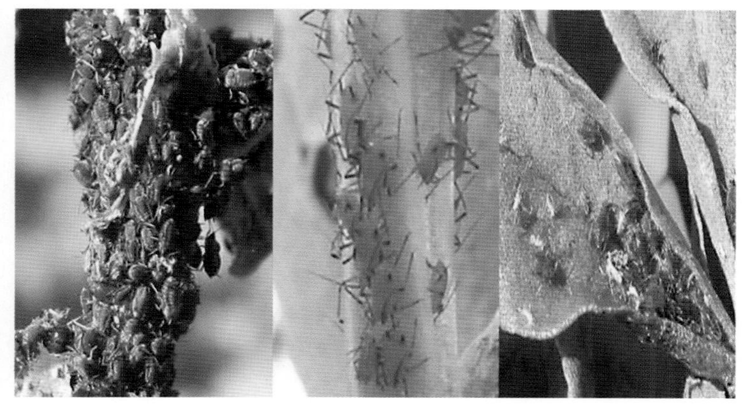

彩图27

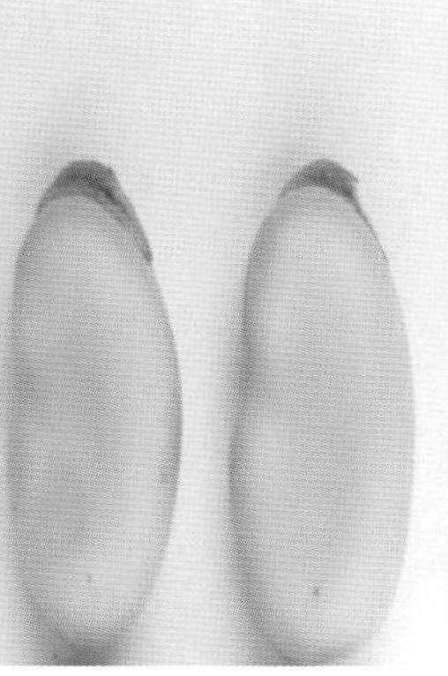

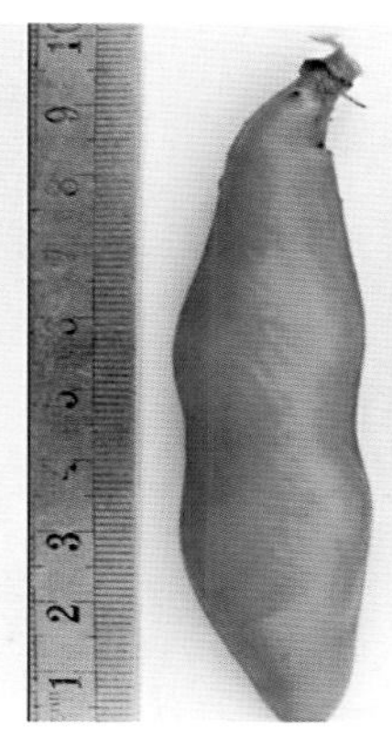

彩图28

彩图29

彩图30

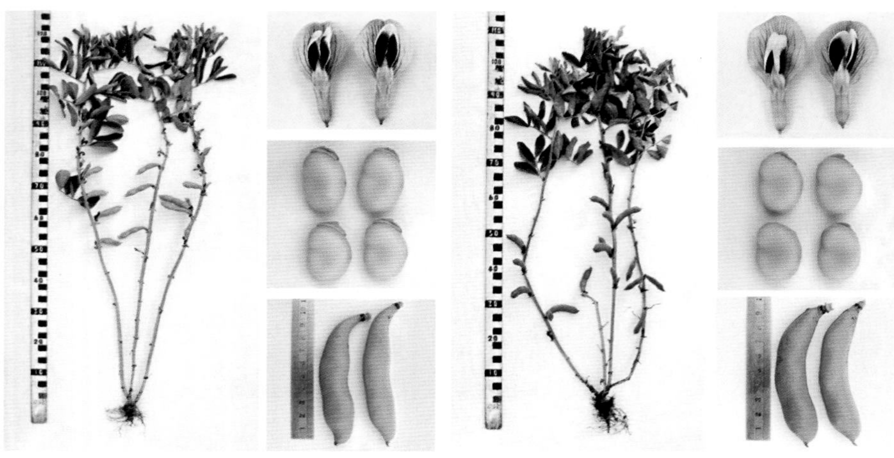

彩图31　　彩图32

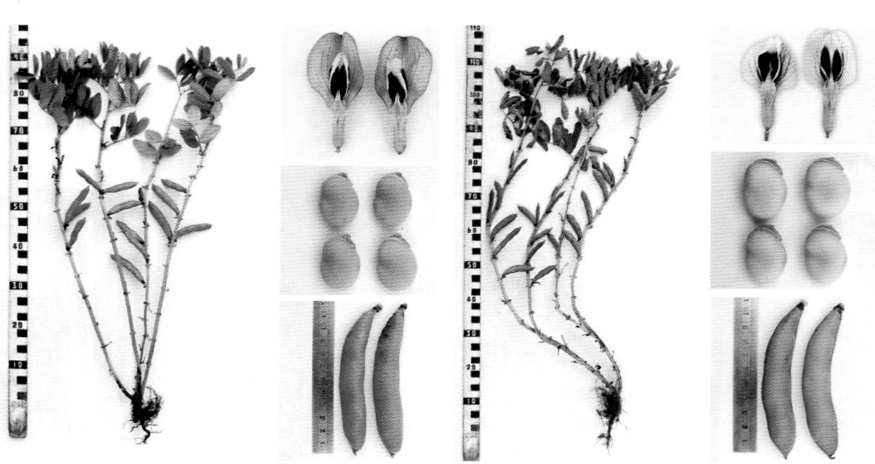

彩图33　　彩图34

彩图35

彩图36

彩图37

彩图38

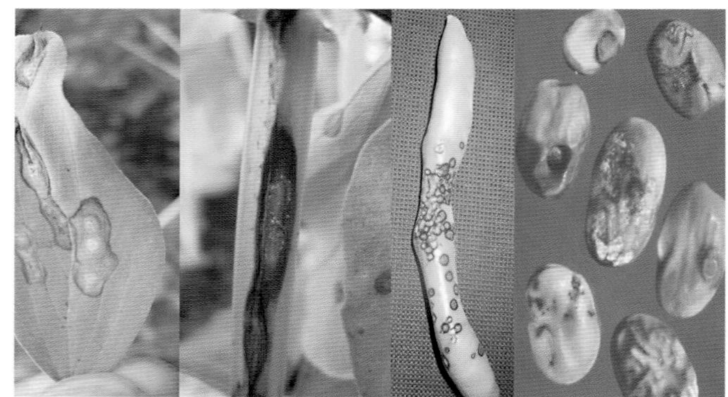

彩图39

彩图40

彩图41

彩图42

彩图43

彩图44

彩图45

彩图46

彩图47

彩图48

彩图49

彩图50

彩图51

新编农技员丛书

豆类蔬菜生产配套技术手册

陈　新　主编

中国农业出版社

图书在版编目（CIP）数据

豆类蔬菜生产配套技术手册/陈新主编．—北京：中国农业出版社，2012.5
（新编农技员丛书）
ISBN 978-7-109-16573-1

Ⅰ.①豆… Ⅱ.①陈… Ⅲ.①豆类蔬菜—蔬菜园艺—技术手册 Ⅳ.①S643—62

中国版本图书馆 CIP 数据核字（2012）第 030080 号

中国农业出版社出版
（北京市朝阳区农展馆北路 2 号）
（邮政编码 100125）
责任编辑 杨天桥

中国农业出版社印刷厂印刷 新华书店北京发行所发行
2012 年 5 月第 1 版 2012 年 5 月北京第 1 次印刷

开本：850mm×1168mm 1/32 印张：10.625 插页：6
字数：268 千字 印数：1～5 000 册
定价：25.00 元

主　　编　陈　新
副 主 编　顾和平　袁星星　张红梅
编写人员　陈华涛　崔晓艳　余东梅　王学军
汪凯华　缪亚梅　郭　军　吴　春
杨加银　冷苏凤　宋锦花　刘凤军
李红飞　黄萍霞　崔　瑾　张继君
万云龙　李　洋　张智明　朱　旭
张丽亚　万正煌

前 言

随着我国经济和社会的迅速发展和人民生活水平的不断提高，农业生产也进入了一个崭新的发展阶段，高效农业特别是蔬菜作物的规模化种植已经成为农业经济新的增长点。

豆类蔬菜作物是集高效农业与用地养地相结合的特色作物之一，在现代高效农业中占据重要地位。近年来，我国各地蔬菜种植户对豆类蔬菜的新品种和新技术的要求越来越迫切，各地也涌现出一大批新品种、新技术、新经验值得借鉴和推广，为此我们编写了《豆类蔬菜生产配套技术手册》。本书以无公害品质和高效生产技术为切入点，将市场需求、政府倡导与农业生产者的切身利益高度结合，将无公害农产品生产技术有关的理论贯穿于实际操作技术之中，以达学以致用之根本目的。本书建立了豆类蔬菜无公害生产从源头到餐桌保证优质、卫生的周年生产及均衡供应等现代产业技术体系，为生产者提供了实际的指导作用。

本书面向广大农村基层农技员和广大农民，内容包括菜豆、长豇豆、菜用大豆、蚕豆、豌豆等豆类蔬菜作物新品种和新技术，浅显易懂，实用性强。相信本书的出版发行对全面提升我国农业技术推广人员和广大农民科学种植水平，推动高效农业规模化和农业发展持续化，增加农民收入，将起到积极的作用。

编　者

2012 年 1 月

目录

第一章　概　述

近几年，随着市场经济体系的逐步建立，农产品市场不断开放，农业种植业结构正在进行前所未有的调整。以市场为导向，以效益为中心，以科技为依托，成为种植业结构调整的重要基础。豆类蔬菜作物以其品种多样化、投入较少、相对效益比较稳定、消费市场较大、易形成“绿色产品”和“有机食品”而在结构调整中赢得了较大份额。

豆类蔬菜作物外在商品性好，内在品质优，产品附加值高，在国际市场具有较强的出口创汇竞争能力。豆类作物均属豆科，蝶形花亚科，均能固氮、培肥地力，将它们与主要粮食作物如玉米、水稻、小麦等合理轮作，能较好地维持土壤养分平衡，保证土壤具有良好的物理性状。长期种植水田作物的田块，适当种植豆科作物，能较快地提高土壤氧化还原电位值，促进土壤养分矿质化和有效性，改变土壤的化学性质。实际生产经验表明，豆科作物和其他农作物合理轮作是保证农作物高产稳产和持续增产的一项重要措施，也是保护农田生态环境、促进农业向绿色农业和有机农业迈进的一条重要途径。

一、豆类蔬菜的种类

豆类蔬菜是指豆科一年生或二年生以嫩豆荚、嫩豆粒供食用的蔬菜，主要包括菜豆（四季豆）、豇豆、豌豆、菜用大豆（毛豆）、蚕豆、扁豆、刀豆、藜豆、四棱豆 9 个属的作物。从生长习性来划分，豆类蔬菜分为两种类型：一是以蔓生菜豆为代表的无限生长型，如豇豆、豌豆、扁豆等；二是以矮生菜豆为代表的有限生长型，如矮生菜豆、毛豆、蚕豆等。从对光照敏感特性来分，菜用豌豆和蚕豆属于长日照作物，其他豆类蔬菜属于短日照作物。

二、豆类蔬菜的生长习性

豆类蔬菜作物根系发达，呈圆锥状，有主根和侧根。多年生豆类蔬菜作物根系入土较深，能吸收土壤深层的钙，因此豆类蔬菜作物与禾本科作物混播，有助于土壤团粒结构形成。豆类蔬菜作物的根具有根瘤，能固定空气中的游离氮素作为本身的营养；茎多为草质茎，也有基部稍木质化的（如菜用大豆等），通常呈圆柱形，少有呈四棱柱形的（如菜用蚕豆）。茎的生长习性有直立、蔓生、攀援等。叶为复叶，互生或对生；根据小叶数目不同，一般分为两类：一类是羽状复叶，如蚕豆和豌豆，后者的顶小叶变为卷须，托叶呈叶状，可代行光合作用；另一类的复叶由3片小叶组成，如菜豆、豇豆、扁豆、菜用大豆等。花依种类不同有白、黄、红、紫等颜色，为蝶形花。豆类蔬菜作物的花一般是自花授粉，但也有异花授粉的，如蚕豆。豆荚的形状、大小和组织构造差异很大，通常为略扁的长圆形或带形，如豌豆、扁豆，有时为圆柱形，如豇豆，其荚果长可达60～70厘米；刀豆的荚瓣干后很坚硬，而许多豆类的荚果幼嫩时柔软多汁，可作为蔬菜食用。豆类蔬菜作物的种子形状、大小差别也很大，有圆球形（如豌豆）、扁椭圆形（蚕豆、扁豆）和肾形（豇豆）；种皮的颜色在同一种类中常因品种不同而异，种子无胚乳，有两片肥大、含丰富营养的子叶。豆类蔬菜作物的种子发芽后，幼苗生长有子叶出土和子叶留土两种不同方式。在种子萌发时下胚轴迅速延伸的，子叶即被推出土面，为子叶出土；反之，下胚轴延伸受到限制的，子叶即留在土中，为子叶留土。

三、豆类蔬菜的特点

豆类蔬菜是当今人类栽培的四大类蔬菜作物（茄果类、叶菜类、瓜类及豆类）之一，在农业生产和人民生活中占有更要地位。豆类蔬菜具有以下三大特点：

（1）豆类蔬菜作物均有根瘤菌固氮。一般每个豆种每年每公顷平均固氮 100 千克左右（每千克氮相当于 3 千克尿素），豌豆每年可固氮 75～85 千克/公顷，蚕豆 55～145 千克/公顷，普通菜豆 45～90 千克/公顷，豇豆 40～200 千克/公顷。

（2）豆类蔬菜籽粒蛋白质含量高达 20%左右以上。四棱豆达 30%～40%，比禾谷类高 1～3 倍，比薯类高 9～14 倍，并含丰富的矿质元素和多种维生素，用途广泛。

（3）豆类蔬菜种类和类型较多。一些豆种具有特殊的耐旱、耐阴、耐湿、耐寒和耐热性，相当多的品种类型生育期较短，能适应各种轮作倒茬、间作、套种等多种耕作制度或作为速生救荒填闲作物。

豆类蔬菜被称为“三营养”作物，即营养人类、营养畜禽、培养地力的优良作物。

四、豆类蔬菜的营养

民间自古有“每天吃豆三钱，何需服药连年”的谚语。意思是说如果每天都能吃点豆类，可以有效抵抗疾病。豆类蔬菜的营养价值非常高，我国传统饮食讲究“五谷宜为养，失豆则不良”，意思是说五谷是有营养的，但没有豆子就会失去平衡。现代营养学也证明，每天坚持食用豆类食品，只要两周的时间，人体就可以减少脂肪含量，增加免疫力，降低患病的概率。因此，很多营养学家都呼吁，用豆类食品代替一定量的肉类等动物性食品，是解决城市中人营养不良和营养过剩双重负担的最好方法。目前市场供应的豆类蔬菜蛋白质含量一般为35%～40%，故豆类食品又有“植物肉”之称。

五、豆类蔬菜的发展情况

目前，我国栽培的豆类蔬菜作物通常包括菜豆（四季豆）、长豇豆、菜用大豆（毛豆）、菜用豌豆（包括荷兰豆和甜豌豆）、鲜食蚕豆和四棱豆等，早毛豆和菜用豌豆、四季豆的生产由于多与出口创汇挂钩而获得较高的经济效益。据统计，2007年在全国19个出口超过5 000万美元的农产品中，毛豆居第6位，菜用豌豆居第11位，为我国外汇出口的主要品种之一。在江苏，2007年毛豆的出口量和产值均居第4位，菜用豌豆居第7位。2007年全省毛豆种植面积约52 000公顷，其中约6 700公顷通过南通中宝蔬菜进出口公司、靖江绿涛食品有限公司、连云港如意食品有限公司、泰州冷冻食品有限公司等蔬菜出口公司出口到日本、韩国以及东南亚、欧、美等国。菜用豌豆种植面积约24 000公顷，其中20 000公顷通过以上公司出口到以上国家。在江苏省，菜用豆类蔬菜的主要种植地区为南通的通州、启东、海门、如东，盐城的东台、大丰，连云港的赣榆、东海以及南京、扬州、泰州的一些市、县。

六、豆类蔬菜的发展趋势

（一）选用高产、优质、专用大粒新品种进行相关生产

高产、优质、专用大粒新品种一般为专用、省工型，如荷兰豆和甜豌豆目前的发展趋势是选用半直立的半无叶豌豆品种苏豌

1号和苏甜1号，这2个品种由于是半直立而非蔓生型品种，在生产中不需要搭架，故不需在棉花茬种植，避免了棉田有毒农药残留的影响，非常适合进行无公害栽培。

（二）豆类蔬菜无公害栽培

由于世界各国普遍加强了对豆类蔬菜的农药残留检测，并提高了检测标准，因此对豆类蔬菜生产提出了更高的要求，菜农要想获得较高经济效益，必须进行无公害栽培。在栽培技术方面，目前多采用无滴多功能覆盖膜进行地膜覆盖，利用频振式杀虫灯和性诱剂杀虫瓶等进行生化防治和物理防治，减少了农药污染。频振式杀虫灯利用大多数害虫具有较强趋光、波、色、味的特性，将频振灯管发出的光波波长设定在320～400纳米范围内。近距离用光，远距离用波，引诱成虫扑灯，利用灯外围设置的频振高压电网触杀飞向灯体的害虫。该灯应用光、波、色、味4种方式诱杀害虫，其杀虫光谱独特，对害虫诱杀作用强，对天敌影响较小，是当前我国无公害蔬菜害虫防治中一项较先进的物理防治技术。一盏灯在一个夜晚诱捕10多种害虫，数量达350余头，其中以斜纹夜蛾、小菜蛾居多。性诱剂杀虫瓶占地面积小，只有矿泉水瓶大小，成本较低，携带方便，主要诱杀小菜蛾、斜纹夜蛾、银纹夜蛾，应用效果非常好。性诱剂杀虫，不使用任何农药，不对蔬菜和环境造成任何污染，特别是在成虫交配期应用效果明显，一劳永逸，是生产无公害、绿色蔬菜的一项实用技术。因此，杀虫灯和性诱剂可以大大减少蔬菜主要害虫的成虫数量，从而扭转蔬菜害虫防治单一依赖化学农药的局面。

（三）进行规模化栽培

采用“科研＋公司＋农户”的订单农业生产方式，对产品进行统一加工、统一规格，减少恶性竞争，实行有序生产。由于有科研作为主导，因此对解决生产中的技术“瓶颈”就有了支撑；

产业化栽培有利于统一管理，统一收购可做到优质优价，为农户提供更大利益，达到“双赢”。

（四）进行相关产品的深加工

规模生产和深度加工是豆类蔬菜作物研究也是其他创汇型豆类作物研究的重要课题。因为规模生产是提高菜农经济效益、减少农业人口的重要手段，深度加工是提高农业初级产品附加值、促进二三产业发展必要措施，从世界农业经济发展的趋势看，规模生产和深度加工是农业和农村经济振兴的重要环节。

第二章 菜豆

一、菜豆的经济价值和生产概况

普通菜豆，简称菜豆，又名四季豆、芸豆、饭豆。起源于中南美洲，15 世纪传入中国，至今已有 500 余年的栽培历史。从用途上主要分为两类，即粒用菜豆和荚用菜豆。菜豆是世界上种植面积最大的食用豆类。据联合国粮农组织（FAO）1998 年生产年鉴报道，全世界有 90 多个国家和地区种植菜豆，总面积 42 322.15万亩*，占全部食用豆类播种面积的近 40%；总产量达1 895.7万吨，占全部食用豆类总产量的近 30%。在我国，各省、自治区、直辖市均有菜豆栽培，但主要分布在云南、贵州、陕西、山西、湖北、四川、河北、内蒙古、黑龙江等省份。菜豆喜欢冷凉气候，因此云贵高原、西北、东北盛产的菜豆，籽粒饱满，粒色鲜艳，商品率高，是出口创汇的优质蔬菜产品。据不完全统计，目前我国粒用菜豆播种面积约 450 万亩，总产量超过 40 万吨。

（一）菜豆的营养和经济价值

1. 菜豆的营养成分

据测定（表 2-1），每千克新鲜菜豆嫩荚含叶绿素 91.93 毫克、维生素 C133.62 毫克、有机酸 172.0 毫克，蛋白质的含

* 亩为非法定计量单位，15 亩=1 公顷。编者注

量则高达4.27%，总糖为3.12%，含水量为90.24%，故食用菜豆具有较高的营养价值。从测定结果可知，菜豆叶绿素的含量很高，嫩荚皮色青翠诱人。叶绿素的化学结构和血红素相似，唯一的区别是血红素含铁，叶绿素含镁，因而叶绿素是一种很好的造血物质和活力恢复剂，可增强心脏功能，影响血管系统，具有平衡血糖及清肝的作用，同时还有一定的抑菌作用，对消炎有辅助作用。因此，菜豆具有较高的食用价值。

2. 菜豆的经济价值

菜豆是重要的食用豆类，其经济价值首先是直接经济价值。据笔者调查，作为荚用的菜豆，一般亩产可达到2 000千克，以每千克3元计算，可获毛收入6 000元，纯收入约4 500元，一年一般可种植两季，亩收入接近1万元。如果是收获干籽粒，一般每亩可收获种子约150～175千克，每千克14元，可获毛收入2 275元，纯收入约1 500元左右。虽然收获干种子的效益较差，但是市场对鲜菜豆豆荚的容量是有限的，同时收获干种子，产品不存在销售风险或者销售风险很小，所以不同的种植区域必须选择不同的产品模式和种植模式。我国收获干籽粒的菜豆，种植面积450万亩左右，而采收鲜荚的菜豆种植面积有1 200万亩。

种植菜豆还有很大的生态效益。因为种植菜豆目前提倡无公害栽培，尽量少用或者不用化学肥料，并使用高效低毒农药或植物源农药、采用物理方法（黄板纸）诱杀昆虫等，这样就会明显减少农产品化学污染和土壤污染、水资源污染。

（二）菜豆的生产和消费形势

菜豆作为世界上最主要的食用豆，生产量和消费量都很大。据报道，2008年全世界有95个国家种植菜豆，总面积达到4.5亿亩，占食用豆总面积的38.7%；总产量达到1 764万吨，占食用豆总量的29.7%。目前，我国粒用菜豆450万亩，总产达到

40 万吨；鲜豆荚采收面积 1 200 万亩，总量达到 240 亿千克。我国籽粒型菜豆主要用于出口，出口国是日本和东南亚；鲜豆荚 70%在国内消费，主要消费区域在沿江、沿海区域以及黑龙江。随着人们生活水平的不断提高，蔬菜的使用量不会减少，只会逐步增加，菜豆作为主要的绿色蔬菜，其消费量在近年内不仅不会减少，反而会缓慢增加。

菜豆是我国人民常见的一类豆科蔬菜，分为蔓生型品种和直立型品种，蔓生型品种具有很长的柔软的蔓，苗期后需要人工搭架。直立型品种植株直立，初花后在主茎的生长顶端长出一个很大的花簇，开花受精后长成多个豆荚，菜豆的营养生长停止。菜豆的新鲜豆荚含有丰富的蛋白质、维生素和叶绿素，是人体新陈代谢不可或缺的重要营养，也是我国中部和南部广大地区居民喜爱的蔬菜。菜豆属于豆科作物，其根系具有大量根瘤，根瘤菌可以将空气中的游离氮素经过一系列生物还原反应，变为可以被菜豆利用的氮素，同时可以明显提高土壤肥力，改善土壤理化性质，促进土壤养分矿质化和有效性。菜豆属于喜温作物，但是不耐高温，对低温也比较敏感，最适宜的温度是 18～25℃，因此在菜豆的高产栽培中，务必注意播种时间，确保菜豆开花结荚时具有理想的温度环境。菜豆的生长季节很短，在长江中下游早春季节，如果 4 月初播种，5 月中旬开花，6 月初采收鲜荚，6 月底净园，全生育期 75 天左右；如果在 7 月底秋播，全生育期仅 65～70 天。在中等栽培条件下，亩产鲜荚 1 300～1 500 千克，高产田块可达 2 000 千克，按照菜豆的土地占用时间和单位面积的产出量计算，种植菜豆经济效益是比较高的，这也是菜豆生长遍布全国多数地区的一个重要原因。近年来，随着农村种植业结构的调整和布局的不断优化，蔬菜的面积不断增加，菜豆面积也在不断扩大，加之菜豆的食品加工业发展很快，速冻菜豆销路很好，产品的附加值也高，也在一定程度上促进了菜豆的生产。

二、菜豆的生物学特性及主要品种类型

（一）菜豆的生物学特性

菜豆属于豆科，蝶形花亚科，菜豆属。一株完整的菜豆植株包括根、茎、叶、花、荚果、种子。

1. 根

菜豆的根由种子的胚根发育而成，其根系属于直根系，入土很深。菜豆的根系由主根、侧根、根毛和根瘤等部分组成，80%集中在土表下25厘米的耕作层内。菜豆的主根是一条近似于圆柱状的器官，上面着生许多侧根，有一次侧根和二次侧根，在主根、一次侧根和二次侧根上均被以根毛，根毛是菜豆吸收土壤水分和矿质营养的主要器官。菜豆的根系上长有大量根瘤，根瘤里含有大量的根瘤菌，根瘤菌可固定空气中的游离氮素，并经过一系列还原反应后变为可被菜豆吸收和利用的氮素。种过一次菜豆的土壤，土壤中氮素含量有明显提高，土壤的理化性状也会得到明显的改良。从未种植过豆类作物的土壤，在第一次种植菜豆时给菜豆种子进行根瘤菌接种，能够明显提高菜豆根系的根瘤数量和菜豆的固氮能力。根瘤菌能够固氮，但是根瘤腐烂后，会在土壤中留下大量不利于下茬豆类作物生长的有机物，称之为“化感物质”，因此豆科作物不可连作，即种过一季菜豆后，应该种植两季非豆科作物。

菜豆的根系具有支撑植株、吸收营养、合成少量有机物的功能。

2. 茎

菜豆的茎由菜豆种子胚里面的胚芽发育而来。胚芽的发育是先分化出幼茎和叶片，然后慢慢生长发育出分枝和花序。菜豆的茎近似圆柱形，也有少数品种的茎呈扁状。菜豆的茎分为无限结荚型和有限结荚型。无限结荚型的茎可以连续进行叶片和茎的分化，其长度可延伸得很长，越到上部，叶片越小，茎秆越细；茎的不断延伸，带来菜豆花序的不断分化，但是越到后来，由于营养物质的运输越来越远，运输过程中的物质消耗越来越多，加之植株慢慢老化，上部的豆荚往往很小，没有商品价值。有限结荚型茎的长度往往很短，一般为 30～60 厘米，这种类型的菜豆从顶端开始开花、结荚，然后往下延伸，开花结荚很集中，豆荚的商品性也比较好。“有限”和“无限”是菜豆两种完全不同的结荚习性，除了表现为主茎的长短明显不同外，栽培方法也有很大差异，无限型菜豆必须人工建立支架，让豆蔓攀援，无限型是从基部开始开花结荚，结荚和采收时间明显长于有限型品种；而有限型品种则相反，不需要人工建立支架，它是从植株顶部开始开花结荚，结荚时间延续得很短，上市比较集中。菜豆的茎包括主茎和分枝，在一次分枝上还会生出二次分枝。菜豆的幼茎有紫色茎和绿色茎两种。菜豆的茎上被以茸毛，茸毛数量的多少和形状是品种的固有特征，是进行品种鉴定的重要性状。菜豆茎上茸毛的有无、多少与菜豆的抗虫性有密切关系，茸毛多而长的品种抗虫性较差，因为茸毛有利于昆虫产卵和幼虫孵化。

3. 叶

叶由幼胚中的叶原基发育而来。菜豆的叶片为三出羽状复叶，也有少数品种呈五出羽状复叶。菜豆的小叶有卵圆、椭圆和长椭圆形，叶色有深绿色、绿色和淡绿色。叶片的厚度差异很大，这种差异是由于叶绿细胞或栅栏细胞层数不同造成的。叶片是菜豆进行光合作用的主要器官，其受光姿态和着生角度与菜豆光合作用效率关系密切。菜豆的高产长相是苗期叶面积系数上升较快，中期绿色叶面积稳定时间长，后期叶片黄花速度小。

4. 花

花是菜豆的主要性器官，花朵的开放是菜豆开始生殖生长的主要外部标志。菜豆的花是蝶形花，由花冠、雄蕊和雌蕊组成，花瓣由旗瓣、翼瓣和龙骨瓣组成，雄蕊由花丝和花药组成，雌蕊由花柱、柱头和子房组成。多数菜豆品种是开花受精，也有少数品种是闭花受精的。菜豆的受精过程一般为 24 小时，花粉粒落到柱头上，会很快发芽，花粉管经过花柱进入子房，在子房内完成双受精过程，其中一个卵细胞和一个精细胞结合后形成合子，慢慢发育成胚，这是菜豆新世代的开始。另一个卵细胞和两个反足细胞结合后，形成三倍体的胚子体，慢慢发育为胚乳，菜豆的胚乳在胚的发育过程中慢慢被胚吸收，到籽粒发育完成时，胚乳仅留下很小的痕迹。菜豆是自花授粉作物，天然杂交率很低。菜豆的花粉粒依靠风力或者蚜虫、蓟马等昆虫传播到柱头上。开花时的气候环境直接影响菜豆的受精效果，晴朗、较为湿润的天气，有利于菜豆授粉，过于干旱或连续阴雨不利于菜豆受精。因此，菜豆进入生殖生长期一定要注意经常抗旱和排涝，保持菜豆生长有一个良好的外部环境。

5. 荚果

荚果也称豆荚，是主要的收获器官，除了少数制种田之外，大多数菜豆均以采收鲜豆荚为目的，在目前的栽培条件下，菜豆的鲜荚产量为每亩 750～1 000 千克。菜豆的豆荚是珠被发育的结果，菜豆的胚珠受精后，慢慢发育为种子。没有受精的胚珠会很快死亡，引起花朵脱落。新鲜的菜豆荚有绿色和白色两种，不同地区的居民对豆荚颜色有不同的喜好。菜豆的鲜荚一般在开花后 10～14 天采收。菜豆鲜荚的形状有圆柱形、扁形、弯镰形，长度从 5 厘米到 25 厘米不等，宽度 0.3～1.5 厘米，我国长江中下游地区的居民比较喜好圆柱形的菜豆荚，北方居民偏好扁形的菜豆荚。菜豆的豆荚大小与籽粒大小有密切联系，籽粒大的品种一般豆荚都比较大，籽粒小的品种一般豆荚都比较小。每个豆荚里面包含的籽粒数量是一种遗传特性，但受环境条件的影响很大，好的栽培环境下，每荚的籽粒数会适当增加，但不会超越该品种本身的固有特性。菜豆豆荚里面的种子数量变化较大，一般在 5 粒至 10 粒之间。菜豆豆荚的被缝线和腹缝线的韧性是一种遗传特性，韧性很强的菜豆品种很易变老，作为鲜食型菜豆，一般不希望这种韧性出现得太早，太早会明显影响菜豆的商品性，会让消费者感到豆荚的“筋”太多，太老。选育无筋或少筋的品种，是菜豆育种的重要目标。成熟的菜豆荚呈灰白色、褐色或棕色，也有少数品种呈黑色。

6. 种子

菜豆的种子以黑色或棕色为多，也有少数品种的成熟种子呈白色或双色。菜豆种子的籽粒大小以百粒干重计算，多数品种的百粒重为18～25克，低于10克的品种很少，百粒重大于30克的品种近年来有不断增加的趋势，太大的籽粒不利于保种和出苗，也不利于籽粒大小均匀一致。菜豆的籽粒形状有梭形、扁圆形、长椭圆形，这些形状主要受遗传控制，栽培条件对其影响很小。菜豆的种子由种皮和胚组成，种皮约占种子重量的10%，胚占90%左右，种皮上面有种脐、珠孔和水孔等。种子特征是鉴别不同品种的重要性状。菜豆籽粒含有丰富的营养，大约含有35%的蛋白质、8%的脂肪，还有大量的矿质元素和纤维素，是营养价值很高的果实。菜豆是有性繁殖作物，籽粒是最重要的繁殖原始材料，种子的发育状况直接影响幼苗的生长质量，因此对于繁种田，我们尤其要抓好中后期的田间管理，确保菜豆种子粒大、饱满、无病、无虫。

（二）菜豆的主要品种类型

1. 直立型品种

直立型品种一般植株矮小，每株开花40～70朵。花期与采收期时间都很短，故产量潜力不是很大，适合与其他作物间、套作。

（1）上海短箕黑子：花紫色，荚长13厘米左右，淡绿色，横切面近圆形，鲜荚品质好。种子黑色，播种到采收50多天，一般情况下，每亩可收获鲜荚500千克。

（2）长沙四月白：花白色，荚长12厘米左右，浅绿色，横切面近于卵圆形，荚肉较薄，种子黄白色，肾形。播种到采收60～65天，亩产550千克左右。抗病能力较强。

（3）苏菜豆1号：由江苏省农业科学院蔬菜所从泰国引入的清迈二号中选育而成。株高30～35厘米，结荚高度8～10厘米，单株分枝4～5个，主茎12～13个，单株结荚40个左右，鲜荚水白色，荚长14厘米左右，横切面扁圆形，背部筋少，采收期相对较长，可达15天，抗病毒病，适合于长江中下游春季或秋季栽培，一般亩产鲜荚600千克，高产田块可达700千克。种子白色，脐白，百粒干重30克左右。

（4）世纪美人（矮生菜豆）：内蒙古开鲁县蔬菜良种繁育场从日本北海道矮生菜豆品种中采用系谱选择育成的最新矮生菜豆品种。株高60厘米，极早熟，从播种至收获嫩荚40天，连续结荚力强，长势壮，生长快，结荚期长，分枝力好，较抗疫病，耐热、耐涝、耐寒。开花率高，株结荚80～120条，花紫色，荚长18～20厘米，单荚质量10克，嫩荚圆粗，长棍形，饱满，皮薄，表皮深绿富有光泽，肉厚，多汁，质脆，无纤维。商品性好，口感佳，投放市场深受消费者欢迎；耐贮运，适应性广，抗逆性强，丰产。

该品种1999年在河南郑州、江苏无锡种植，平均亩产3 500千克，比当地对照品种美国供给者平均增产45%。2000年在贵州贵阳、遵义种植，平均亩产3 700千克，比当地对照品种平均增产48.2%。2000年在江西新余、福建南安和漳州、浙江杭州种植，平均亩产3 800千克，比当地对照品种平均增产52%。经综合观察，其早熟性比美国供给者、法国地菜豆、日本江户川早熟5～7天。本品种适合全国各地菜豆种植区保护地、露地推广。地温稳定在10℃以上即可播种，其他栽培方法同一般菜豆。

（5）矮黄金（矮生菜豆）：矮黄金是极早熟、抗病、优质、高产珍稀矮生菜豆新品种。有6个显著特点：①矮生无蔓，株高

45～50 厘米，茎秆粗壮，抗倒伏，不用搭架；②成熟期早，从播种到采收 45 天左右，地膜覆盖 40 天可采收上市，比其他矮生菜豆早 7～10 天，北方一年可种两茬，南方可多茬种植；③荚形美观，嫩荚圆棍形，光滑笔直，荚金黄色，美观艳丽，荚长15～18 厘米，直径 0.7～0.8 厘米，结荚多而蜜集，单株结荚 60～80 个；④品质优良，嫩荚肉厚，无筋，无纤维，不易变老，食味佳，商品性好，以金色的荚形、优良的品质深受人们喜爱；⑤抗逆性强，抗寒、耐热，高抗病毒病、炭疽病，适合全国大部分地区春秋露地和保护地栽培；⑥高产高效，亩产 2 000～2 500 千克，比金满地、黄金钩增产 20%～30%，效益是普通矮生菜豆的 1～2 倍。实践证明，矮黄金是最有特色的菜豆品种。

2. 蔓生型品种

蔓生型菜豆又称架豆，植株高大，茎秆柔弱，自植株下部开始向上开花，主茎呈无限结荚习性，开花时间较直立型长 50% 或更多，因此结荚时间长，产量高，适合于种植菜豆的地方种植。如果准备搞菜豆高产试验，蔓生型品种是首选的菜豆类型。

（1）78-709：江苏省农业科学院蔬菜所从美国引进种质，经过多代选育而成。该品种植株高大，生产势强，叶片大，主茎和分枝结荚都很多，结荚率高。花白色，在长江中下游地区春播全生育期 86～92 天，播种到采收嫩荚 65 天左右。秋播全生育期 80～90 天，播种到采收嫩荚 53 天左右。嫩荚为绿色，圆直整齐、充分长足的豆荚长 14～15 厘米，宽 0.9～1 厘米，提前收获则较为细短，荚嫩籽小、肉厚，荚面光滑，手感柔软，较抗叶烧病。每亩鲜豆荚可达 1 000～1 250 千克。

（2）扬白 313：扬州市农业科学研究所经过系统选育而成。主蔓长 3 米左右，分枝多，叶片小，生长势较强，结荚率高，白花，白子，荚长 11～12 厘米，宽、厚 0.8～0.9 厘米，荚形较圆直，先端较弯，荚嫩籽小，肉厚，商品性好，适于加工罐头，耐热和耐旱性突出，抗叶萎病，耐病毒病、根腐病和叶烧病，但荚

耐老性较差，必须及时采摘。为早熟品种，春播全生育期 88 天，采收期 28 天左右，秋播全生育期 82 天，采收期 24～28 天。每亩产量 1 100～1 250 千克。

（3）上海白花架豆：又名上海小刀豆，原产上海，江苏、安徽、广东、广西也有大量栽培。主茎蔓长 230 厘米，分枝 4～5 个，生长势强，为中熟品种。春播全生育期 90 天左右，秋播全生育期较短，单株结荚 25 个左右，白花，白子，荚绿色，长 10～13 厘米。宽、厚 0.9 厘米，肉厚，质嫩，采收期长，适于速冻和加工罐头。每亩产量 1 200～1 300 千克。

（4）白子四季豆：主茎高 3 米左右，分枝 4～5 个，荚长 10～13 厘米，荚绿色，表面光滑，横切面近圆形，肉厚，质嫩，每荚有种子 5～7 粒，种子白色，采收期长，产量高，适于机械化收获，可在春秋两季种植，但茎叶柔软，抗倒伏和抗病虫能力较差，除了采收鲜荚外，还可作为加工用品种，在南京、合肥、广西、湖北和湖南等地栽培较多。

（5）红花白壳：成都市郊区地方品种，栽培历史悠久。植株蔓生，茎、叶片和叶柄带紫色，花紫红色，第一花序着生于 4～5 节，每序结 4～6 荚，嫩荚绿色，单荚重约 8 克，单荚长 14 厘米左右，宽 1.1 厘米，厚约 1 厘米，夹肉厚，脆嫩，品质佳。每荚种子 5～6 粒，种子肾形，黑色，中熟，丰产性好。每亩收获嫩荚 750～1 500 千克。

（6）供给者：引自美国，已在全国各地推广。株高 50 厘米，分枝 6～8 个，生长势强，为早熟种，全生育期 68～80 天，播种到采收嫩荚 60 天，嫩荚绿色，圆直，长 12 厘米左右，宽、厚 0.9～1.0 厘米，肉细，较脆嫩，适合于鲜食和速冻加工。每亩产鲜荚 1 000 千克左右。

（7）法国细刀豆：引自法国，已在我国南方部分地方推广。株高 60 厘米，分枝 6～8 个，生长势中等，为中熟种，全生育期 90～100 天，播种到开花 40～45 天，开花后 8～10 天开始采收，采收期 40～45 天，豆荚长 10～14 厘米，粗 0.6 厘米，圆直整齐，品质好，适于速冻和罐藏加工。每亩可收获鲜豆荚1 000～1 200千克。

（8）江户川：由辽宁省农业科学院园艺所从日本引进试验并经审定推广，株高 45 厘米，长势强，荚长约 12 厘米，圆棍状，直而整齐，嫩荚绿色，肉嫩，品质好，适合于速冻和罐藏加工，为中熟品种。春季播种到采收月 55～60 天，秋季播种到采收 50 天左右，每亩可采收鲜荚 1 000～1 250 千克。

（9）黑梅豆：西安市农家品种，可春、秋两季栽培。长势强，株高 40 厘米左右，分枝能力中等，叶片大，深绿色，花紫色，嫩荚绿色，马刀型，长 15～18 厘米，种子黑色，早熟，品种中等，易老化，再生能力强，春播后到早秋仍能正常结荚，每株结荚 30～40 个。每亩可收获鲜荚 1 000 千克左右。

（10）河南肉豆荚：蔓生，中熟种，植株健壮，叶片大，深绿色，花白色，嫩荚绿白色，扁圆棒形，长 18～20 厘米，夹肉肥厚，纤维少，质柔嫩，耐老，品质好。种子大，肾形，灰褐色条纹。抗热，较耐病。春秋均可种植，每亩可采收鲜豆荚 2 000 千克。

（11）丰收 1 号：又名泰国白粒架豆，早熟种，丰产，蔓生型，长势较强，高 3 米左右，一般从第 6 节开始着生第一花序，花白色，每个花序结荚 3～4 个，嫩荚浅绿色，稍扁，表皮光滑，荚面轻微凸凹，肉厚，纤维少，不易老。种子白色，肾形，较小。耐热性强，春、秋均可栽培，每亩可采收鲜豆荚 2 000 千克左右。

（12）双子豆：又名泰国褐粒架豆。蔓生，早熟，长势强，主蔓 3 米左右，分枝 4～5 个。叶色较深，叶柄浅绿，叶面光滑。花白色，嫩荚草绿色，成熟后深绿色，结荚多，质嫩脆，肉厚，品质好，荚扁圆棒形，长 20 厘米左右。种子长圆形，深褐色，春、秋季均可种植，每亩可采收鲜豆荚 2 000 千克。

（13）春秋 95－1 架豆：从自然变异株里选择而成，蔓生，株高 3 米左右，结果早，坐果多，荚长 16 厘米，横切面椭圆形，直径 1.5 厘米。种子小，黄褐色。肉嫩，质脆，耐老，品质佳。抗寒，抗热，高产稳产，春、秋季均可种植。

（14）秋紫豆：晚熟种。蔓生，主蔓第 6 节开始坐果，荚深绿色，带紫晕，长 25 厘米，横径 1.6 厘米，厚 1 厘米，单荚重 16 克以上。无筋，籽粒少，品质好，不耐热，丰产性好，适宜春、秋两季种植。每亩可收获鲜豆荚 3 000 千克。

（15）碧丰：中国农业科学院蔬菜所从美国引进品种中选出的高蔓菜豆品种。植株生长势较强，荚扁条形，长而宽，青豆绿色，单荚重约 18 克，荚长 22～25 厘米，宽 1.8 厘米左右，厚 1 厘米。适合全国种植，北京地区春季露地播种在 4 月中旬，行距 60～70 厘米，株距 26～30 厘米，穴播，每穴 3～4 粒，留苗 2～3 株。每亩可收获鲜荚 1 300～1 500 千克。

（16）哈菜豆 8 号：黑龙江省农业科学院以日本引进材料 96－9 为母本、紫花油豆为父本的杂交后代经系统选育而成的早熟蔓生菜豆新品种。母本 96－9 是从日本引进的矮生菜豆材料，中晚熟，播种到采收 65 天，荚绿色，扁条形，荚长 12 厘米，肉质脆，纤维少，生长势强，抗病性强。父本紫花油豆是黑龙江当前主栽的油豆角品种之一，早熟，播种到采收 60 天，嫩荚绿色带紫晕，扁条形，肉质面，荚长 16 厘米，抗逆性强。1999 年配制杂交组合，后代经本地和海南 6 代系统选择后，2004 年根据育种目标选出品系 9Z622，同年进行品种比较试验，2005—2006 年参加黑龙江省区域试验，2006 年参加黑龙江省生产试验，2007 年 1 月通过黑龙江省农作物品种审定委员会登记，定名为哈菜豆 8 号。

该品种早熟、蔓生，播种到采收 55 天左右。基部分枝多，花白色。基部开始结荚，嫩荚绿色，扁条形，荚长 13 厘米，宽 2 厘米，单荚质量 18 克。肉质面，无背缝线和腹缝线纤维。抗炭疽病能力强于紫花油豆。亩产 2 000 千克左右。适于棚室和露地栽培。

(17) 丽芸 1 号：浙江丽水农业科学院 2002 年以地方菜豆品种红花黑籽为母本，黑珍珠为父本进行杂交，2003—2005 年进行系统选育获得稳定优良株系，2005—2006 年进行株系比较试验，2006 年秋季进行品种比较试验，将其定名为丽芸 1 号，2009 年 12 月通过浙江省非主要农作物品种认定委员会认定。

该品种中早熟，蔓生，生长势较强，分枝多，平均分枝 4.57 个，节间长 17.3 厘米。三出复叶，叶长 12.6 厘米，叶宽 11.7 厘米，叶柄长 15.85 厘米，小叶长、宽分别为 11.1 和 11.2 厘米。主蔓第 5～6 节着生第一花序，一般每花序可生 2～9 朵花，花紫红色。每花序可结荚 2～6 个，单株结荚 50 个左右。嫩荚扁圆形，荚色浅绿，嫩荚长 17.2 厘米，宽 1.1 厘米，厚 0.9 厘米，单荚质量约 10.5 克，嫩荚不易纤维化，质地较糯。荚内种子 4～9 粒，种皮黑色，种子肾形，百粒质量 29.7 克。全生育期 115 天左右，播种至始收 56～60 天，采摘期 55～60 天。平均产量 24 995.7 千克/公顷。

(18) 连农 923：大连市农业科学院针对保护地生产选育的蔓生菜豆新品种。早熟，冬季温室、春季大棚从播种至始收60～65 天，如果育苗则延长 7～10 天。秋季大棚从播种至始收45～48 天。春寄大棚亩产量 3 000 千克以上，加上第二批采收，产量可达 5 000 千克。第一批豆采摘完后，加强管理，半个月就可以摘第二批。该品种已成为北方保护地主栽菜豆品种之一。

植株蔓生，早熟，株高 3 米左右，花白色，始花节位低，一般在 2～4 节开花结荚。商品荚白绿色，扁圆形，中筋，无革质膜，口感良好，适合鲜食。荚长 20～22 厘米，种子白色，千粒量 330 克左右。适应性强，最适于冬季温室、春季大棚、春季露地栽培。

(19) 穗丰 4 号：穗丰 4 号是广州市农业科学研究所以 83 -

B玉豆为母本，12号菜豆为父本进行有性杂交，经5年10代定向选育而成的菜豆新品种。该品种优质、丰产、耐贮运。每亩鲜荚产量1 000～1 500千克。适于春、秋两季栽培。

该品种植株蔓生，生势强，节着生花序，花白色，每花序结4条，荚淡绿色，长扁形，长约20.6厘米，宽1.3厘米，厚0.7厘米，单荚重13.3克。中熟，春植播种期1～2月份，播种至初收70～75天；秋植播种期8月中旬至10月中旬，播种至初收55天，可连续采收25天。耐热、耐寒性强，较抗锈病和疫病。荚型整齐、美观，结荚多，品质好。种子肾形，白色。每亩产鲜荚1 500千克。

(20) 翠玉2号：石家庄市农林科学院经4年系统选育而成的早熟、优质、高产菜豆新品种。2007年、2008年与当地主栽品种进行小区对比试验，并选种荚留种，2009年进行了大区对比试验和生产示范。4年试验示范表明，与当地主栽品种相比，该品种表现出早熟、优质、抗病、高产等优良特性，综合性状好，适宜春、秋露地或设施栽培，具有较好的推广前景。

该品种蔓生，生长势较强，有2～3个分枝。叶绿色，叶柄和茎绿色，花白色。主侧蔓结荚，花枝较长。坐荚节位低，结荚集中。嫩荚圆棍形，白绿色，荚长20.80厘米，宽1.32厘米，厚1.24厘米。嫩荚表面光滑，荚肉厚，缝线不发达，无革质膜，耐老，口感好，风味佳。种子肾形，灰色有褐色花纹，千粒质量315克。春季从播种到开花约40天，到始收约58天，采收期30天。早熟性好，前期产量（前10天产量）高，占总产量的46.5%。抗逆较强，适应范围广。一般每亩产嫩荚1 500千克。

(21) 连农特长9号：利用杂交育种经过系统选育而成，3个亲本为芸丰623、美味、连农923。该品种植株蔓生，生长势强，豆荚白绿色，扁宽，软荚，长直，荚长24.4厘米，荚形指数1.55，单荚重23.8克，商品性好。春季棚栽亩产量3 300千克以上，露地栽培2 200千克以上；秋季露地栽培亩产量1 600

千克以上，适合北方地区春、秋保护地和露地栽培。2008 年 6 月通过大连市科技局组织的专家鉴定。

（22）翠龙：辽宁省水土保持研究所 1994 年在引进的育种材料 9057 中发现自然变异株，单独收获，通过筛选确定为 9504。1998—1999 年参加品种比较试验，1999—2002 年进行区域试验和生产示范试验，2002—2005 年进行生产示范。2006 年进行品种登记。

该品种茎蔓生，根系发达，叶片肥大，植株生长势强。主侧蔓结荚，分枝力强，一般分枝数 5～6 条。花白色，第一花序着生在 3～4 节上。荚果浅绿色，横切面扁圆形，荚果长 25～33 厘米，顺直，平均单荚重 27 克，色泽均匀，商品性好。花期和结荚期较为集中，结荚率高，落花落果少。种子为白色，每荚 8～9 粒种子，嫩荚种子凸起小，种子平均百粒重 42.5 克。中熟，春播 95～100 天，保护地栽培 125 天，从播种到嫩荚开始采收 70 天左右。对菜豆炭疽病、锈病均表现出很强的抗性，发病率、病情指数明显低于对照。

1998—1999 年进行品种比较试验，春露地栽培前期亩产 685.3 千克，比对照品种增加 29.7%；全期平均亩产 3 320.5 千克，比对照品种增产 21.8%。冬春日光温室栽培，前期亩产量 854.1 千克，比对照品种增加 27.8%；全期平均亩产 3 519.5 千克，比对照品种增产 28.8%。1999—2000 年在区域试验中，春露地栽培平均亩产嫩荚 3 314 千克，比当地主栽品种增产 27.3%；保护地栽培平均亩产嫩荚 3 105 千克，比对照品种增产 23.1%。1999—2005 年在朝阳、葫芦岛、阜新、锦州等地进行大面积种植，春露地平均亩产 3 320 千克，比当地对照品种增产 25.7%；保护地平均亩产 3 154.02 千克，比对照品种增产 23.9%。累计推广 3 400 公顷。

（23）特选 2 号：植株蔓生，分枝性强，株高 3 米左右，主茎第一花序着生在第 7～8 节，茎浅绿色，叶片绿色，花冠白色，每花序结荚3～4个。鲜荚长扁形，浅绿色，长18～22厘米，宽1.6～1.8厘米。单荚重15～18克，一般有种子5～7粒，籽小肉厚。嫩荚缝线不发达，纤维少，脆嫩，商品性好。种子肾形，种皮白色，千粒质量350～400克。植株生长势旺，再生能力强，属晚熟品种，从播种到嫩荚采收80天左右，在冬季长季节栽培中，采收期可达150天；该品种耐低温弱光能力强，越冬茬日光温室栽培中，短时间6℃气温能维持生长，露地秋茬栽培中能抗2℃早霜。高抗枯萎病、根腐病。

该品种不仅适合温室越冬栽培，还适于保护地冬春茬栽培和露地晚秋茬栽培。温室越冬栽培亩产可达5 000～7 500千克，秋露地栽培亩产3 000～4 000千克。

(24) 园丰908：1998年用自交系031为母本，57号为父本进行有性杂交，经过三年五代系统选择，2000年得到一个稳定的优良株系9908-2-8-5-1，2001年进行产量比较试验，2002—2003年参加区域试验和生产试验，2004年通过吉林省农作物品种审定委员会审定。

该品种蔓生，早熟，从出苗到采收50天左右。植株生长势强，花白色，嫩荚绿色，无筋，无革质膜，品质好，商品性好，抗病性强，适合速冻储藏。荚长17厘米左右，宽2.6厘米左右，单荚重20克左右，每荚有种子5～7粒，单株结实能力强。亩产量可达30 000千克。

(25) 太空菜豆1号：以双丰1号为材料，经神舟4号飞船搭载，天水绿鹏农业科技有限公司与中国科学院遗传与发育生物学研究所、中国空间技术研究院数十名育种专家两年多试验选育出的菜豆新品种，已通过国家鉴定。

该品种在浙江、上海、成都、甘肃天水等地区布点试验，表现良好。茎蔓生，长势强，主侧枝同时结荚，以主蔓结荚为主，嫩荚绿色，镰刀形，荚长19～22厘米，宽1.4～1.6厘米，厚1.0～1.1厘米，单荚重13～17克，生育期长达130天左右；平均亩产 2 000 千克左右。经田间抗性调查，抗病毒病、锈病，耐低温、弱光能力明显增强。适宜保护地及露地种植。

(26) 平丰九粒白：河南平顶山市农业科学研究所蔬菜研究室从地方菜豆白不老的变异株中经过系统选育而成的菜豆新品种。株高 2～2.5 米，植株蔓生，生长势强，以主蔓结荚为主，叶片绿色，花冠白色，嫩荚直圆棍形，白绿色，单荚长 22～24 厘米，宽、厚约 1.5～2.0 厘米，质量 20～22 克，果荚整齐一致，每荚种子数 7～9 粒。嫩荚纤维少，荚壁肉厚无筋，脆嫩，味甜，品质佳。种子肾形，灰褐色，千粒重 625 克，早熟，丰产。春播至第一次采收嫩荚需 60 天左右，整个采收期 30 天左右，产量集中，每亩产量 1 500～2 000 千克，适宜在东北、华北等地春、秋季露地栽培和保护地栽培。

(27) 2504：植株蔓生，生长势强，分枝较少，株型紧凑。花冠白色，嫩荚绿色、扁条形、较直，荚面种粒稍突，稍有亮泽，单荚重 15～19 克，荚长 18～20 厘米，宽约 1.6 厘米，厚约 1 厘米。纤维少，味甜，品质好。每荚有种子 6～8 粒，种子白色，肾形，百粒重 35 克左右。主茎基部第 2～4 节开花结荚，熟性极早，连续结荚性强，嫩荚采收始期比一般蔓生菜豆品种提早 4～7 天。亩产嫩荚 1 500～2 000 千克。耐热性较强，在秋延后保护地栽培中，植株结荚节位无明显升高。对北京地区的锈病小种具较强的抗性，在秋冬保护地栽培中，当田间锈病大流行时，该品种只在叶片上产生零星、较小的锈孢子堆。适于保护地、露地栽培。

(28) 将军油豆：中熟、蔓生品种。从播种到采收 65 天，生长势强，基部分枝 3～5 个。平均荚长 21 厘米，宽 2.3 厘米，单荚重 24 克，纤维少，肉质面，外观商品性佳，是典型的东北优质油豆角。抗炭疽病、锈病，适应性广，春秋皆可种植，适合露地、保护地栽培，以保护地更佳。种子扁椭圆形，具红花纹，千粒重 535 克。2001—2003 年参加黑龙江省区域和生产试验，平

均亩产分别为 1 560 千克和 1 680 千克，比对照紫花油豆增产 8.2%和 10.3%。

(29) 佳绿菜豆：宝鸡市农业科学研究所 2002 年从日本引进的一个高产矮生菜豆新品种，属矮生无支架类型。植株高，叶簇生，侧枝 7～8 个，叶片浓绿，花冠紫色，结荚集中，荚长 17 厘米，浓绿色，单荚平均质量 15 克，圆棒形。纤维少，肉质柔嫩，耐老，商品性佳。平均产量 2 000 千克，比当地主栽品种老来少增产 15%，货架期 33 天左右。抗锈病、白粉病能力强。

(30) 常菜豆 2 号：湖南常德师范学院特种蔬菜研究所经 4 年系统选育育成。该品种早熟、优质、高产，2001 年 6 月 7 日通过省级专家组现场评议，可在全国春、秋两季露地、设施栽培。

该品种为无限生长类型，蔓生，生长势较强。1～2 个分枝，节间长 18 厘米，叶长 13.8 厘米，宽 12.7 厘米，叶柄长 10 厘米，总蔓长 237 厘米。叶绿色，叶柄和茎呈绿紫色，第四节始花，花紫红色。主侧蔓结荚型，平均每花序结荚 3.6 个。荚紫红色，长 16.2 厘米，直径 1.2 厘米，厚 1.2 厘米，圆棍形，平均单荚重 14.5 克。肉厚，耐老熟，口感好，风味佳。单荚种子 9 粒。种子茶黄色，肾形，千粒重 282 克。春季从播种到开花约 42 天，从播种到始收约 60 天，采收期 35 天，全生育期约 95 天。经济性状好，产量高，亩产 2 500 千克，适应性强，耐低温，抗病性较强。

(31) 花龙 1 号：石家庄市蔬菜花卉研究所菜豆研究室用花脸与早白杂交后经系统选育而成的蔓生菜豆新品种。经过 2001 年和 2002 年在河北、山西两省的多点试验和生产示范，该品种表现出早熟、高产、优质、适应性广等特点，适宜春秋露地及保护地栽培。

植株蔓生，生长势强，分枝性弱，嫩茎绿色，叶片绿色，花冠紫色。嫩荚弯扁条形，浅绿色带紫色条斑，荚长 23～27 厘米，宽1.8～2.0厘米，厚0.7～0.9厘米，单荚质量17～22克。种籽灰绿色或浅褐色，肾形，百粒重27～28克。早熟性好，从播种到始收50～60天。抗病性强，抗病毒病、炭疽病、锈病及细菌性疫病。丰产性好，一般亩产嫩荚2 000～2 500千克。嫩荚革质膜不发达，口感清香，品质好。

三、菜豆的栽培管理技术

（一）露地栽培

菜豆作为蔬菜收获的主要器官是鼓粒50%左右、豆荚长度达到最终长度70%的嫩豆荚，食用的主要是幼嫩的荚皮，而非幼嫩的籽粒。在实际操作过程中，主要是凭经验、看外表，从而确定采收时间，一般说来，长江中下游的菜豆，其采收时间为开花后10～13天，从播种到收获完毕，总共不过60～70天。因此，栽培措施必须环环扣紧。

1. 选用良种

良种的概念，不同区域有同的内涵，除了高产、优质、高抗性等共性外，还有各自不同的要求，比如，加工型品种和鲜食型品种、南方居民喜好的品种和北方居民喜好的品种、耐盐品种和普通广适性品种、蔓生型品种和直立型品种，等等。因此，选用品种应综合考虑多种因素，从而使所选品种不仅高产、优质，而且适销对路，才会产生理想的经济效益。菜豆是对温度比较敏感，对光照长短反应相对钝感的一类作物，总的说来适应性较广，但在大面积引种前，还是要先做适应性试验，在取得成功后，再逐步推广。

2. 合理轮作，精细整地

菜豆属于豆科作物，其根系长有大量根瘤，根瘤里面的根瘤菌可将空气中的游离氮素固定为可供豆类吸收利用的氮素，但是根瘤腐烂后会在土壤中留下大量不利于下季豆类作物生长的多种有机酸，因此种过一季菜豆后，要求种两季非豆科作物后，再种植菜豆，不能连作豆科作物。

搞好田间水系，特别在长江中下游地区，夏季经常连续阴雨，必须开好田间横沟、纵沟、排水沟，做到沟沟相通，确保雨住田干，不留积水。夏季干旱时要及时灌溉，现在很多地方的菜田均配有地下微孔滴灌系统或地面微孔喷灌系统，为及时灌水、科学用水提供了极大便利。菜豆要坚持采用垄作栽培，每垄连沟在一起 1.2 米，其中垄宽 90 厘米，沟宽 30 厘米，垄上种植两行菜豆，平均行距 60 厘米。大面积种植时可以机械起垄。

3. 科学施肥

每亩用优质有机肥 800～1 000 千克，另加复合肥 40 千克，做基肥，初花时看天、看地、看苗情巧施追肥，追肥以化学肥料为主。

4. 适时播种

菜豆是喜温作物，但不耐高温，长江中下游地区，春季 4 月初播种，秋季 7 月底、8 月初播种，避开在高温时期开花。这是菜豆栽培成功的主要措施之一。

5. 及时搭架

蔓生型菜豆品种要在分枝期及时搭架，架材可采用竹竿或细长的树枝。架子主要采用人字架，幼蔓抽出后应及时引蔓。

6. 分批及时采收

菜豆生长期不长，要经常到田间了解其生长发育进程，开花后 10 天，就要准备采收，一般在始花后 13 天就可以开始收获，然后每天均要采收。对于前几天漏采的老荚，也要及时采回后分级、分类包装、上市，不要让遗漏的老荚一直留在植株上，以免影响菜豆鲜荚的均匀度和整齐度。

7. 化学除草

播种后出苗前，及时用土壤封闭处理剂喷雾，杀草。对于残

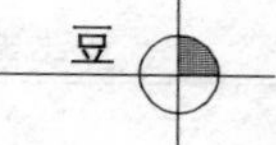

余的杂草，可结合人工松土消灭，也可使用苗后化学除草剂。

8. 干旱时及时灌水

特别在菜豆开花后要保证豆田不发生干旱现象，连续下雨时要及时理清田间的排水系统，保证排水迅速。

（二）春季栽培

春季菜豆栽培的主要矛盾是全苗和低温的矛盾，采取的措施是地膜覆盖和小棚种植。地膜覆盖可用直立型品种和蔓生型品种，小棚栽培仅适用于直立型品种。地膜覆盖有两种方法：一种是将地膜平铺在经过精细整理的地面上，然后在地膜上面打洞播种或者移栽；另一种是先播种，再覆盖地膜，在菜豆全苗时，在有豆苗的地方撕一个口子，让豆苗钻出来，继续生长。覆盖地膜的好处，首先是可以明显提高土壤温度，一般情况下可以提高2℃左右；二是可有效保持土壤湿度，减少干旱给菜豆带来的产量影响；三是可有效控制部分杂草；四是可明显减轻经常下雨带来的土壤板结。除此之外，早春菜豆栽培还要抓好以下几点：

一是选好土地，科学轮作。菜豆不能和其他豆类作物连作，因为豆类作物均有根瘤，根瘤腐烂后，会在土壤里留下大量对豆类作物根系生长不利的有机酸。

二是利用冬天寒冷来临之前将土地深耕 20 厘米左右，将土壤里面的有害生物冻死一部分，同时促进土壤有机养分的矿质化。

三是要认真搞好田间水系，开好横沟、纵沟、隔水沟、排水沟等，确保雨住田干。要精细整地，做好豆垄，垄宽 0.8～1.0 米，沟宽 30 厘米，每垄种植菜豆 2 行，平均行距 55～60 厘米，穴距 30 厘米，每穴留苗 2 株。

四是科学施肥，每亩施用优质有机肥 1 000 千克，并在菜豆开花后每亩施用速效化肥 20 千克左右。

五是适时播种，地膜覆盖，在空气温度 8℃左右，露地播种在地温10℃进行。

六是适时采收，菜豆开花后10～13天就可采收，采收期可以连续15天左右，应坚持每天采收，防止出现老豆荚，收获的菜豆要及时处理，分级出售。

（三）长江中下游地区菜豆早春栽培

主要采用地膜覆盖方法，其高产栽培技术介绍如下。

1. 育苗

早春大棚早熟栽培四季豆采用育苗移栽，播期2月上旬至3月上旬。播前种子用托布津500～1 000倍液浸种15分钟能有效预防苗期灰霉病，用1%福尔马林浸种20分钟可有效预防炭疽病，浸种后用清水冲洗，晾干播种，一般在大棚内温床或营养钵育苗，要注意加强覆盖保温和定植前通风降温炼苗。

2. 田间管理

定植前7天，每个标准大棚沟施或全层施充分腐熟堆肥或厩肥500～700千克、草木灰30～50千克、过磷酸钙8～10千克、复合肥8～10千克，筑深沟、高畦，畦呈龟背形，宽（连沟）1.3～1.5米，覆盖地膜待用。蔓生菜豆每畦种2行，穴距20厘米，每穴种3株，每个标准棚1 200穴左右。定植后成活前，棚温白天保持25～30℃，夜间15℃以上，密闭不通风，以提高地温、促进缓苗。缓苗后棚温白天保持22～25℃，夜间不低于15℃。进入开花期后，白天棚温以20～25℃为宜，夜不低于15℃。在确保上述温度条件下，尽量昼夜通风，以利开花结荚。定植后要及时查苗补苗。水分管理总的原则是浇荚不浇花，即前期控制浇水，结荚后每隔5～7天浇一次水。追肥的原则是花前少施，花后多施，结荚期重施。蔓生种在蔓长10～15厘米时及时搭架引蔓。

3. 病虫害防治

菜豆主要病害有炭疽病、锈病和细菌性疫病。炭疽病可用

50%多菌灵 500 倍液、70%甲基托布津或 25%百菌清 800 倍液防治；锈病可用 15%三唑酮 1 000 倍液防治。细菌性疫病俗称叶烧病、火烧病，可用 50%福美双拌种预防，发病后可用新植霉素防治。

菜豆虫害主要有蚜虫和豆野螟。蚜虫可用 10%一遍净 2 000 倍液防治；豆野螟需从现蕾开花开始防治，掌握喷花不喷荚、喷落地花的原则，即从蕾期开始，每隔 10 天喷一次，喷药时重点放在开花部位，兼喷落地花，以消灭虫源。药剂可用 1.8%虫螨光 4 500～6 000 倍液或 5%抑太保 3 000 倍液。

（四）长江中下游地区菜豆秋季栽培

菜豆秋季栽培和春季栽培方法相差不多，秋季栽培的主要矛盾是高温和全苗的矛盾，播种后可在菜豆田里盖上稻草或黑色遮阳网，待出苗后及时撤除。秋季菜豆的适宜播种时间很短，必须抢时播种。播种太早，生长期容易诱发病害、引起大量落花落荚；播种太迟，生长后期会遇到低温霜冻危害，影响产量和品质。在长江流域，播种时限是下霜前 100 天，一般在 7 月中下旬；华南地区在 9 月下旬至 10 月上旬，可在盛夏末期播种，让苗期在高温的后期度过，秋季一般采用直接播种法，开花结荚期进入适温期。

秋季菜豆营养生长期较短，务必加强田间管理，由于苗期正值高温，要想法降低田间温度，可于清晨勤浇清洁水。第一真叶期使用速效肥，争取在低温到来之前让蔓生型品种尽早抽蔓，施肥浓度比春季用肥降低一半。秋季多雨，要及时清理田间水系，确保田无积水。二叶期及时松土、培地，提高低温，增加土壤的通透性，提高土壤温度和温度变幅，以利形成壮苗。

早秋气温仍然很高，田间各种病虫害发生严重，要经常到地里观察病虫害动态，既不要打“保险药”以减少成本和化学污染，也不能对田间病虫害掉以轻心。秋季菜豆的主要病害是根腐病、炭疽病、立枯病等，要尽量采取生物农药或其他高效低毒农药防治病虫害，减少土壤污染和农产品化学污染。

秋季菜豆落花落荚情况总体上说来比春季轻，主要原因是秋季菜豆分化的花蕾数相对较少，栽培的主攻方向是尽量减少落花、落荚，除了精细整地、科学用肥、搞好田间水系以外，还要注意种植密度，在行距50～60厘米、穴距30厘米时，要求保留每穴两苗，不要太密。及时清理田间草害。

（五）各地菜豆高产栽培（以杭州春播为例）

1. 培育壮苗

1月底播种，采用营养钵育苗，利用大棚、小拱棚及地膜覆盖保温，使床温稳定在10℃以上。播前先浇足底水，每钵中央播种3～4粒，覆薄土，再盖地膜。苗床管理主要以调节床温为中心，出苗后白天温度控制在20～25℃，夜间保持15℃左右。苗床内湿度过大时，及时通风散湿。移栽前一周适当炼苗，以逐步适应定植后的生长环境。播种量以大田亩用种量3 500克为标准。2月4日出苗，2月7日子叶展开，壮苗标准：苗龄20天，苗高12厘米，有真叶4～5片（含2片基生叶），根系发达，无病虫害。

2. 大田移栽

2月25日，大田在翻耕时（前作为水稻）亩撒施3 000千克腐熟猪粪作基肥，用拖拉机翻耕后作成宽1.2米（包括沟）的畦，搭好大棚，扣好膜。选择晴朗天气的3月5日上午移栽定植，每畦2行，株行距30厘米×50厘米，亩施碳铵100千克，加磷肥50千克。

3. 栽后管理

（1）追施苗肥和花荚肥：定植后10～15天已成活，应及时追施苗肥。因前作为水稻，于3月20日亩施45%洋丰复合肥30千克。4月15日始花，亩施45%洋丰复合肥15千克、46%尿素

10千克。4月25日始荚，亩施45%狮马复合肥10千克。结荚后，对养分需求量增加，注意视生长情况及时追肥。另外，每采收一批豆荚后要追施一次水肥。

(2) 搭架引蔓：3月30日搭架引蔓，需注意的是搭架必须要在蔓长10厘米以下进行。引蔓上架应在下午豆蔓不太脆时进行。

(3) 温、湿度管理：定植后，为了促进缓苗，应保持较高的温度，这时大棚紧闭不要通风。如遇倒春寒，在大棚四周覆盖草苫或在畦面扣小拱棚，使棚温保持在25～28℃，夜间15～20℃。缓苗后，适当通风降温，防止徒长。进入开花期，通常白天温度以22～25℃、夜间15～20℃为宜，因为花粉萌发的适宜温度为20～25℃，相对湿度为80%。结荚期外界气温也不断升高，应逐步加大通风量，防止出现高温、高湿而造成落花。当外界气温不低于15℃时，可昼夜通风，以降温排湿，促进开花结荚。

(4) 病虫草害防治：移栽前于2月10日对大田亩用50毫升百草枯除草，3月30日移栽后覆膜前清除沟边杂草。

(六) 各地菜豆高产栽培（以浙江山区为例）

1. 土壤和朝向

山地海拔700～1 000米为最佳，夏季最高温尽可能避开30℃以上。田块朝向以东北、东、东南为好。由于菜豆根系较浅，地上部生长又很旺盛，因此土层要求深厚、疏松、有机质较多，pH值为6.0～7.0，排水良好。黏重的冷水田不适宜种植菜豆。同时，应注意豆科作物不宜重茬栽培，需隔2～3年以上。

2. 品种选择

栽培品种主要有矮生与蔓生两种。矮生种早熟而生育期短(70～90天)，一些地区因茬口安排的需要，可采用生育期短的矮生品种。但矮生品种往往条荚稍短、品质较差，不及高蔓品种好。蔓生种生育期较长，一般在105～120天。蔓生种的品种耐

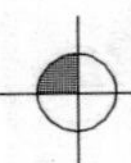

热能力也有差别，红花黑籽（或褐籽）比白花白籽品种长势旺，耐热，但品质不如白花白籽品种。因此，在海拔较低的山区（500～600 米），可选择红花品种，例如上海长箕菜豆、宁波黑籽等；海拔 700 米以上可选择白花品种，如杭州洋刀豆、浙芸一号等。

3. 确定播种期

应以采收期推算适播期。高山菜豆栽培要求其供应期在 7～9 月份。蔓生品种从播种至始收约需 50 天，播种期可安排在 5 月中下旬至 7 月上中旬。海拔 700 米以上的田块，可提早到 5 月上旬播种，越夏较容易，延长了采收期，也可提高产量。海拔低的田块，过早播种不仅易发生病毒病，开花期也遇高温而大量落花，导致严重减产，因此播期可安排在 6 月下旬至 7 月上旬为宜。同时，可根据市场需要适当分期播种，每期相差 15 天左右，使每期的采收高峰期错开，以达到均衡上市。

4. 整地与施肥

菜豆根系较浅，早翻、深翻土壤有利于根系生长。高山土壤较瘠薄，为节省肥料，可在畦中间开沟施厩肥每公顷 30～35 吨、复合肥 450～600 千克或过磷酸钙 600～750 千克，并在畦面上施 750～1 200 千克生石灰（与表土拌匀后施，并整平畦面），可改良高山酸性土壤，减少病害发生。

5. 地膜覆盖栽培

高山栽培应用地表覆盖可保持土壤稳定性，避免遇雨板结或干旱失水，减少地表病害传播和控制杂草生长。通常采用地膜覆盖，在播种前铺盖地膜，挖洞播种，或播种后铺地膜，出苗时及时挖洞；也可就地取材，采用干草覆盖，出苗后利用山草、稻草、麦草铺盖畦面，厚 4～7 厘米，对降低表层土温、抑制杂草生长更有效，并节省种植成本。

6. 播种

适宜的行距为 75 厘米以上（包括沟、畦，宽 1.5～1.6 米，栽种 2 行），保持架与架之间有较宽的空隙，以免过早封垄；穴距为 25～30 厘米，每穴 2～3 株苗。一般发芽率正常的品种，用种量为每公顷 45～60 千克，大粒种子用种量较多，每穴播 3～4 粒，保证每穴 2～3 株苗，每公顷保苗约 15 万株。为确保全苗，在播种的同时，选择一小块土地，随即撒播，并覆 1.5～2.0 厘米厚的膜，盖土，作为补苗用的预备苗。

7. 搭架与打顶

豆架的高矮与行株距对中后期产量影响很大，较高的豆架能保证后期茎蔓正常生长，避免茎蔓过早超过架顶而倒蔓，造成对中下部叶片遮蔽，影响正常开花结荚，一般架高 2.3～2.5 米为宜。搭架要及时，须在秧苗开始甩蔓前进行，防止秧苗缠绕在一起。菜豆茎蔓缠绕能力较强，有逆时针环缠的习性，人工调整时要注意环缠方向。架杆应插在苗外 10 厘米处，每穴一杆。茎蔓满架封顶前需打顶，防止茎蔓生长过旺。

8. 锄草与追肥

覆盖干草栽培的一般仅在畦沟内有杂草，可在插架前与开花初期进行 2 次中耕锄草，并随后把杂草压盖在畦面上。采用透明地膜覆盖栽培的，沟内、膜下均会生长杂草，膜下杂草不易锄铲，一般把沟内较多的土与草压盖在膜面上，即可抑制杂草生长，也可起到减少膜下高温的产生。对生真叶展开后，追施一次稀淡的化肥或人粪尿作提苗肥，对培育壮苗极为重要，一般施硫酸铵每公顷 37.5～75 千克或 10％人粪尿，切不可浓度过大。第二次在中耕后插架前，肥量较前次加大。开花结荚初期重施一次追肥，对坐荚与条荚生长很重要，施复合肥每公顷 225～375 千克或 40％浓粪尿。地膜栽培可在高畦边开沟施入后再覆土，或在膜中间划破后施入。7～10 天后，即结荚中期可再施一次速效肥（硫酸铵、尿素或人粪尿），肥量减半。进入采摘期，每隔4～5 天用浓度为 0.2％的磷酸二氢钾进行叶面喷施，对延长植株生长、提高光合作用、增加结荚率、提高产量十分有利。

9. 病虫害防治

高山菜豆栽培中主要虫害有蚜虫、豆野螟，主要病害有炭疽病、锈病、根腐病等，采用高效、低毒农药，并注意安全施用期，以早期预防为主，喷药时尽可能不喷在嫩荚上，以减少污染。

（1）蚜虫：发生次数多、危害较重，也是病毒病的主要传递者，必须及时防治。可用10％一遍净可湿性粉剂或20％好年冬乳油2 000倍液防治，也可用1％杀虫素3 000倍液喷雾。

（2）豆野螟：主要蛀食嫩荚和茎，可用5％抑太保乳油或5％卡死克1 000～1 500倍液、48％乐斯本800～1 000倍液等喷花。以早防为主，减少嫩荚污染。每隔5～7天喷施一次，连续2～3次。采收前10天停止用药。

（3）菱褐斑病：发病初期喷洒50％多菌灵可湿性粉剂800倍液或40％多菌灵井岗霉素胶悬剂600倍液、70％甲基硫菌灵可湿性粉剂1 000倍液，每隔5～7天喷施一次，连喷2次。采收前10天停止用药。

（4）炭疽病：叶、嫩荚均能发生同心圆凹陷斑块，若嫩荚上感染，完全丧失食用价值，及时防治极为重要。可用50％多菌灵500倍液或75％百菌清800倍液喷雾。发病较重年份每隔5天喷一次，连喷2～3次。

（5）锈病：在高温、较干燥天气下，叶片上发生针眼大小、凸起、呈铁锈状圆斑，严重时造成落叶，可用15％三唑酮（粉锈宁）可湿性粉剂1 000倍液防治。

（6）根腐病：在土壤湿度过大、排水不良、重茬土壤或贫瘠土壤上容易发生，轮作、排水是主要农艺措施。可用70％敌克松500倍液或40％根病净800倍液、50％多菌灵500倍液等喷雾，或喷根。

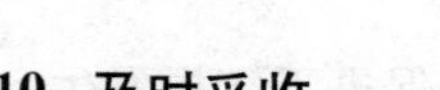

10. 及时采收

嫩荚采摘一般在开花后 10 天左右，由于高山菜豆不可能随采随销，嫩荚长足后采收，再销往外地，到消费者手中往往品质变老，因此建议提早 1～2 天采收。

（七）各地菜豆高产栽培（以贵州等西南山区为例）

1. 地块选择

选择土层深厚、有机质含量丰富、疏松肥沃、排水良好、pH6～7 的沙壤土或壤土。以海拔 700～1 000 米的阳坡地块为好，该类地块昼夜温差大，有利于菜豆生长，采摘期达 70 余天。

2. 播期确定

高海拔的山区可在 6 月播种。

3. 整地施肥

深翻土地，耙细泥土，深沟高畦，畦宽（包括畦沟）水田为 1.5 米，旱地为 1.4 米，畦面宽 1 米左右。施入石灰（每公顷 750～1 125 千克）后翻耕作畦，在畦中间开沟条施厩肥每公顷 2.25 万～3 万千克、复合肥 750 千克、硼砂 15 千克，播种前穴施钙镁磷肥 750 千克。

4. 消毒播种

选用粒大、饱满、无病虫的种子，播前用种子量 0.4％的 50％多菌灵拌种、消毒，若土壤干燥，畦面先要浇足水后再播种，每畦种 2 行，行距 65～70 厘米，穴距 25～30 厘米，每穴播种子 3～4 粒，用种量 30～37.5 千克/公顷（应备足后备苗，用于移苗补缺）。播种后覆盖青草树木，浇水，确保全苗、壮苗、健苗，为高产奠定基础。

5. 田间管理

（1）间苗补苗：播种后 7～10 天查苗，补苗，并做好间苗工作，一般每穴留健苗 2 株。

（2）中耕除草：播种后 10 天第一次除草（第二次除草在爬

蔓前)，中耕清沟（土培于植株茎基部)，促进不定根发生。中耕要浅，以不伤根系为度。

（3）促进壮苗：当幼苗长出第二片叶时，喷481天然芸薹素900倍液，以促进幼苗健壮生长。

（4）搭架铺草：在甩蔓前及时搭架，选用长2.5米的小竹棒搭人字架。当蔓上架后，畦面铺草，以利降温保墒。

（5）肥水管理：根据菜豆的生理特性，要施足基肥，少追施花肥，重施结荚肥。结荚肥一般施2～3次，每次施复合肥150～225千克/公顷。根外追肥可结合病虫害防治，在药液中加入0.2%磷酸二氢钾、钼肥150克/公顷，喷雾，以提高坐荚率。

（6）病虫害防治：

豆野螟：初花期选用48%乐斯本5克，加海正灭灵5克；或用辛硫磷25克，加敌杀死6毫升，对水15千克喷雾。结荚期选用生物农药B.t.50克，加敌杀死6毫升，对水15千克，每公顷675～900千克药液喷雾。

蚜虫：可用10%一遍净2 000倍液或20%好年冬2 000倍液喷雾。

豆角钻心虫（豆螟)：成虫产卵在植株嫩叶部分，5～7天孵化后蛀入豆荚内取食豆粒。3龄以上幼虫钻蛀荚中，喷洒药剂很难将其杀死。防治该虫应加强肥水管理，做到出苗一致、长势整齐、开花结荚期相对集中，以便在关键时期集中消灭。喷药应坚持治蕾为主的原则，开花期喷杀花蕾中的幼虫，最好在晴天花苞开放时喷药。谢花后豆荚10厘米长时喷药，可杀死初孵和蛀入幼荚的低龄幼虫。可选用功夫1500倍液或阿维菌素1 500倍液、阿锐宝（4.5%乳油）1 000～2 000倍液、安雷特（25%乳油）1 500～2 000倍液、锐宁（2.5%乳油）2000倍液、农斯特（40%乳油）1 500～2 000倍液、速凯（44%乳油）2 000～3 000倍液喷雾。

病害主要有锈病、炭疽病、细菌性疫病、根腐病。锈病可用

20%三唑酮 1 000 倍液或 50%多菌灵 800 倍液喷雾；炭疽病可用 75%百菌清 800 倍液喷雾；细菌性疫病可用 72%农用链霉素、新植霉素 3 000 倍液喷雾；根腐病可用 70%敌克松 500 倍液或 70%可杀得 500 倍液浇根。

6. 适时采收

作为嫩荚食用的菜豆，一般花后 8～10 天即可采收，应坚持每天采收一次，既可保证豆荚的品质及商品性，又可减少植株养分消耗过多而引起落荚。

四、菜豆的主要病害及防治

（一）菜豆炭疽病

幼苗发病，子叶上出现红褐色近圆形病斑，凹陷，呈溃疡状。幼茎上生锈色小斑点，后扩大成短条锈斑，常使幼苗折倒枯死。成株发病，叶片上病斑多沿叶脉发生黑褐色、多角形小斑点，扩大至全叶后，叶片萎蔫。茎上病斑红褐色，稍凹陷，呈圆形或椭圆形，外缘有黑色轮纹、龟裂。潮湿时病斑上产生浅红色黏状物。果荚染病，其上生褐色小点，可扩大至直径 1 厘米的大圆形病斑，中心黑褐色，边缘淡褐色至粉红色，稍凹陷，易腐烂。

菜豆炭疽病是由半知菌亚门、刺盘孢属真菌侵染所致。病菌以菌丝体在种皮下或随病残体在土壤中越冬。条件适宜时借风雨、昆虫传播。该病菌发育最适宜温度为 17℃，空气相对湿度为 100%。温度低于 13℃、高于 27℃，相对湿度 90%以下时，病菌生育受抑制，病势停止发展。因此，温室内有露、雾大，易发此病。此外，栽植密度过大、地势低洼、排水不良的地块，易发病。

发病后，可选用 80%炭疽福美 600 倍液或 50%多菌灵 500 倍液、70%甲基托布津 800 倍液、96%天达恶霉灵 3 000 倍液、绿乳铜800倍液、铜高尚600倍液、特立克600～800倍液，交替喷洒，每5～7天一次，连续2～3次，每隔一次可在以上药中添加600～1 000倍天达-2116瓜茄果专用型生物农药。

（二）菜豆白绢病

本病由真菌齐整小核菌侵染引起，寄主范围很广，在蔬菜作物中除豆科蔬菜外，茄科和瓜类作物也易被侵染。

田间识别本病，主要危害茎基部，皮层呈水渍状腐烂、褐色，无明显边缘，斑面上生白色绢丝状菌丝及初呈白色后变褐色的菜籽状菌核，后期病部环绕茎基部一周后，地上部叶片变黄，脱落，整株枯死。

病菌主要以菌核留在土中越冬，菌核耐低温，抗逆力强，在－10℃不丧失生活力，在自然环境下经过5～6年仍具有萌发能力。病菌发育最适温度32～33℃，喜酸性土壤（pH5.9），不耐干燥，喜潮湿。在田间主要靠灌溉水、施肥等传播、蔓延。菌核萌发时产生菌丝，直接侵入。高温、潮湿、栽植过密、不通风、不透光，易诱发本病发生。

发病地块，结合整地每亩撒施消石灰50～100千克，调整土壤酸碱度为微碱性反应，抑制白绢病菌生长发育。加强田间管理，及时排除积水，株行间通风透光，保持地面干燥。增施有机肥料，促进拮抗微生物繁殖（现已查明，在有机肥中具有抑制白绢菌生长的真菌）。发病期间喷洒25%粉锈宁可湿性粉剂2 000～3 000倍液，着重喷洒植株茎基部及其四周地面。

（三）菜豆锈病

主要危害叶片，严重时也可危害茎和荚果。叶片染病，叶面初现边缘不清晰褪绿小黄斑，后中央稍突起，成黄白色小疱斑，为病菌未发育成熟的夏孢子堆。其后，随着病菌的发育，疱斑明显隆起，颜色逐渐变深，终致表皮破裂，散出近锈色粉状物（夏孢子团），严重时锈粉覆满叶面。植株生长后期，在夏孢子堆及其四周出现黑色冬孢子堆，散出黑色粉状物（冬孢子团）。

菜豆锈病由担子菌亚门锈菌目的菜豆单胞锈菌侵染引起。在北方寒冷地区，病菌表现为典型的全孢型单主寄生菌；在南方温暖地区，特别是华南热带、亚热带地区，病菌只见夏孢子和冬孢子，主要以夏孢子越季，并作为初侵与再侵接种体，随气流传播，从表皮气孔侵入致病，完成病害周年循环。前作发病株上的夏孢子，成为下作植株锈病的初次侵染接种体。在植株生长后期，病菌可形成冬孢子堆，但冬孢子在病害侵染中所起的作用并不重要。在广州地区，春植菜豆远比秋植菜豆发病严重。本病菌又是一类专性寄生菌，寄生专化性强，可分化成许多形态相同而致病力不同的生理小种。种和品种间抗病性有差异。一般菜豆比豇豆、小豆较感病；矮生种比蔓生种较抗病；在蔓生种中，“细花”比“中花”和“大花”较抗病。近年国内推介的30多个菜豆品种中，对锈病表现抗（耐）病的品种有碧丰、江户川矮生菜豆、意大利矮生玉豆、甘芸1号、12号菜豆、大扁角菜豆、83—B菜豆、矮早18、新秀2号、春丰4号等，丰收1号、青岛架豆、供给者与推广者、418等，也有一定抗性。

防治方法：

（1）选育和选用抗病高产良种，常年重病地区尤为重要。

（2）必要时调整春、秋植面积比例，以减轻危害。在南方一些地区例如广州，菜豆锈病春植病情远重于秋植，在无理想抗病品种或理想防治药剂而病害严重危害的地方，可因地制宜调整春、秋植面积比例或适当调整播种期。

（3）清洁田园，加强肥水管理，适当密植，棚室栽培尤应注意通风降温。

（4）按无病早防、有病早治的要求，及早喷药预防。可选用25%粉锈宁（三唑酮）可湿粉2 000倍液或20%三唑酮硫磺悬浮剂 1 000 倍液、75％百菌清＋70％代森锰锌（1∶1）800～1 000 倍液、40％多硫悬浮剂 400 倍液、40％三唑酮多菌灵可湿性粉剂 1 000倍液，喷洒 3～4 次，隔 7～10 天一次，交替喷施，喷匀喷足。

（四）菜豆白粉病

本病由真菌蓼白粉菌侵染引起，寄主范围很广（包括 13 科 60 余种植物），是专性寄生菌，有生理分化现象，植株生长期间以其无性态阶段侵染危害，产生分生孢子侵染。

田间识别本病主要危害叶片，产生白粉状斑（病菌分生孢子、分生孢子梗及菌丝体），覆盖在叶面上，严重时，在叶上形成一层白粉。发病后期，病叶逐渐枯萎、脱落。在寒冷地区，病菌以闭囊壳随病残体留在地上越冬，第二年春天闭囊壳产生子囊及子囊孢子，借气流传播侵染危害，随后在被害部分产生白粉状斑，病菌分生孢子借气流传播进行再侵染。荫蔽、昼暖夜凉和多露潮湿，有利本病发生；在干旱环境下，植株生长不良、抗病力弱，有时发病更为严重。

可选用 25％粉锈宁可湿性粉剂 2 000 倍液或 45％达科宁可湿性粉剂 800～1 000 倍液、47％加瑞农可湿性粉剂 800 倍液、70％甲基托布津可湿性粉剂 1 000 倍液、50％硫磺悬浮液 200～300 倍液等，每 7～10 天喷药一次，共 2～3 次。

（五）菜豆细菌性疫病

又名火烧病，是菜豆常见的病害，我国各地露地和保护地栽培均有发生，发病后一般减产 10％～20％，有时达 30％，也降低豆荚的商品价值和品质。

细菌性疫病在菜豆整个生育期内均可发生。叶片和豆荚上病斑较常见，初为暗绿色、油渍状小斑，随后扩大变褐、干枯，薄而半透明，周围出现黄色晕圈，并溢出白色或淡黄色菌脓，干燥后呈白色或黄色菌膜，严重时病斑相连，直至全叶破碎。幼叶感病时扭曲、皱缩、脱落。茎部溃疡状条斑、红褐色，当病斑环绕一周时，植株萎蔫死亡。豆荚上病斑凹陷，由红褐色到褐色，有淡黄色菌脓，严重时全荚皱缩。病斑可深及种子。

病原为黄单胞杆菌属细菌。短杆状，极生一鞭毛。随病株残体进入土壤或附在种子上越冬。成为初侵染源，菌脓借风、雨、昆虫传播，经气孔、水孔或伤口侵入。是典型的高温、高湿病。温度在24～32℃，并且多雨、多雾、露水重的条件下容易发病。此外，施肥不足、除草不及时以及虫害等也会诱发此病。

防治方法：

（1）与非豆科作物轮作2～3年，播种或定植前深翻土。

（2）选用抗病性较强的优良蔓生品种。

（3）选用无病株上采收的健康种子，播种前用45℃温水浸种10分钟，也可用农用链霉素500倍液浸种24小时，还可用50%福美双可湿性粉剂或敌克松原粉拌种，用药量为种子重的0.3%左右。

（4）抽蔓后及时插架或拉绳引蔓。架材轮换使用或经过消毒，发现病叶，立即摘除。勤中耕、除草、杀虫，雨后及时排水，保护地要注意通风降温、降湿。

（5）发现病株时，可用农用链霉素3 000～4 000倍液或新植霉素200微升/升、401抗菌剂800倍液、45%代森铵水剂1 000倍液、倍量式波尔多液喷洒植株，露地每隔7天左右，保护地10天左右喷一次，共喷2～3次。

（六）菜豆枯萎病

北方俗称“死秧”。各地露地和保护地栽培中均可发生，发病后死苗在20%以上，严重时甚至达60%～70%，给菜豆生产带来严重威胁。

初发病时，根系生长不良，侧根少，植株容易拔出。随着病情的发展，主茎、侧枝和叶柄内维管束变黄，并逐渐转为黑褐色，叶脉及两侧叶片组织褪绿黄化，后变褐色，叶片易脱落、焦枯、脱落。由于大量落叶，结荚数显著减少，豆荚两侧缝线也逐渐变成黄褐色。发病后期植株成片死去。

菜豆枯萎病由尖孢镰刀菌感染引起。病原菌丝及厚垣孢子附着在病株残体、土壤、未腐熟的有机肥及种子上越冬。翌年经菜豆根部伤口或根毛先端细胞侵入根薄壁组织繁殖，在导管中产生大量分生孢子，随液流扩散到上部茎蔓、分枝和叶片。大雨或大水后，病菌孢子可随水流传播而蔓延。发病的适宜温度为24～28℃，空气相对湿度70%以上。

防治方法：

(1) 选用抗病品种，如春丰4号、丰收1号等都较抗菜豆枯萎病。

(2) 用50%多菌灵可湿性粉剂拌种，用药量为种子重的0.4%～0.5%，也可用40%福尔马林300倍液浸种4小时。

(3) 轮作3～5年，栽培时从整地作畦到田间管理都要保证排水和通风良好，并施足基肥，促使植株健壮，以抵抗病菌，雨后及时中耕。

(4) 发现病株，可用50%多菌灵可湿性粉剂或50%甲基托布津可湿性粉剂400倍液浇灌植株根部，每株400毫升左右，保护地可用50%速克灵可湿性粉剂1 500倍液或50%扑海因可湿性粉剂1 200倍液喷洒地上部，也可浇灌根部，每株250毫升。每隔7～10天施一次药，连续2～3次。

（七）菜豆根腐病

此病在全国各地菜区都发生很普遍，常造成很大损失。

早期症状不明显，到开花结荚期才逐渐显现。病株叶片变黄，从边缘开始枯萎，但不脱落。拔出病株可见主根上部和茎地下部分变为黑褐色、稍凹陷，有时皮层开裂，侧根减少，植株矮化。当主根全部感病并腐烂时，茎、叶枯萎死亡。在潮湿的环境下，病株基部有粉红色霉状物形成。

该病由菜豆腐皮镰孢菌侵染引起。病菌因有无色镰刀型大分生孢子而得名。以菌丝体随病株残体在土壤中越冬，腐生性强，在没有寄主的情况下，可在土壤中存活 10 年以上，种子不带菌。分生孢子通过雨水反溅或流水在植株间传播。病菌生长发育的适宜温度为 29～32℃，因而高温条件下发病比较严重。土壤水分太多时植株根系发育不良，故低洼地、黏土地易发病。

防治方法：

（1）与非豆科作物进行 3 年以上轮作。

（2）春季适当早播，使菜豆生长期避开高温雨季，既使后期感染，也受害较轻。采用高畦深沟栽培，切忌大水漫灌，雨后及时排水，发现病株应及时拔除，并在病穴及其周围洒石灰粉。

（3）露地用 70％甲基托布津可湿性粉剂 1 000 倍液或 50％多菌灵可湿性粉剂 1 400 倍液、75％百菌清可湿性粉剂 600 倍液、70％敌克松 1 500 倍液喷洒植株，每周一次，连续 2～3 次，如用以上药液浇灌植株根部，防治效果更好。保护地用 70％甲基托布津可湿性粉剂 800～1 000 倍液浇灌根部，也可用 75％百菌清 600 倍液或 50％多菌灵 500～600 倍液喷洒植株主茎基部，每隔 7～10 天一次，连续 2～3 次。

（八）菜豆病毒病

又名菜豆花叶病。在我国分布很广。严重时影响结荚，产量降低。

初发病时，嫩叶出现明脉、缺绿、皱缩，继而呈花叶。花叶的绿色部分突起或凹下呈袋形，叶片通常向下弯曲。有的品种叶片扭曲畸形，植株矮缩，开花迟缓或落花。26℃左右呈重型花叶。豆荚症状不明显。

此病由病毒侵染引起，病原病毒有 3 种，即菜豆普通花叶病毒、菜豆黄色花叶病毒和黄瓜花叶病毒菜豆系。初次侵染源主要是越冬病株残体和带毒的种子。田间主要通过蚜虫传播，传播菜豆普通花叶病毒的有棉蚜、桃蚜、菜缢管蚜、豆蚜和黑蚜；传播菜豆黄色花叶病毒的有豌豆蚜、豆蚜和桃蚜；传播黄瓜花叶病毒的有桃蚜和棉蚜。干旱少雨，蚜虫泛滥时发病严重。

防治方法：

（1）选用抗病品种，如芸丰、优胜者、春丰 4 号、日本极早生等品种抗病性较强。

（2）建立无病菌留种田，选用无病虫感染的种子。

（3）加强栽培管理，苗期保证肥水供应，促进幼苗生长，提高抗病能力。

（4）及时防治蚜虫，消灭病毒传播体。

（5）发病初期喷洒 15％植病灵乳剂 1 000 倍液或抗毒剂 1 号 300 倍液、83 增抗剂 100 倍液，每隔 10 天左右喷一次，连续喷洒 3～4 次。

第三章 长豇豆

一、长豇豆的经济价值和生产概况

豇豆按其荚果的长短分为三类，即长豇豆、普通豇豆和饭豇豆。长豇豆是我国夏秋季节种植的主要蔬菜之一，主要产地有河南、山西、陕西、山东、广西、河北、江苏、湖北、安徽、江西、贵州、云南、四川及台湾等省份。

（一）长豇豆的营养和经济价值

长豇豆营养丰富，经济价值较高。长豇豆含有易于消化吸收的优质蛋白质、适量的糖类及多种维生素、微量元素等，可补充人体的营养成分。豇豆含蛋白质较高（每 100 克含 2.4 毫克），故有“蔬菜中的肉食品”之称。营养学家建议，长期吃素的人可用豇豆佐餐，以增加蛋白质的摄取量。

（二）长豇豆的生产和消费形势

由于优良新品种的不断推广，以及育苗移栽、地膜覆盖、温室大棚等技术的广泛应用，长豇豆品质和产量有了较大提高。近年来，脱水、速冻、腌渍长豇豆等加工业和出口有了长足的发展，为适应国内外需要，我国长豇豆的生产规模将有望持续增长。在我国，长豇豆种植面积广，除青海和西藏外，全国各省、自治区、直辖市均有种植。近年来，我国长豇豆种植面积维持在 40 万公顷以上。河北、河南、江苏、浙江、安徽、四川、重庆、湖北、湖南、广西等省份每年栽培面积超过2万公顷，并形成了浙江丽水、江西丰城、湖北双柳等面积超过1 000公顷的大型专业化长豇豆生产基地，如丽水市莲都区长豇豆生产基地，年种植面积达4 666.7公顷。每公顷产量以北京、天津、河北、山西、内蒙古等华北地区为最高，正常年份在30吨以上；其次为东北地区，接近30吨；上海、江苏、浙江、安徽、福建、江西、山东、河南等地也在20吨以上。

二、长豇豆的生物学特性及主要品种类型

（一）生物学特性

1. 形态特征

长豇豆属豆科一年生植物，蔓生，三出复叶。自叶腋抽生20～25厘米长的花梗，先端着生2～4对花，淡紫色或黄色。一般只结2荚，荚果细长，因品种而异，长约30～70厘米，有深绿、淡绿、红紫或赤斑等。每荚含种子16～22粒，肾脏形，有红、黑、红褐、红白和黑白双色等。根系发达，根上生有粉红色根瘤。

2. 生长习性

长豇豆耐热性强，生长适温为20～25℃，夏季35℃以上高温仍能正常结荚，但不耐霜冻，在10℃以下较长时间生长受抑制。长豇豆属于中光性日照作物，对日照要求不甚严格，南方春、夏、秋季均可栽培。豇豆对土壤适应性广，只要排水良好、土质疏松的田块均可栽植，结荚期要求肥、水充足。

（二）主要品种类型

1. 适合南方种植的长豇豆新品种

（1）早豇1号：江苏省农业科学院蔬菜研究所1998年利用T28-2-1为母本、六月豇为父本杂交育成，2002年通过江苏省

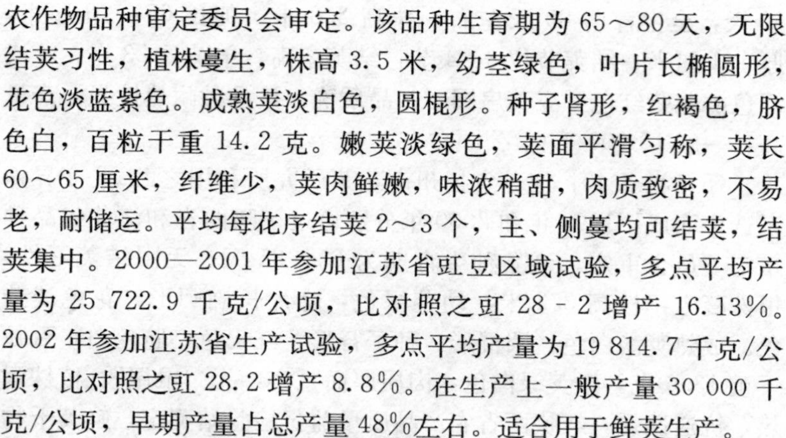

农作物品种审定委员会审定。该品种生育期为 65～80 天，无限结荚习性，植株蔓生，株高 3.5 米，幼茎绿色，叶片长椭圆形，花色淡蓝紫色。成熟荚淡白色，圆棍形。种子肾形，红褐色，脐色白，百粒干重 14.2 克。嫩荚淡绿色，荚面平滑匀称，荚长 60～65 厘米，纤维少，荚肉鲜嫩，味浓稍甜，肉质致密，不易老，耐储运。平均每花序结荚 2～3 个，主、侧蔓均可结荚，结荚集中。2000—2001 年参加江苏省豇豆区域试验，多点平均产量为 25 722.9 千克/公顷，比对照之豇 28－2 增产 16.13%。2002 年参加江苏省生产试验，多点平均产量为 19 814.7 千克/公顷，比对照之豇 28.2 增产 8.8%。在生产上一般产量 30 000 千克/公顷，早期产量占总产量 48%左右。适合用于鲜荚生产。

（2）苏豇 1 号：江苏省农业科学院蔬菜研究所 2005 年采用早豇 2 号为母本、黑豇 3 号为父本杂交育成。该品种生育期为 65～95 天，无限结荚习性，植株蔓生，株高 3.2 米，幼茎绿色，叶片长椭圆形，花色淡紫色。成熟荚淡白色，圆棍形。种子肾形，黑色，脐色白，百粒干重 12.1 克。嫩荚绿白色，荚面平滑匀称，肉质密，耐老、耐贮运。主、侧蔓均可结荚，开花期和采收期均比之豇 28.2 早，产量比之豇 28－2 高，一般产量 40 000 千克/公顷左右。

（3）苏豇 2 号：江苏省农业科学院蔬菜研究所 2004 年利用之豇变异株系，经系统选育而成的早熟、优质、丰产、抗病新品种。该品种植株蔓生，株型紧凑，以主蔓结荚为主，株高 3.3 米，幼茎绿色，叶片长椭圆形，花色淡紫色。成熟荚淡白色，圆棍形。种子肾形，红褐色，脐色白，百粒干重 13.1 克。生育期为 65～80 天。产量 25 800 千克/公顷，前期产量较之豇 28－2 增产 28.2%，总产量增产 25.6%。

（4）早豇 4 号：江苏省农业科学院蔬菜研究所育成的早熟短荚豇豆新品种，2009 年通过江苏省鉴定，适合作春季大棚、秋季露地或大棚栽培。播种至采收嫩荚约 50 天左右，采收期 25～

30 天，全生育期 80 天左右，株高 3.3 米，荚长 65～70 厘米，厚 1.1 厘米，结荚节位 3～4 节，结荚率高，单荚重 23 克。叶浅绿色，花紫红色，豆荚扁圆形，品质优。该品种耐热性强，产量高，一般 15 000 千克/公顷左右。

（5）扬豇 40：江苏省扬州市蔬菜研究所利用之豇 28 变异株系选育而成，1999 年和 2000 年分别通过了陕西省和江苏省品种审定委员会审定。该品种生育期为 65～85 天，无限结荚习性，植株蔓生，株高 3.2 米，幼茎绿色，叶片长椭圆形，花色淡紫色。成熟荚淡白色，圆棍形。种子肾形，红褐色，脐色白，百粒干重 13.6 克。嫩荚绿白色，肉质厚而紧实，无“鼠尾”。植株耐热，抗逆性强。经陕西省农产品质量监督检验站测定，鲜荚干物质总量 9.70%，总糖 3.54%，粗纤维 1.29%。适宜春、夏两季栽培。长江中下游地区春季栽培产量 22 500 千克/公顷左右，夏季栽培产量 19 500 千克/公顷左右。

（6）之豇 106：浙江省农业科学院蔬菜研究所培育的长豇豆新品种。蔓生，较早熟，分枝少，叶色深，叶片较小，不易早衰，约第 3 节着生第一花穗。抗病毒病、锈病、白粉病能力强，商品性佳，嫩荚油绿色，荚长约 65 厘米。肉质致密，采收弹性大。耐热性强，耐贮性好，室温下（约 25℃）贮藏期比之豇 28－2 延长 12 小时。前期产量与之豇 28－2 相当，总产量提高 10% 以上，一般 33 000 千克/公顷以上。

（7）之豇 108：浙江省农业科学院蔬菜研究所培育的长豇豆新品种。蔓生，中熟，生长势较强，不易早衰，分枝较多，根系强大，抗逆性强，对病毒病、根腐病和锈病综合抗性好。单株分枝约 1.5 个，叶色深，三出复叶较大。约第 5 节着生第一花穗，单株结荚数 8～10 条，每花穗可结 2～3 条，单荚种子数 15～18 粒。商品性佳，嫩荚油绿色，荚长约 60 厘米，平均单荚质量 26.5 克，横切面近圆形。肉质致密，耐贮性好。胭脂红色，肾形，种子百粒质量约 15 克；适宜于夏秋季露地栽培，全生育期

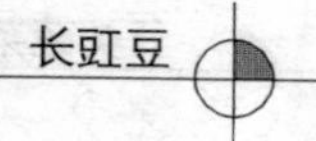

65～80天。

(8) 之豇28-2：浙江省农业科学院蔬菜研究所培育的长豇豆新品种。早熟，耐热性较强，耐寒性中等，抗花叶病毒病能力较强。植株蔓生，生长势强，生长速度快，全生育期80～100天。分枝弱，以主蔓结荚为主，结荚性好，主蔓第3～5节开始着生第一花穗，第7节以上节节有花穗。花浅紫色，每花穗结荚2～4条，荚白绿色，长约65厘米，单荚质量约20克，荚壁纤维少，肉厚，籽少，质糯，不易老化，品质好。适应性广，适宜于全国各地种植（除高寒地区），春、夏、秋季均可种植。适宜穴行距为0.25米×0.7～0.75米，每穴2～3株。春季早熟栽培时，苗期用地膜加小拱棚覆盖。一般亩产30 000千克/公顷左右。

(9) 绿豇1号：宁波市农业科学研究院培育。植株蔓生，早熟，以主蔓结荚为主，分枝较少，全生育期80～100天。第1花穗着生节位平均为4.3节，每穗花结荚2～4条，每株结荚13～16条。嫩荚绿色，长圆棍形，上下粗细均匀，色泽一致，平均荚长约58厘米，荚横径0.72厘米左右，单荚鲜质量18.6克左右。嫩荚商品性佳，炒后色泽翠绿，质地脆嫩，风味好。适应性较广，对光周期不敏感，抗逆性较强，产量比宁波绿带约高9.6%，对锈病、白粉病、煤霉病耐病性较强。一般亩产30 000千克/公顷左右。

(10) 白籽无架豇豆：江苏省涟水县石湖良种研究会推广的新品种。该品种早熟性、丰产性、抗逆性和适应性均优于美国无支架豇豆。植株粗壮，高55厘米，茎直立，根系发达，抗倒伏。种子白色，较小，花为白色。嫩荚长55～60厘米，前期浅绿色，后期乳白色，肉厚，甜脆可口，无纤维，耐老化。春、夏、秋季均可播种，春播50天左右始收嫩荚，可延收到霜降。耐高温，不耐寒，喜肥水，抗旱性强。每公顷产嫩荚37 500～45 000千克。

（11）**燕带豇**：上海宝山彭浦乡农科站从一点红豇豆和24粒豇豆的杂交后代中选育而成，长江流域春、秋两季普遍栽培。植株蔓生，长势强，茎叶粗大。主蔓结荚，第3～5节着生第一花序，花浅紫色，嫩荚绿白色，顶端青绿色，荚长60～65厘米，肉较厚，表皮薄而微皱，纤维少，脆嫩质优。每荚有种子20粒左右，肾形，枣红色。较抗病毒病、煤霉病、锈病。中早熟，长江流域春季保护地栽培于3月中旬育苗，6月上旬始收。露地栽培于4月下旬至5月上旬播种，6月下旬至7月上旬采收，秋季7月至8月初播种，9月至10月中旬采收。一般30 000千克/公顷左右。

（12）**秋豇512**：浙江省农业科学院园艺研究所选育而成。耐低温，以秋季栽培为主，适宜华东、华南及西南等地区种植。早熟，播种到采收需46天，植株蔓生，分枝性强，侧枝多。叶片大，绿色，主蔓第一节着生第一花序。嫩荚银白色，长约40厘米，横径约2.9厘米，单荚重约20克，肉质厚，软而糯，质佳。种子短肾形，黄褐色。抗病毒病和煤霉病。6月下旬至8月初播种。一般22 500千克/公顷以上。

（13）**夏宝豇豆**：广东省深圳农业科学院研究中心蔬菜研究所选育的新品种。植株蔓生，蔓长4.0～4.5米，有2～3个分枝。叶片较小，叶肉厚，深绿色。节间较短，平均节间长15.7厘米。第一花序着生在主蔓第四节，以后每节均着生花序。荚长55～60厘米。荚绿白色，润泽如翡翠，商品性好。荚肉厚而紧实，不易老化，炒食脆嫩，粗纤维少，品质优良。抗枯萎病、锈病。早熟种，春种从播种至始收需60～65天，夏秋种需40天左右。每公顷产量18 750～30 000千克。广东、海南、广西、福建、江西、湖南、河南等地均有种植。广东地区3～7月份均可播种。春播3～4月份，夏播5～6月份，秋播7月份，以春播产量最高。春播畦宽1.8米，种双行，株距12～13厘米，夏、秋播畦宽1.5米，种双行，株距10～12厘米。施足底肥，苗期至

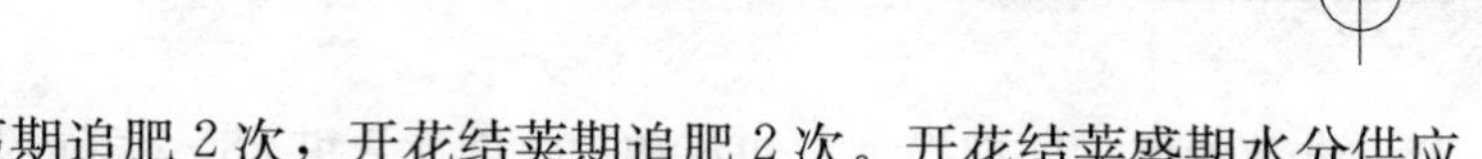

抽蔓期追肥 2 次，开花结荚期追肥 2 次。开花结荚盛期水分供应要充足。

（14）镇豇 1 号：江苏镇江市蔬菜研究所利用之豇 28-2 变异株系，经多年选育而成的早熟、高抗、优质、丰产豇豆新品系，现已推广至江苏、安徽、山东、陕西等地，深受欢迎。植株蔓性，叶较小，主、侧蔓均能结荚，有侧蔓 1～3 个，主蔓长 3 米左右，节间长约 14 厘米，6～12 节花序有节成性。早熟，主蔓第 3 或 4 节着生第一花序。4～5 月播种至开花需 40～45 天，6～7 月播种至开花需 25～30 天。前期产量较高，较之豇 28-2 增产 18.5%，总产量比之豇 28-2 增产 25%。荚嫩绿色，长 70～80 厘米，横径 1 厘米，不易老化，荚尾饱满，商品性极佳。对豇豆枯萎病有较强的抗性，发病轻。较之豇 28-2 耐高温，不易早衰。采摘后期加强管理，追施人粪肥可延长采收期。可春、夏播，并可应用干早春保护地栽培。

（15）之青 3 号：浙江省农业科学研究院园艺所选育而成。植株蔓生，分枝少，长势旺，叶片色绿，稍大，栽培不宜过密，生育期 80～100 天，早熟丰产。荚长 70 厘米，色绿，烫漂后翠绿色鲜，品质优，营养价值高，质糯，口感好，速冻加工与鲜荚炒食兼优。抗病毒病。适宜春、夏栽培。穴行距 0.28 米（3 株）×0.75 米。

（16）之豇特长 80：浙江省农业科学研究院园艺所最新育成的早熟、高产、优质、特长荚豇豆新品种。生长势强，分枝少、抗病毒病、春、夏、秋栽培均优，全生育期 80～100 天。初荚部位低，结成性好，条荚粗壮，淡绿色，平均嫩荚长 70 厘米。种植密度以行株距 0.75 米×0.28 米为宜，平均每公顷产嫩荚 30 000千克。适合全国各地种植。

（17）之豇特早 30：为浙江省农业科学院育成的特早熟豇豆新品种。该品种叶片小，分枝少，主蔓结荚为主，抗病毒病，最适宜春播和大棚设施栽培。初花节位低，一般在第 3 节左右结荚，结荚性好。同期播种，初花和初收期比之豇 28-2 提前 2～5 天，早期产量增加 1 倍左右，经济效益特别显著，总产量略高于之豇 28-2。荚色嫩绿，长 50～60 厘米，商品性好。全国各地均可种植（除高寒地区），建议采用地膜覆盖栽培，穴行距 0.25 米×0.75 米，每穴 3 株，要求施足基肥，早施促苗肥，重施盛花肥。一般 30 000 千克/公顷以上。

（18）白沙 7 号：广东省汕头市白沙蔬菜原种研究所育成。1998 年 2 月通过广东省农作物品种审定委员会审定。植株蔓生，分枝早而适中，叶厚，色深绿，以主蔓结荚为主，第 3～4 节着生第一花序，以后各节均有花序，成荚率高，每花序结荚 2～4 荚，单株结荚数约 20 荚，单荚含种子 13～19 粒。荚长 60～70 厘米，宽 1 厘米，厚 0.9 厘米，单荚重 35～40 克，荚翠绿，肉厚质脆、味甜。早熟、耐寒。春季从播种至采收 55 天，夏播至采收 35 天，持续采收 25～35 天。每公顷产嫩荚 27 000 千克。较抗花叶病毒病，适应性广，全国各地均可种植，也适宜棚室反季节栽培。

（19）之豇 19：浙江省农业科学院园艺研究所育成。蔓生，长势强，适宜强光照，叶片较大，分枝强，平均 1～2 个，条荚粗壮，长 54 厘米左右，商品性佳。早熟，在一般肥水条件下，不易早衰，结回头豇能力强，丰产潜力大。适宜春、夏季栽培，夏播比其他品种更优。栽培密度可比之豇 28-2 略稀，穴行距 0.3 米（3 株）×0.75 米。不抗锈病。

（20）高产 4 号：广东省汕头市种子公司选育而成。植株蔓生，茎蔓粗壮，分枝少，适于密植。以主蔓结荚为主，始花节位第 2～3 节，坐荚率高。荚长 60～65 厘米，横径约 1 厘米，嫩荚淡绿色，品质优，不易老化。极早熟，从播种至始收 35 天，可连续采收 30 天以上。丰产性好，一般每公顷产嫩荚 22 500～30 000 千克，高产达 37 500 千克以上。稍耐低温，耐热，耐湿，抗病，适应性广。热带地区四季均可种植，长江中游地区可春、

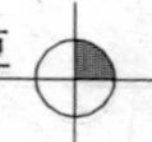

夏、秋季栽培。

2. 适合其他地区种植的长豇豆新品种

（1）翠绿100：内蒙古开鲁县蔬菜良种繁育场从青豇901变异株中经单株提纯选育而成。蔓生，全生育期100天，需有效积温1 800～2 000℃。植株长势壮，叶片小，主侧蔓结荚，始花节位低，主蔓第3节、侧蔓第1节着生花序，花紫色，结荚率高，每株结荚40～55个，雌花闭合6～7天可采摘鲜荚。豆荚生长整齐，直长，美观，平均荚长90～100厘米，粗8毫米，单荚重25克，嫩荚淡绿色，富有光泽，肉厚、汁多、纤维少，耐老性强，商品性佳。单荚有种子16～18粒，种子肾形黑色。较耐热、耐涝，抗逆性强，适应性广，对光照反映不敏感，我国南北各地春、夏、秋季露地、保护地、温室均可播种栽培。春播55天采摘鲜荚，平均亩产鲜荚4 000千克，用种1.5千克。

（2）鄂豇豆6号：优质，早熟，耐病，丰产稳产。蔓生型。主茎粗壮，绿色，节间较短，生长势强，分枝少。叶片较小，叶色深绿。始花节位第3～4节，一般除第5或第6节外，各节均有花序。花紫色，每花序多生对荚。持续结荚能力强，单株结荚14个左右。鲜荚浅绿色，平均荚长57.6厘米，粗8毫米，平均单荚重18.88克。荚条直，肉厚，营养丰富，口感佳。种子短肾形，种皮红棕色，平均每荚种子19粒，千粒质量140克。春播全生育期88天左右，从播种到始收嫩荚48天左右，延续采收40天。秋播全生育期68天左右，从播种到始收嫩荚38天左右，延续采收30天。对光周期反应不敏感，田间枯萎病、锈病发病率低。经湖北武汉等地多点、多季试种表明，比主栽品种早熟6天，早期产量达11.5吨/公顷，总产量27吨/公顷。经农业部食品质量监督检验测试中心（武汉）测定，鲜豆荚维生素C含量160.4毫克/千克，粗蛋白含量3.12%，总糖含量2.48%，粗纤维含量0.98%。

（3）红嘴燕：成都市郊地方品种，全国各地均有栽培。蔓性，长势较强，分枝力弱。叶柄和茎浅绿色，小叶绿色。花冠浅紫色，第一花序着生节位5～7节，每花序2～4荚，嫩荚浅绿色，先端紫红色，故名红嘴燕。荚长50～60厘米，宽约0.9厘米，肉厚，纤维少，质脆嫩，味稍甜，品质好。每荚有种子约20粒，种子肾形黑色。较耐热。春、夏、秋季均可栽培，因叶量小，适于密植，增产潜力大。长江流域3月下旬育苗或直播，且4月至8月均可播种，60～80天采收嫩荚。一般亩产2 000千克。

（4）美国无支架豇豆：从美国引进。株高40厘米左右，茎粗，节短，不需搭架。侧枝3～5个，每侧枝着生3～5个花序。嫩荚长30～40厘米，粗壮紧实，品质佳，鲜食口感好。春播55～60天始收嫩荚，结荚期长达2～3个月。夏、秋播50～55天即可收获，结荚期1～2个月。每公顷产嫩荚45 000千克左右。适应性广，喜光喜温，耐肥，抗旱、抗热、抗病力强，不耐水渍和阴雨。全国各地均可种植。

（5）方选矮豇：河南省方城县裕农良种进出口公司从美国引进的地豇豆变异单株中经系统选育而成。株高50～60厘米，节间短，分枝4～5个，每花序结荚3～4个。荚长约50厘米，横径1.2厘米，单荚重20～30克，鲜荚肉厚、质嫩，不易老，耐贮运。种子扁肾形，紫红色。适应性广，耐旱性、耐热性强。丰产，每公顷产嫩荚37 500千克左右。全国各地均可种植。

（6）矮丰1号：河南兰考县阎楼蔬菜研究所育成。株高60厘米，分枝性强，单株分枝7个左右。结荚率高，每花序结荚4～6个，嫩荚前期浅绿色，后期乳白色。荚长50厘米，肉厚纤维少，不易老化，品质好。春播后60～70天采收，一般每公顷产嫩荚37 500千克。夏、秋播种45～50天采收，每公顷产嫩荚30 000千克。全国各地均可种植。行距40～50厘米，穴距25～30厘米，每穴3株。

（7）矮丰2号：河南省兰考县蔬菜良种场与兰考县阎楼蔬菜

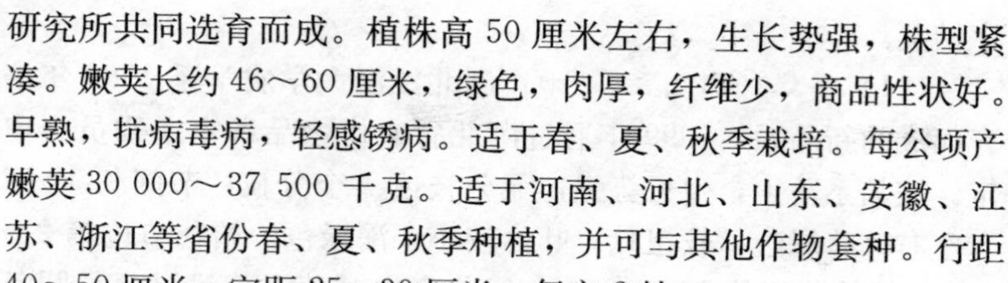

研究所共同选育而成。植株高 50 厘米左右，生长势强，株型紧凑。嫩荚长约 46～60 厘米，绿色，肉厚，纤维少，商品性状好。早熟，抗病毒病，轻感锈病。适于春、夏、秋季栽培。每公顷产嫩荚 30 000～37 500 千克。适于河南、河北、山东、安徽、江苏、浙江等省份春、夏、秋季种植，并可与其他作物套种。行距 40～50 厘米，穴距 25～30 厘米，每穴 2 株。

（8）V902 豇豆：安徽省界首市农业科学研究所从美国地豇豆中系统选育而成。株高 60 厘米，分枝性强，单株分枝 7 个左右。坐荚率高，嫩荚黄白色，荚长 39 厘米左右，肉厚，纤维少，不易老化，品质佳，商品性好。早熟，全生育期 70 天左右。丰产，每公顷产嫩荚 30 000 千克以上。耐热，较抗病，采收期长。适于全国各地春、夏、秋季栽培及间作套种。行距 40～50 厘米，穴距 25～30 厘米，每穴 2～3 株，定植密度每公顷75 000～90 000穴。

（9）天马三尺绿：河北省农业科学院蔬菜研究所与北京市天马蔬菜种子研究所共同繁育的品种。植株蔓生，结荚率高，荚长 95 厘米。种子肾形，种皮黑色或褐色有波纹，百粒重 16～20 克。极早熟，播后 30～40 天见荚，嫩荚伸长速度快。每公顷产嫩荚 30 000 千克以上。耐高温、干旱，抗病性强。适于华北地区种植，春、夏、秋季均可栽培。

（10）贵农 79031 豇豆：贵州大学农学系选育的新品种。植株蔓生，生长势强。幼苗第一复叶节位以上的嫩茎叶呈红色。主、侧蔓均可结荚。主蔓第 5～7 节着生第一花序，全株共着生 6～8 花序，单株结荚 13～17 个。嫩荚和老荚均为红色，荚顶端绿色，长 70～80 厘米，横径 0.8～1.1 厘米，单荚重 25～30 克。荚肉较厚，粗纤维少，煮食汤红黑色。种子肾形，种皮褐红色。较耐热、耐旱。中晚熟种。亩产 2 600 千克以上。适于贵州、云南、四川等地种植。主蔓长至 2～3 米时摘心。所有侧蔓仅留下第一节和复叶，其余全部摘除，以促进和利用侧蔓第一节形成花序结荚。

(11) 早翠（鄂豇豆2号）：湖北江汉大学农学系1996年培育而成的新品系，1999年通过湖北省农作物品种审定委员会审定。该品系蔓生，生长势强，无分枝或1个分枝，节间长19厘米左右。茎绿色，较粗壮，叶片较小，深绿色。始花节位第2～3节，每株花序数13～18个，每花多生对荚，荚浅绿色长圆条形，长60厘米，单重14克左右，荚腹缝线较明显。种子棕红色，百粒重14克。露地春播后48天可始收嫩荚，延续采收近40天，夏播38天始收嫩荚，延续采收35天，结荚集中。较耐湿，抗病性强，对光周期反应不敏感，适于春、夏、秋季栽培。每公顷产嫩荚19 500～30 000千克。

(12) 株豇2号：湖南省株州市农业科学研究所利用之豇28-2优良单株选育而成，1992年通过株州市农作物品种审定委员会审定。植株蔓生，长势强，蔓长2.0～2.8米，上部有少数分枝，主茎第2～3叶节开始着生花序，每花序有2～6朵花，花冠浅蓝色，商品荚长65～75厘米，单荚重27克，色白绿，纤维少，肉厚种子小。早熟，前期开花集中，结荚率高。春播至始收52～55天，比之豇28-2早收5～7天，夏秋播种至始收35～45天。每公顷产嫩荚36 000千克左右。适于湖南以及黄河以南地区春、夏、秋季栽培。

(13) 青豇80：1992年从河南省洛阳市辣椒研究所引入北京地区种植。植株蔓生，蔓长2米以上，侧枝少，生长势强。第一花序着生在主茎第6～8节，坐荚率高，嫩荚绿色，荚长70厘米左右，粗0.5厘米左右，肉紧实，耐贮藏，不易空软。种粒红褐色，粒较小。抗病性强，耐寒，耐涝，早熟。每公顷产嫩荚21 000千克左右。

(14) 特选2号豇豆：河南省开封县大李庄农业科学研究所选育。嫩荚长60～80厘米，长达1.2米，籽少粒小，纤维少，迟收3～5天不易老化，味鲜美，商品性好。适应性强，对光照

不敏感，对气候要求不严格，在10～34℃范围内均能生长良好。无霜期4个月以上地区均可种植。早熟，春播55天，夏秋播45天即开始采收嫩荚。每公顷产鲜荚60 000千克以上。

(15) 激63-2豇豆：我国采用激光诱变技术选育的品种，由江苏省涟水县石湖良种研究会推广。植株蔓生，生长势强。始花节位主茎为第3～4节，每花序结荚3～6条。嫩荚长70～80厘米，长的可达100厘米以上，肉厚质细，籽少，品味鲜美，耐贮运，迟收几天也不易老化。单荚重63～83克。对光照不敏感，适应性极广，10～41℃气温范围内均可正常生长。早熟，从播种到始收嫩荚，春播为55天左右，夏播约45天。无霜期4个月以上的地区均能种植，华北地区可一年两熟，南方一年三熟。每公顷产嫩荚45 000～75 000千克。

(16) 龙豇23：河南省淮滨县蔬菜研究所从当地一份突变的材料中系统选育而成。1993年通过县科委鉴定，准予推广。株高2.8～3.1米，分枝中等，叶色深绿，以主蔓结荚为主，第1～5节以上的节位均着生花序，每序结荚2～4条，粗细均匀，肉质嫩，纤维少。嫩荚青白色，长90～110厘米，粗0.9～1.3厘米。种子紫红色，千粒重180克。生长期对日照不严格，对花叶病毒病和锈病有较强的抗性。山区、平原、高原均可种植。早熟性与之豇28-2相近，但采收期较之延长10～15天。每公顷产嫩荚36 000～42 000千克。畦宽120厘米，播2行，穴距24厘米，每穴播种2～3粒，留苗1～2株，也可育苗移栽，地膜覆盖可提早采摘。

(17) 龙豇24红色豇豆：河南省大生科技发展公司育成。植株蔓生，高180～310厘米，2个分枝，生长势强，叶片深绿色，4节以上节位均着生花序，每序结荚3～5个，豆荚长80厘米左右，深红色，表面光亮鲜艳，肉质细嫩，无粗纤维。早熟，春播至采收50～60天，适于华北地区种植。每公顷产嫩荚45 000千克左右。120厘米宽畦，播2行，穴距24厘米，每穴2～3粒，留苗1株。

(18) 秋紫豇6号：浙江省农业科学院园艺研究所育成。生长势中等偏强，主、侧蔓均可结荚，生育期70～90天，叶片比秋豇512窄小，叶色略深，对光照反应敏感，秋栽较优。初荚节位低，平均2～3节，早熟，节成性好，丰产。荚长35厘米，荚色玫瑰红，爆炒后荚色变绿，俗称"锅里变"。嫩荚粗壮，品质优，不易老化，商品性好，籽粒红白花籽，抗病毒病、煤霉病。穴行距0.28米（3株）×0.75米。

(19) 湘豇2号：湖南省长沙市蔬菜研究所选育而成，1992年通过湖南省农作物品种审定季员会审定。植株蔓生，分枝1～3个。主蔓始花节位第2～5节，花淡紫色，每花序结荚2～4个，主、侧蔓均能结荚。果荚深绿色，荚长64厘米，横径1厘米，单荚重16克。嫩荚肉厚而质密，商品性好。每荚有种子19粒，种粒肾形，红褐色，千粒重147克。中晚熟，播种至始收嫩荚春季60～70天，夏秋季55～60天，春播全生育期95～115天，夏秋播85～95天。每公顷产嫩荚37 500～45 000千克。抗煤霉病、锈病和根腐病。全国各地均可种植。

(20) 湘豇3号：湖南省长沙市蔬菜研究所选育而成，1992年2月通过长沙市农作物品种审定委员会审定。植株蔓生，2～4个分枝，主蔓长3米，节间长20厘米，叶片深绿色，第一花序着生于第2～4节。花淡紫色，豆荚绿白色，荚长58厘米，单荚重20克。种子肾形，红褐色，千粒重125克。晚熟，春播至始收65～75天，全生育期100～120天，夏、秋栽培全生育期90～110天，播种至始收60～65天。豆荚整齐一致，长度适中，肉质细嫩，商品性好，每公顷产嫩荚42 000千克。抗锈病、煤霉病，适应性广，适合全国各地春、夏季栽培。

(21) 朝研早豇豆：辽宁省朝阳市蔬菜研究所育成的早熟品种。以主蔓结荚为主，荚深绿色，长60～80厘米。荚肉厚，肉质嫩，耐老，品种优良。亩产2500～4 000千克。叶稀少，较适

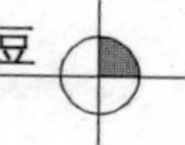

宜密植，抗性好，耐低温能力强，比901豇豆早熟，更适合保护地及露地早熟栽培。行距60厘米，穴距30厘米，穴留苗2～3株，亩保苗1万株左右。为防止早衰和获得高产，应及时浇水追肥。适宜全国各地栽培。

（22）特选无架豇：安徽省农业科学院园艺研究所、安徽省爱地农业科技有限责任公司选育。株高60厘米，分枝强，节间短，花梗密，荚长55～65厘米，幼荚浅绿，后期乳白，肉厚质细，风味清鲜，纤维少，耐老化，具有无限结荚习性。春播60天，夏播38天可采收，2～9月均可种植。可同多种作物套种。施足底肥，开沟作埂，行株距40厘米×30厘米，双株留苗。初花期及时浇水，以后每摘一茬浇一次水，以防衰老。6月份以后防豇豆锈病、豆野螟。

三、长豇豆的栽培管理技术

1. 整地施肥

长豇豆忌与豆类作物连作，一般要选择地势高，排水较好的地块种植。长豇豆的根群分布在15～18厘米土层中，主根深，吸肥和耐旱力强，但根瘤不发达，必须深耕，且多施基肥，整地时每亩施有机肥2500～4 000千克、过磷酸钙15～20千克、草木灰100～150千克。

2. 适时播种

长江中下游地区4～7月份均可播种，云南、贵州、福建等地可延至8月底9月初播种，云南西双版纳可延至9月底播种，采用地膜套大棚栽培，可于2月中下旬播种。播种宜早不宜迟，以争取有较长的适宜生长季节。

3. 合理密植

一般采用双行种植，畦面连沟135～140厘米，株距25.3厘米，每穴2～3株，用种量26.3～30千克/公顷，搭2.5米以上人字架。

4. 肥水管理

长豇豆在开花结荚前对肥水要求不高，如肥水过多，茎叶生长过于旺盛，导致开花结荚节位升高，花序数目减少，会形成中下部空蔓，因此生长前期宜控制肥水，抑制生长。当植株开花结荚后要增加肥水供应，促多结荚，结荚盛期开始重施追肥。前期应控制浇水，当第1花序坐果、其后几节花序出现时，浇足头水，待中下部豆荚伸长，中上部花序出现后，再复二水。以后土壤稍干就应浇水，保持地面湿润。

5. 合理整枝

蔓生长豇豆主蔓长可达2～3米，合理整枝可协调营养生长与生殖生长，促其多坐果。具体方法是：

（1）除底芽：将主蔓第1花序以下的侧芽全部抹除。

（2）侧枝及时早摘心：中后期主蔓中上部长出的侧枝应及早摘心，若肥水条件充足，植株生长健旺，则对这些侧枝不要摘心过重，可酌情利用侧枝结果。

（3）打顶尖：主蔓长到2～3米时要打顶摘心，以控制其生长，促使侧枝花芽形成，以免养分消耗，同时可方便果荚采收。

四、长豇豆病虫害及防治

长豇豆的主要病害有锈病、叶斑病、根腐病，害虫有豆荚螟、潜叶蝇和螨类，应采用综合防治技术：①选用抗病品种；②选择两年以上未种植过豆科作物的田块；③清除田间周围的杂草，集中烧毁；放水沤田1周，也可每亩施敌百虫0.5千克或杀虫双0.5千克、多菌灵1千克进行土壤灭虫灭菌处理；④筑高畦，开好排灌沟，防止渍水烂根；⑤增施有机肥，合理追肥，氮、磷、钾肥配合施用；⑥合理使用化学农药。

1. 锈病

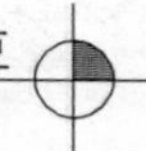

发病初期可用25%烯唑醇或三唑酮可湿性粉剂2 000倍液、40%氟硅唑乳油1 500倍液喷雾，每7天喷一次，连续喷2～3次。

2. 煤霉病

发病初期用25%的嘧菌酯悬浮剂1 500倍液喷雾，15～20天喷一次，连喷2～3次，也可用50%多菌灵可湿性粉剂400倍液或40%多硫悬浮剂800倍液、14%络氨铜水剂300倍液、47%春雷霉素·王铜可湿性粉剂700倍液，每亩用药量50～60千克，7～10天喷一次，连续使用2～3次。

3. 炭疽病

发病初期用25%嘧菌酯悬浮剂1 000～1 500倍液喷雾，15～20天喷一次，连喷2～3次，也可用75%百菌清可湿性粉剂600倍液或50%多菌灵可湿性粉剂500倍液、80%炭疽福美双可湿性粉剂500倍、65%代森锌可湿性粉剂500倍，每7～10天喷药一次，连喷2～3次。

4. 细菌性疫病

用53.8%氢氧化铜2 000干悬浮剂1 000倍液喷雾防治。

5. 根腐病

发病初期可选用70%甲基托布津可湿性粉剂500倍灌根，或用50%多菌灵可湿性粉剂400倍、75%百菌清可湿性粉剂600倍，每7～10天喷一次，连续喷2～3次，重点喷洒植株的主茎基部。

6. 豆荚螟

用2.5%溴氰菊酯乳剂2 500倍液，隔3天喷一次，或48%毒死蜱乳剂1 000倍液，隔14天喷一次防治，或10%吡虫啉乳剂2 500倍液，隔14天喷一次防治。

7. 蚜虫、粉虱

可选用1.5%除虫菊素水乳剂2 000倍液或10%吡虫啉可湿性粉剂2 000倍液、25%噻虫嗪1 000倍液喷雾。

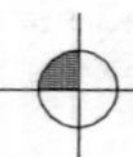

8. 潜叶蝇

可用2.5%溴氰菊酯3 000倍液或毒死蜱1 000～1 500倍液。在成虫产卵期喷雾2～3次。

9. 豇豆茎基腐病

此病为土传病害，湿度大时危害更严重。主要危害幼苗靠近地面的茎基部，并慢慢往根部扩展，后期茎基部缢缩，呈褐色，湿度大时腐烂，并着生一层白色菌丝。防治方法：①实行水旱轮作，高畦或深沟灌水，控制灌水，降低湿度并及时清除病株。②当田间零星发现病株时，用27.12%碱式硫酸铜悬浮剂500～600倍液与54.5%恶霉灵·福美双可湿性粉剂700～800倍液混配喷茎基部，病害严重时可进行灌根，防治1次～2次。

10. 豇豆锈病

主要危害叶片，也危害豆荚。豇豆整个生育期都有发生，病初叶片正背产生淡黄色小斑点，逐渐变褐，隆起呈小脓包状，后扩大成夏孢子堆，表皮破裂后，散出红褐色粉末，到后期，形成黑色的冬孢子堆，致叶片变形早落。防治方法：①降低种植密度，保持通气透光。②发病初期用15%三唑酮可湿性粉剂500～600倍液喷雾，2～3次，也可用25%苯醚甲环唑乳油1 500～2 000倍液或86%十三吗啉油剂1 500～2 000倍液进行轮换防治。

11. 豇豆白粉病

主要危害叶片，初期叶片背面现黄褐色斑点，扩大后呈紫褐色斑，其上覆盖一层白色粉状物，当病害严重时，白粉布满全叶，叶正面也有，引起大量黄叶落叶。防治方法：使用25%乙嘧酚水悬浮剂800～1 000倍液喷雾防治，或50%多菌灵·福美双可湿性粉剂600～800倍液、5%氟硅唑1 000～1 500倍液、15%三唑酮可湿性粉剂500～600倍液轮换防治。

12. 蓟马

蓟马是豇豆最主要的害虫之一，也是最顽固的害虫，防治难度大，可危害豇豆整个生育期，如果防治不及时不到位，将造成豇豆减产20%～30%，严重可达70%～80%，甚至颗粒无收。豇豆开花前主要危害其心部，造成豇豆卷叶，严重时死心，生长点停止生长；豇豆开花后，主要危害花和豆荚，造成豆荚畸形，豆荚表面有铁锈斑，失去商品价值。蓟马不易防治，建议使用2～3种不同作用机理的杀虫剂混配喷雾防治，或酌情加大浓度。可用20%啶虫咪可溶性液剂1 000～1 500倍液或20%丁硫·马乳油800～1 000倍液、24.5%阿维柴乳油800～1 000倍液、30%吡虫啉乳油1 000～1 500倍液进行喷雾防治。

13. 美洲斑潜蝇

农民俗称"地图虫"、"鬼画符"，是豇豆重要的害虫之一，是一种防治难度大的害虫。该害虫主要危害叶片，造成叶片光合作用减弱，严重时提早落叶，造成豆角减产20%～30%，甚至达到80%～90%。防治方法：可用30%灭胺·杀虫单可湿性粉剂700～900倍液或35%吡虫啉·杀虫单可湿性粉剂700～900倍液、1.8%阿维·高氯乳油800～1 000倍液喷雾防治。建议早上喷药，防治效果较佳。

14. 青虫和钻心虫

危害豆荚和叶片，温度高时，易发生，严重时将大部分豆荚咬光，失去商品价值。防治方法：选择"治花不治荚"的原则，与其他害虫一起防治。可用0.5%富表甲氨基阿维菌素微囊悬浮剂1 000～1 500倍液或1%甲氨基阿维菌素苯甲酸盐乳油1 000～1 500倍液、1.8%阿维·高氯乳油800～1 000倍液喷雾防治。

五、塑料大棚无公害长豇豆生产技术

1. 产地环境

选择地势高燥，土层深厚、疏松、肥沃的地块，产地环境符合 NY5010 的规定。

2. 栽培茬口

（1）春提早栽培：早春播种定植，夏季始收。

（2）秋延迟栽培：夏秋播种定植，秋季始收。

3. 品种选择

选用抗病、优质、丰产、商品性好的品种。

4. 育苗

（1）育苗设施：选用大棚、温床等育苗设施，采用营养钵、营养泥碳块、穴盘育苗。

（2）营养土配制：选用无病虫源的肥沃大田土 30%，炉灰渣或草炭土 30%，腐熟农家肥 30%混匀备用。每立方米营养土加入 50%多菌灵可湿性粉剂与 50%福美双可湿性粉剂等量混合剂 50～80 克消毒；营养钵育苗的营养土配方为 2 份草炭加 1 份蛭石；工厂化穴盘育苗选用专用商品基质。

（3）种子处理：

温汤浸种：将筛选好的种子晒 1～2 天，播种前用 55℃温水烫种，不断搅拌至 30℃后，浸种 4 小时，捞出后播种。

药剂处理：用 50%多菌灵可湿性粉剂拌种，防治枯萎病和炭疽病，用量为种子重量的 0.5%。

（4）播种期：塑料大棚早春栽培育苗播种期在 2 月下旬至 3 月上旬；秋延迟栽培多采取直播。

（5）播种量：每亩栽培面积用种量 2.5～3.5 千克。

（6）播种：将营养钵和营养泥炭块排放在苗床上，浇透水后，每钵（块）播处理好的种子 2～3 粒，播后覆盖 2 厘米左右厚的营养土，覆盖地膜；保墒提温。直播多采取穴播，每穴点播 2～3 粒。

5. 苗期管理

（1）温度：70%种子出土后，及时揭去地膜。播种至出苗的适宜温度：白天 25～30℃，夜间 16～18℃，最低夜温 16℃；出

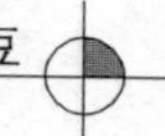

苗后的适宜温度：白天 20～25℃，夜间 15～16℃，最低夜温 15℃。

(2) 浇水：苗期严格控制浇水，不旱不浇，一般浇 1～2 次，水量要小。

(3) 炼苗：定植前 4～5 天通风降温炼苗。

6. 整地施基肥

基肥以腐熟优质农家肥为主，一般亩施充分腐熟的有机肥 3 000～4 000 千克、过磷酸钙 40 千克、硫酸钾 25 千克。有机肥全部撒施，深翻 25～30 厘米，按照畦宽 120～140 厘米作畦，磷肥及钾肥集中施畦内。肥料使用应符合 NY/T496、NY525 的要求。

7. 定植

(1) 定植方法及密度：春提早栽培，行距 60 厘米，穴距 30 厘米，每穴定植 2～3 株。

(2) 田间管理：

温度管理：缓苗期白天 28～30℃，夜间不低于 18℃；缓苗后至坐荚前，白天 20～25℃，夜间不低于 15℃。结荚期白天温度 28～30℃，夜间 18～20℃。

肥水管理：宜采用膜下灌溉。定植后及时浇水。一周后浇缓苗水。第一花穗开花坐荚时浇一次水。主蔓上约 2/3 花穗开花时，再浇一次水。以后地面见干即浇水，浇水后及时放风排湿。一般隔一次水追一次肥，每亩每次施氮磷钾复合肥（15-15-15）10～15 千克。中后期可喷施叶面肥防早衰。开花结荚期可喷施 5～10 毫克/千克萘乙酸，保花保荚。

植株调整：抽蔓后及时扎架吊蔓。将主蔓第一花序以下的侧芽及时抹去，主蔓第一花序以上各节位的侧枝留 2～3 叶摘心，主蔓 2 米左右及时摘心。

8. 病虫害防治

(1) 主要病虫害：锈病、煤霉病、炭疽病、细菌性疫病、根腐病、豆荚螟、蚜虫、粉虱、潜叶蝇。

（2）主要防治方法：

农业防治：①抗病品种。根据当地主要病虫害控制对象，选用抗病、抗逆性、适应性强的优良品种。②清洁田园。及时摘除病叶、病果、拔除病株。带出地块进行无害化处理，降低病虫基数。③健身栽培。加强苗床环境调控，培育适龄壮苗。加强养分管理，提高抗逆性。加强水分管理，严防干旱或积水。结果后期摘除基部的老叶、黄叶。④轮作换茬。实行严格的轮作制度，与非豆类作物轮作 3 年以上，有条件的地区实行水旱轮作或夏季灌水闷棚。⑤设施防护。大棚栽培采用无滴消雾膜，起垄盖地膜；放风口用防虫网封闭，夏季育苗和栽培应采用防虫网和遮阳网，防虫栽培，减轻病虫害发生。

物理防治：①杀虫灯诱杀。利用杀虫灯主要诱杀甜菜夜蛾、小菜蛾、菜螟、棉铃虫、烟青虫、潜叶蝇等。一般每个大棚安装一盏杀虫灯。②色板诱杀。在棚内悬挂黄色黏虫板诱杀粉虱、蚜虫、斑潜蝇等害虫，30 厘米×20 厘米的黄板每亩放 30～40 块，悬挂高度与植株顶部持平或高出 5～10 厘米，并在棚室入口处张挂银灰色反光膜避蚜。③高温消毒。在夏季覆盖薄膜利用太阳能进行高温闷棚，杀灭棚内及土壤表层的病、虫、菌、卵等。

生物防治：防治细菌性疫病，发病初期用 40%农用链霉素可溶性粉剂 2 000 倍液或 1%新植霉素粉剂（100 万单位）3 000～4 000 倍液喷雾，隔 2 天一次，连续用药 2 次。防治蚜虫、粉虱用 0.6%苦参碱·内脂加入 323 助剂 2 000 倍液喷雾。防治红蜘蛛、茶黄螨，用 1.8%阿维菌素乳油 2 500 倍液或用 10%浏阳霉素乳油 1 000～1 500 倍液喷雾，每 7 天喷一次，连喷 2 次。

9. 采收

开花后 11 天左右即可采收。进入收获期，3～4 天采收一次，采收时注意保护花蕾。

10. 生产档案

建立生产技术档案，记录产地环境、生产技术、病虫害防治、采收等相关内容，并保存3年以上，以备查阅。

六、网式平棚豇豆栽培技术

网式平棚能起到防虫的作用，减少将近一半的打药次数，在冬季还可以起到保温的作用，植株受环境条件影响较小，生长快，长势良好，产品产量高，品质好。

1. 品种选择

选择适宜秋季栽培的品种。

2. 栽培模式

采用设施简易平棚栽培，以水泥作立柱，跨度4米，间距2米，前后开间3米，中间开间3米，防虫网选择40目。

3. 整地施肥

采用双行种植，大行距80厘米，小行距40米。豇豆根系较深，较耐干旱，不耐涝，所以起垄时要尽量高。结合整地亩施有机肥1 000千克、磷肥50千克、三元复合肥50千克，作基肥。

4. 播种

播种时间为11月份。一般采用穴播，每穴1～2粒，穴距10～15厘米，播种不可深，否则会影响出苗率与整齐性，以覆土层1～2厘米为好。播种后沟灌一次发芽出苗水。

5. 合理施肥水

豇豆从播种到结荚前以控水为主，尽量较长时间蹲苗，不可过湿而影响后期开花结荚。在结第一批豆荚前，以不干不浇为原则，尽量减少灌水。豆角坐住后，土壤经常保持湿润，要充足供应肥水。及时中耕，每亩施三元复合肥50千克、钾肥25千克。当第一批豆荚坐住后，及时追一次肥，以满足开花结荚的需要，保持植株健壮的生长势，以后一般每摘2～3次追一次肥。追肥主要为冲施肥和复合肥，冲施肥随水灌入，复合肥撒施。进入采收盛期，更要加大追肥量。

6. 支架引蔓

当中耕施肥回土后，应及时地在灌清水之前搭完支架，用竹竿搭成人字架，架与架相距 3～4 米，在架上部横搭竹竿，搭好人字架的竹竿在离地面 25～30 厘米处用尼龙绳连接起来，在离地面 120 厘米左右处用尼龙绳再连接，然后每隔 10～15 厘米用一根引蔓绳将尼龙绳上下连接。

7. 采收

播后 60 天左右开始采摘，采摘期将近 3 个月，正好赶在春节前后。豇豆每花序有 2～5 对花，通常结一对荚，在肥水充足、植株健壮的情况下，一个花序前后可结 2～3 对荚。所以采收豆荚时，要注意保护花序，不能连花柄一起摘下或弄伤花序。采摘时，在豆荚基部 1～2 厘米处折断即可。一般隔一天采收一次豆荚。

七、冬暖式大棚豇豆栽培技术

豇豆整个生长过程中大部分时间是营养生长和生殖生长同时进行。生育期长短随种类和栽培条件而异。矮生种（地豆角）从播种到拔秧 90～110 天，蔓生种需 110～140 天。肥水充足、管理好的比瘠薄地和脱肥的生育期长。

1. 豇豆对环境条件要求

（1）温度：豇豆耐热性强，不耐霜冻，在 35℃的高温下能正常生长。发芽最低温度为 8～12℃，最适温度为 25～30℃，植株生育适温为 20～25℃，10℃以下的低温使生长受抑制，5℃以下受害，接近 0℃死亡。

（2）光照：豇豆对日照长短的反应分为两种类型，一类对日照长短要求不严格，这类品种在长日照和短日照季节都能正常发

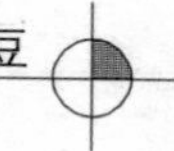

育，长豇豆品种多属此类，这是适合大棚种植的主要类型。另一类对日照长短要求比较严格，适宜在短日照季节栽培，如在长日照季节栽培则茎蔓徒长，延迟开花结荚。豇豆喜阳光，在开花结荚期间需要良好日照，如光线不足，会引起落花落荚。

（3）水分：豇豆要求适量的水分，但能耐旱。种子发芽期和幼苗期不宜过湿，以免降低发芽率或幼苗徒长，甚至烂根、死苗。开花结荚期要求有适当的空气湿度和土壤湿度。土壤水分过多，不利于根系和根瘤活动，甚至烂根发病，引起落花落荚。

（4）土壤养分：豇豆对土壤适应性广，稍耐盐，过于黏重或低湿的土壤不利于根系和根瘤发育。以土层深厚、土质肥沃、排水良好的中性壤土（pH6.2～7.0）为好。

豇豆结荚时需要大量的营养物质，且豇豆根瘤菌又远不及其他豆科植物发达。因此，必须供给一定数量的氮肥。但切记不能偏施氮肥，如前期氮肥过多，使蔓叶徒长，会延迟开花结荚，降低早期产量。应与磷、钾肥配合施用。增施磷肥，可以促进根瘤活动，加强固氮能力，充实豆荚，增加产量。

2. 栽培管理技术

（1）品种及育苗：选择适合大棚种植、高产稳产的品种是提高效益的关键。豇豆种子较小，抗寒能力弱，播种前对种子进行精选是保证苗全、苗壮的关键。豇豆以往多采用直播，近几年大棚内实行育苗移栽，可充分保护根系不受损伤，便于上下茬安排，不但可以早播、早收，提前供应市场，还能保证苗全、苗壮，促进开花结荚，增加产量。豇豆直播，茎、叶生长旺盛，但结荚少，育苗移栽结荚多。也就是说，豇豆通过育苗移栽，可抑制营养生长。促进生殖生长。从生理上讲，豇豆育苗期正处于短日照，对促进花芽分化有利，故开花结荚部位低。

育苗移栽多采用小塑料袋和纸筒（纸钵）育苗，也可采用5厘米×5厘米营养土方块育苗，每穴2～3粒种，浇透水，注意保温和控制徒长。

育苗期要根据前茬蔬菜的拔秧期推算。苗龄一般20～25天。多在冬至前后育苗。

为了利于种子发芽和杀死附着在种皮上的虫卵、病菌，采用高温消毒"胀籽"播种，效果很好。即先将精选的种子用80～90℃的热水将种子迅速烫一下，随即加入冷水降温，保持水温25～30℃4～6小时，捞出稍晾后播种，一般不再播前催芽。

（2）整地、施基肥、作畦：豇豆喜土层深厚的土壤，播前应深翻25厘米，结合翻地铺施土杂肥5 000～10 000千克、过磷酸钙50～75千克或磷酸二铵50千克、钾肥15～25千克。

整地后作畦，畦宽1.2～1.3米，每畦移栽2行，穴距20厘米左右，每穴2株。每亩5 500～5 000墩。

（3）插架、摘心、打杈：架豇豆甩蔓后插架，可将第一穗花以下的杈子全部抹掉，主蔓爬到架顶时摘心，后期侧枝坐荚后也要摘心。主蔓摘心促进侧枝生长，抹杈和侧枝摘心促进豆荚生长。

（4）先控后促管理：豇豆根深耐旱，生长旺盛，比其他豆类蔬荚更容易出现营养生长过旺的现象，加之大棚栽培光照弱、温度高、肥力足，营养生长旺盛就更为突出，进而影响开花结荚。田间管理上要先控后促，防止茎、叶徒长和早衰。

豇豆从移栽到开花前，以控水、中耕促根为主，适当蹲苗，促进开花结荚；坐荚后，要充分供应肥、水，使开花结荚增多。具体做法是：育苗移栽豇豆浇定苗水和缓苗水后，随即中耕蹲苗，保墒提温，促进根系发育，控制茎、叶徒长。出现花蕾后可浇小水，再中耕。初花期不浇水。当第一花序开花坐荚、几节花序显现后，要浇足头水。头水后茎、叶生长很快，待中、下部荚伸长，中、上部花序出现时，再浇第二次水，以后进入结荚期，见干就浇水，才能获得高产。采收盛期随水追肥一次，亩施优质速效化肥、磷酸二铵25千克或磷酸二氢钾20～25千克。

（5）病虫害防治：

煤霉病：豇豆煤霉病又叫叶霉病，近年发生严重，危害面积大，各地均有发生。主要危害叶片、茎蔓及荚。发病初期仅叶两面生赤色或紫褐色小点，扩大后呈近圆形至多角形淡褐色或褐色病斑，直径0.5～2厘米，病斑边沿不明显，湿度大时，病斑背面生出灰黑色霉层，即病菌的分生孢子、分生孢子梗，严重时导致早期落叶。病原为豆类尾孢，属半知菌亚门真菌。此病菌发育温度7～35℃，最适温度30℃。

适当密植，通风透光，增施磷钾肥，提高植株抗病能力，发病初期喷400倍多菌灵液或40%多硫悬浮剂800倍液、50%混杀硫悬浮剂液500倍、77%可杀得可湿性粉剂500倍液、14%络氨铜水剂300倍液、加瑞农700倍液。每亩药液50～60千克，7～10天一次，连续2～3次。

豇豆锈病：主要危害叶片，严重时也危害叶柄和荚。发病初期叶背面产生淡黄色小斑点，后变锈褪色，隆起，后扩大成夏孢子堆，表皮破裂后散发出红褐色粉末，即夏孢子。病原为豇豆属单胞锈菌，也是真菌。是专性寄生菌，只危害豇豆。

北方以冬孢子在病残体上越冬后，春天日平均气温21～28℃，温度大，3～5天便可萌发产生担孢子，气流传播。发病初期喷50%硫磺悬浮剂200倍液或粉必清150倍液。

虹豆白粉病：主要危害叶片，也可侵害茎蔓及荚果。叶片染病初期叶背出现黄褐色斑点，扩大后，呈紫褐色斑，其上覆有一层稀薄白粉。病原为子囊菌亚门的真菌。发病初期喷洒70%甲托可湿性粉剂500倍液或40%瑞毒铜可湿性粉剂600倍液、50%硫磺悬浮剂300倍液、粉必清150倍液。

豇豆炭疽病：该病在茎上产生梭形或长条形病斑，初为紫红色，凹陷，重者危害荚果，形成红褐色病斑，属真菌性病害。该病主要以潜伏在种子内和附在种子上的菌丝体越冬，播带菌种子，幼苗染病，温度17～27℃为发病适温，低于13℃病情停止发展。该病在多露、多湿条件下发病重。用种子量0.4%的多菌灵或福美双可湿性粉剂拌种，也可用60%防霉宝600倍液浸种30分钟，洗净晾干后播种。发病初期用70%甲托500倍液或炭疽福美800倍液喷雾，施宝灵每瓶对水50～60千克或特谱唑500倍液喷雾。5～7天一次，连续2～3次。

豇豆斑枯病：该病主要危害叶片。叶斑多角形至不规则形，直径2～5毫米，初呈暗绿色，后转紫红色，数个病斑融合为病斑块，致叶片早枯直至落叶。该病在山东寿光有逐年加重趋势。为真菌性病害，通过菌丝或分生孢子器随病残体遗落土中越冬或越夏，以分生孢子进行初侵染和再侵染，通常温度高、湿度重发病严重。发现病株，及时将病叶摘除销毁。初期喷洒百菌清＋甲托700～1 000倍混合液或百菌清1 000倍＋70%代森锰锌1 000倍混合液、40%多硫悬浮剂500倍液，后期用克抗灵1 000倍药液或克露500倍液喷雾，5～7天一次，连续2～3次。

八、夏豇豆高产栽培技术

夏豇豆一般6～7月份播种，采摘期在8～9月份，生产期间常会受到高温、干旱、风雨等不利天气条件的影响。加强科学化管理是提高产量和品质的关键。

1. 插架绑蔓

植株长到30厘米高时，要及时插架，选用2.5米长的竹竿，插人字形架，在架上部拉一横向铁丝，根据栽培田面积的大小，铁丝的长度以50米为宜，将铁丝的两端固定在木桩或水泥钢筋立柱上（深埋田间），然后用绳子再把竹竿和铁丝绑牢固。将茎、叶长出的丝缠绕在竹竿上，附着在竹竿上自行往上缠绕生长。

2. 水肥管理

苗期应当严格控制浇水量，不旱不浇，到插架前进行蹲苗处理。为防止苗期旺长，可喷施矮壮素一次，有利于根系下扎，茎秆粗壮，为丰产打下基础。进入花荚期后应加强肥水管理，有利

于促进花蕾形成和豆角生长发育，提高产量。结荚初期施肥以腐熟农家肥为主，先开沟，然后将农家肥均匀地撒施在沟内，最后覆土。进入结荚中期后以施氮磷钾三元复合肥为主，采用穴施或沟施的方法，亩用量 20 千克左右。也可随水冲施沼液，一般 10～15 天追肥一次。进入结荚后期，随着植株根系的停长，叶片吸收功能的减弱，可进行叶面追肥，选用磷酸二氢钾喷施，对提高后期产量有明显的效果。

3. 防治病虫害

夏豇豆生产期处在高温、高湿环境下，病虫害发生较严重，加强豇豆病虫害科学防治是最关键的一个环节。常见的病害有：锈病，主要危害叶片，药剂防治可用 75%达可宁 1 000 倍液喷雾防治 2～3 次。病毒病：造成叶片卷皱萎缩，植株矮化，严重影响产量，可采用田间喷水，增加湿度；选用 10%吡虫啉消灭蚜虫等传播媒介；施用病毒 A、植病灵等药剂喷雾。豇豆荚螟：是危害豇豆的主要害虫之一，防治方法是及时清除田间落花、落荚，并摘除被害的卷叶和豆荚，减少虫源；选用高效氯氰菊酯喷雾防治，每隔 10 天喷一次，喷雾要均匀。红蜘蛛：常在 8～9 月份高温干旱条件下大发生，主要危害叶片，造成叶片失水枯黄，直接影响豇豆产量，可选用哒螨灵或阿维菌素对水 1 000～1 500 倍液喷雾。

九、豇豆空蔓原因及防治

豇豆种植过程中，常遇到豇豆结荚节位高、落花落荚、形成空蔓等现象，虽然豇豆结荚特性有品种差异的因素，但也受环境条件的影响。

（一）空蔓原因

1. 播种期因素

豇豆植株的花穗和花蕾形成较多，但其自身落花落荚严重，成荚率低。据试验观察，4～8 月份同一豇豆品种随着播种期推迟结荚率降低。由于播种期推迟，后期温度升高，当气温超过结荚最适温度 25～28℃的范围时，豇豆的结荚率开始下降。

2. 前期生长势过旺

一般中晚熟品种结荚节位较高，但早熟品种在苗期徒长，初花期生长过旺会使豇豆结荚节位升高。在苗期，豇豆花穗原基开始分化，如徒长会影响基部花穗形成。前期生长势旺，使营养生长与生殖生长不能协调进行，叶片与花荚之间争夺养分的现象严重，就会落花落荚形成空蔓。

3. 病虫危害

夏、秋季为虫害高发期，尤其是烟青虫、豇豆螟等对豇豆花蕾、豆荚危害极大。

4. 发芽分化期遇低温等不利环境

当豇豆花芽分化期遇到低温，开花期遇到低温、高温，空气湿度过大、干旱，光照太弱，等等，都会引起豇豆落花落荚。

（二）防止对策

1. 培育壮苗，防止幼苗受低温危害

早春育苗防止幼苗受低温危害，可在加强保温设施的同时，用激抗菌 968 苗宝拌土育苗，用量为 300～500 棵苗用苗宝 75 克/袋，以增强秧苗的抗病、抗逆能力，培育壮苗。

2. 合理密植，及时搭架

豇豆多采用一埯双棵栽培，一般以株距 35 厘米、行距 70 厘米为宜。若定植过密，容易造成豇豆生长中后期田间郁蔽，影响通风透光，特别不利于下部侧枝正常开花结荚。这也是造成豇豆结荚节位高的原因之一。对于密植的棚室，若田间郁蔽，应采取摘叶的方式，改善田间通透性，提高光合作用的利用率。可根据田间情况，适当摘除植株 1/4～1/3 的叶片。摘叶还有控制植株

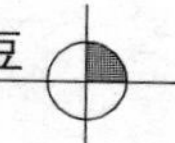

旺长的效果。

在蔓长 30～40 厘米时及时引蔓上架。

豇豆定植时，可穴施落地生根抗死棵，预防根部病害，促进根系深扎。定植缓苗后，应加大通风，将温度控制得偏低一些，以利于形成壮苗。白天控制温度在 20℃左右，夜间控制在 15℃左右。若此期温度过高则易造成节间过长，秧苗徒长，影响前期产量。秧苗锻炼 20～25 天，可使节间变短，叶片增加，利于产量提高。

3. 科学使用氮肥

要合理使用氮肥，早期不偏施氮肥，现蕾前少施氮肥，增施磷、钾肥，以防茎、叶徒长，造成田间通风透光不良，结荚率下降。结荚期和生长后期追施适量氮肥，以防早衰。结荚后要连续重施追肥（人粪尿或尿素），追肥浇水掌握好促控结合，一般每采收 2～3 次追施一次。

4. 开花期及时防治病虫害，促进植株健壮

对豇豆螟的防治主要用除尽（10%虫螨腈）1 500～2 000 倍液、卡死克 1 500～2 000 倍液等轮流用药，使用中掌握治花不治荚的原则，在早晨豇豆闭花前喷药为好。

5. 采收及时

防止果荚之间争夺养分。

十、长豇豆保鲜贮藏

长豇豆以采收青荚作蔬菜，一般在开花后 10～20 天豆粒略鼓时开始采收，隔 4～5 天采收一次，盛荚期内每隔 1～2 天采收一次。采摘时留荚基部 1 厘米左右，切勿碰伤小花蕾，以利后期荚果正常发育。采收嫩荚宜在傍晚进行，严格掌握采收标准，可保证每次采收的荚果粗细一致，提高商品价值。

1. 速冻贮藏

工艺流程：原料验收→挑选→切段→复选→浸盐水→漂洗→烫漂→冷却→沥水→速冻→包装→冻藏。

操作要点：

(1) 原料选择：挑选宜采用色泽较深、大小均匀的豇豆品种。豆粒无明显突起，组织鲜嫩，呈青绿色或淡绿色；青绿和淡绿不得混杂。条形圆直，豆条横断面直径在0.5厘米左右，无病虫害，无斑疤，无杂豆。

(2) 切段复选：切去豆角两尖端后复选，将花斑豆、异色豆、杂质、虫孔剔除，然后切成5厘米段长或切粒。

(3) 浸盐水：用2%盐水浸泡15分钟左右，除去漂浮的虫体及杂质。捞出豆角后用清水漂洗。

(4) 烫漂：在沸水中烫15分钟左右，至色泽转为鲜绿色，口尝无豆腥味。烫漂后马上用冷水冷却。冷却后用离心机脱去明水。

(5) 速冻：经前处理的豆角应尽快冻结，可先预冷至0～5℃，然后送速冻机，用－35℃冷风迅速冻结。

(6) 包装：用塑料袋以250克或500克包装，再用纸箱外包装，每箱10千克。

(7) 冻藏：冻藏过程应保持稳定的温度和湿度。

2. 质量标准

豆角呈淡绿色或深绿色，色泽较一致；具有本品种应有的滋味及气味，无异味；豆荚鲜嫩，条形圆直，粗细较均匀，豆粒无明显突起，食之无粗纤维感。

第四章

菜用大豆

一、菜用大豆生产、消费概况及品质性状

菜用大豆，又称毛豆，是指鼓粒末期子粒饱满而尚未老熟，豆荚、子粒翠绿时采青供食用的大豆。菜用大豆是大豆的专用型。

菜用大豆是一种生育期短的作物，同其他绿肥作物一样，在75天内收获豆荚，茎、叶可作绿肥，农民种植菜用大豆的收入比种植粒用大豆更高。

（一）生产及消费形势

虽然我国利用毛豆有很长的历史，但作为一种产业还比较落后。20世纪70年代，中国菜用大豆生产一直处于农民自给自足的状态，直到80年代改革开放后，才开始从台湾省和日本等引进菜用大豆品种，并逐渐重视选育适合不同生态类型区的品种。近十几年来，菜用大豆的生产和市场得到迅速发展。目前，栽培面积10万～15万公顷，平均单产5吨左右，主产区为江苏、浙江、福建等沿海地区。1997年，福建省菜用大豆面积达6 700公顷，平均每公顷产鲜荚6 000千克，全省加工出口速冻毛豆3万吨左右（韩天富，2002）。浙江省菜用大豆面积更大，1998年达到2.05万公顷，占全省大豆种植面积的20.0%，1999—2001年种植面积达3万公顷左右，2001年仅萧山市春播毛豆面积就达5 647公顷，占春播大豆总面积的45.88%。广东、安徽、上海、

四川、云南、天津等也有一定面积的菜用大豆。近十年，中国的菜用大豆生产发展很快，主要是由于需求的增加，大豆的开发和利用改变了人们认为大豆是低产、低效作物的观念，提高了农民的生产积极性。

目前，菜用大豆的消费市场主要在亚洲。

日本已发展成为世界上菜用大豆消费量最大的国家，每年的消费量在16万吨以上，约40%要从国外进口。1998年，日本菜用大豆种植面积为1.29万公顷，总产量为7.84万吨，其自产大部分不经速冻直接上市，速冻毛豆主要依赖进口，2 000年的进口量约为7.5万吨，占世界速冻毛豆贸易量的87.7 %，进口量居世界首位，主要进口来源是中国和泰国等。日本速冻毛豆市场正以7 %左右的速度增长，2005年进口量约为10万吨。

我国菜用大豆在国际市场有较强的竞争力。目前，中国是世界上最大的菜用大豆生产国和出口国，栽培面积在10万～15万公顷之间，平均单产在5吨左右。在东南沿海一带，菜用大豆已成为重要的出口农产品。2 000年，中国对日本出口速冻毛豆约4万吨，另有0.45万吨销往美国、欧洲和澳大利亚，占世界出口总量的52.0%。

中国台湾省菜用大豆的发展始于20世纪70年代，当时利用日本品种发展菜用大豆生产，至1991年出口量达到4.1万吨，占日本速冻毛豆进口量的94 %，2 000年出口到日本、美国、加拿大、欧洲和澳大利亚等国家和地区的速冻毛豆约3万吨，占世界出口总量的34.5 %，仅次于内地。

目前，菜用大豆正从亚洲市场逐渐风靡欧、美市场，使国际市场上速冻豆走俏。2 000年，美国进口毛豆约1万吨，2001年进口毛豆仍占其总消费量的70 %以上。

国际市场上对菜用大豆的需求主要以大荚大粒、外观品质好为主。要求荚长大于4.5厘米，宽大于1.3厘米，鲜荚每千克少于340个；茸毛白色，且稀，种脐无色，粒大。具体标准为2粒

或 3 粒荚达 90%以上，荚的形状正常，完全绿色，没有虫伤和斑点。按此标准，菜用大豆干种子的百粒重要求≥30 克的极大粒型和 24～30 克的特大粒种占绝对优势。目前，国际市场要求的品质可分为外观、食用、营养及卫生品质，贮藏品质也是商品规格的一部分。外观品质是最重要的商品品质之一，外观品质的性状包括绿荚的大小、荚色、每荚粒数及豆粒大小。这些性状在不同品种中相对比较稳定。

近年来，中国、泰国、菲律宾和印度尼西亚致力于发展菜用大豆的出口及国内市场潜力，逐渐占领菜用大豆的出口市场。菜用大豆生产具有巨大的发展潜力和国际市场竞争力，开展菜用大豆研究，发展菜用大豆生产，是应对市场挑战，振兴中国大豆产业的重要策略。

（二）种植制度

我国菜用大豆的种植形式有单作、间套作和田埂豆等。商品毛豆多单作。为提早上市，南方春播早熟毛豆普遍采用保护地栽培。

1. 单作

在江、浙一带，一般在冬闲地于 2 月下旬至 4 月初在露地或采用地膜覆盖播种春毛豆，不少地区也采用小拱棚栽培或在拱棚及塑料大棚中育苗，待苗龄 25 天左右时移栽到铺有地膜的地里。单作春毛豆收获后可种植水稻。夏毛豆在麦茬、油菜茬或果菜地直播，收获后可种植冬季作物如油菜、冬麦。秋毛豆在早稻等作物收获后种植。

东北地区及西部高原为一年一熟制，大豆在春季播种。保护地栽培现已成为中国南方商品毛豆产区春播毛豆的主要种植形式。东北地区多采用垄作，黄淮海地区为平作，南方菜用大豆多采用畦作。黄淮海地区夏大豆在冬麦收获后播种，春大豆则在冬闲地播种。

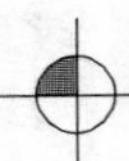

2. 间套作

采用间套作形式种植菜用大豆的地区多为劳动力充足、人均耕地较少。早春毛豆可与小麦、棉花、春玉米、春花生及多种蔬菜间套作，夏、秋季可与棉花、玉米、花生、甘薯及其他蔬菜间套作。华北及东北地区有时采用毛豆与玉米间作的方式。在浙江、福建、湖南等地，小麦或大麦黄熟时，在其行间套种春大豆，大豆开花结荚时，再套种甘薯或秋玉米。江西采用小麦或大麦/春大豆一芝麻或红薯、油菜/春大豆一红薯、春玉米/春大豆一红薯等一年三熟制。浙江省兰溪市采用大豆与小麦、棉花套种的形式，6 月下旬棉花封垄前采摘毛豆上市。

南方部分地区采用木薯间种春大豆的形式，也可在茶、桑、幼龄果园及甘蔗田间作春大豆。甘蔗田套种春大豆，应选用早熟、中矮秆、耐肥、耐阴、株型紧凑、抗倒伏的品种。

3. 田埂豆

田埂豆又称田坎豆、田塍豆，是中国古老的种豆方式，目前仍广泛分布于南、北方稻作区。田埂上通风透光好，养分和水分充足，植株得到充分发育，单株产量高，品质好，是稻农的良好蔬菜。

（三）营养及经济价值

1. 菜用大豆的营养

菜用大豆营养丰富，滋味鲜美。据测定，鲜豆粒的蛋白质含量高达 13.6%～17.6%，高于其他豆类蔬菜，而且蛋白质中有 80%～88%是可溶的，在豆制品的加工中主要利用的就是这一部分蛋白质；组成蛋白质的氨基酸比例接近人体所需的理想比例，尤其是赖氨酸含量特别高，因此大豆蛋白的质量优越。脂肪含量为5.7%～7.1%，富含植物不饱和脂肪酸、植物粗纤维及人体必需的各种矿物质和维生素 A、维生素 C、维生素 E 等，同时还含有能促进人体激素分泌的维生素 E 和大豆磷脂。此外，大豆

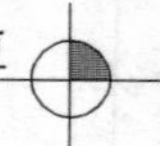

中铁、磷等多种元素的含量也比较丰富。

2. 菜用大豆的品质性状

影响菜用大豆品质的采前因子有气候条件、矿质营养和采收时间。温度、雨水、光照条件会影响植株的生长速度和组织的代谢和发育，从而影响果实的品质。菜用大豆的豆荚大小、荚色、营养、食味品质主要取决于品种。

划分菜用大豆的品质标准有多种，一般可分为4种，即外观品质、食味品质、营养品质和卫生品质。其中外观品质最为重要，在决定消费者购买菜用大豆时起着主要作用。同时，食味品质和营养品质是必需的，并影响产品的价格。

（1）外观品质：菜用大豆的外观品质即人们直接观察到的荚（粒）大小和色泽，一般包括荚粒大小、荚色和每荚粒数等。亚洲蔬菜研究与发展中心（AVRDC）认为菜用大豆的外观品质应具以下特点：粒大，百粒重不少于30克；荚大，500克鲜荚不超过175个荚；粒多，成品荚每荚粒数应大于2粒；荚和种子的颜色浅绿，荚上茸毛较少，且为白毛或灰毛；灰脐或浅褐脐。

（2）食味品质：菜用大豆的食味品质主要体现在甜度、鲜度、口感、质地、风味、糯性等方面。一般认为，甜度高的菜用大豆口感好，而糖的含量是影响菜用大豆甜度的主要因素，其次是子粒中游离氨基酸的含量。

（3）营养品质：营养品质是决定菜用大豆利用价值的主要因素之一。菜用大豆中含有丰富的蛋白质、脂肪、糖类、磷脂以及禾谷类作物所缺乏的赖氨酸，尤其是氨基酸的组成较均衡，其子粒中游离氨基酸的含量比粒用大豆高出近一倍，此外，还含有钙、铁、镁等矿物质和维生素，以及粒用大豆所缺乏的维生素C。

蛋白质：大豆子粒中的蛋白质主要由球蛋白和数量不多的白蛋白组成，它含有易溶于水的球蛋白59％～81％，难溶球蛋白3％～7％，白蛋白8％～25％。种子贮存蛋白的氨基酸组成平衡，高于其他豆类、油料作物、谷类作物和棉籽，十分接近于人体和动物所需要的理想比例，其中 8 种人体必需的氨基酸含量与肉类接近，除含硫氨基酸（半光氨酸和蛋氨酸）外，其他营养成分均衡。

脂肪：菜用大豆子粒的平均含油量为 18.44 %，其中含有 110.7 毫克/克的棕榈酸，32.2 毫克/克的硬酯酸，206.4 毫克/克的油酸，533.4 毫克/克的亚油酸和 91. 9 毫克/克的亚麻酸，其不饱和脂肪酸的含量高达 844.3 毫克/克，是一种高品质的油。菜用大豆所含的这些营养成分既作为能量的提供者，又具有各自重要的功能，对人体的生长发育是必不可少的。

糖与淀粉：菜用大豆中可溶性糖为 11.6 %，变幅为 10.4 %～13.1 %。中国生产的菜用大豆荚果可溶性糖含量较低，距国际市场标准有相当差距，极大地制约着菜用大豆的出口数量及价格。既影响了加工企业的效益，又降低了农民的收入。荚果可溶性糖是菜用大豆内在品质的重要指标，与产品的其他营养组分、质地、风味密切相关。

（4）卫生品质：菜用大豆通常连壳煮沸 5～8 分钟就可以食用，因此对卫生的要求也较高。菜用大豆的卫生品质主要指有无自然毒素和超标化学农药、肥料、重金属污染及影响人体健康的微生物等，豆荚含菌量要求少于 300 万/克，不应含有大肠杆菌和沙门氏菌。

（四）我国菜用大豆生产存在的主要问题及解决策略

1. 主要问题

缺乏适合当地种植的优质高产抗病品种；种子成本高，质量差；尚未形成高产配套栽培技术体系；生产规模小；种植面积波动大，市场秩序混乱；加工工艺不过关等。

2. 解决策略

利用优良的品种资源，选育出适合我国不同生态类型区种植

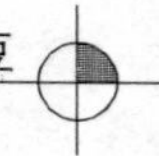

的优良菜用大豆品种。菜用大豆育种要符合国内外市场的需求，选育干籽百粒重30克以上，鲜荚长5.24～5.98厘米，鲜百粒重60.79～70.55克，标准荚（2粒荚以上）少于340个/千克。针对我国北方寒区，选育出耐低温、耐储运、采摘期长、生育期不同的菜用大豆品种。建立高产配套栽培体系，在新品种引进、选择和配套栽培技术以及产后加工速冻、保鲜贮运等方面加强研究。发展机械化采收，要求不落荚、不伤荚、不裂荚，保证采收质量。重视加工增值，加强产销衔接变鲜荚为速冻或其他加工产品。

二、菜用大豆生物学特性及主要品种类型

（一）植物学特征

菜用大豆为蝶形花科植物，一年生草本植物。植株高30～150厘米、茎粗壮、方菱形，14～15节，有2～3个分枝，多者有10个以上分枝，茎上密生茸毛。花细小，颜色分白色、淡紫色和紫色，短总状花序，腋生，每花序结3～5荚，每荚含种子1～4粒。种子椭圆、扁椭圆、长椭圆或肾型等，颜色有黄、黑青及褐色等，种子千粒重100～500克。

1. 形态特征

在大田条件下，大豆种子在耕层地温稳定在8℃以上，土壤田间持水量在70％～80％时，开始发芽。胚根首先突破种皮向下生长，接着分化出根、茎、叶、花、荚、子粒。

（1）根：菜用大豆根系由主根、侧根和根毛三部分组成。主根由胚根发育而成，在发芽后3～7天侧根开始出现。苗期根系生长，比地上部分快5～7倍，分枝期到开花期，根的生长最旺盛；从开花末期到豆荚伸长期，根量达到最大。主根深可达180厘米，横向扩展35～45厘米，但主要根系仍分布在0～20厘米的耕作层内。

菜用大豆根系分泌物诱使根瘤菌侵染根表皮细胞形成根瘤，一般在第一对单叶展开时就有根瘤形成，从初花开始，固氮能力逐渐增强，结荚鼓粒期是根瘤菌固氮最盛期。菜用大豆植株供给根瘤菌糖类，根瘤菌通过固氮供给植株氨基酸。研究表明，大豆根瘤固氮与温度有关。27℃是最适根瘤固氮的温度，低于最适温度5℃时，固氮量减少4.5%，高于最适温度4℃时，固氮量降低50%。水分不足也会降低固氮作用。据估计，菜用大豆光合产物的12%被根瘤菌所消耗。根瘤菌固定的氮可供菜用大豆一生需氮量的1/2～3/4，这表明共生固氮是菜用大豆的重要氮源，但是，仅靠根瘤菌固氮并不能满足植株对氮素的需要。不同根瘤菌的固氮效率差别很大，也并非结瘤就能固氮，不同菜用大豆品种对大豆根瘤菌菌株有选择性，在菜用大豆生育初期和子粒形成期改善植株的氮营养，提高和恢复光合作用器官的活性，就可保证植株有较高的固氮效率，但是如果土壤氮素水平超过30毫克/千克，则根瘤发育显著削弱。根瘤菌在微碱性土壤中才利于繁殖，如果在土壤中无大豆根瘤菌，可以通过接种使菜用大豆增产20%。因此，应用根瘤菌菌剂时，一定要注意品种和菌株的亲和性。

（2）茎：菜用大豆茎包括主茎和分枝。在苗期，幼茎有绿色和紫色两种，绿茎开白花，紫茎开紫花。植株成熟时，茎呈现出品种固有的颜色，有淡褐、褐、深褐等。大豆的株型可以按照主茎、分枝、主茎和分枝的夹角大小进行分类。根据主茎来分，大豆的株型可以分为：①蔓生型。植株高大，节间长，茎秆细弱，半直立或匍匐于地面，进化程度较低的野生豆或半野生豆多属于此类型。②半直立型。主茎较粗，上部细弱，有缠绕的倾向，特别是在水肥和遮阴条件下易倒伏。③直立型。植株较矮，节间较短，茎秆粗壮，直立不倒。

根据分枝的多少、强弱可分为：①主茎型。主茎不分枝或有1～2个分枝，以主茎结荚为主。种植时可以适当加大密度，提

高单位面积株数来达到增产的效果。②中间型。主茎较坚韧，在一般栽培条件下分枝 3～4 个，豆荚在主茎和分枝上分布比较均匀，生产上应用较多。③分枝型。分枝能力很强，分枝多而长，在一般栽培条件下可达5个以上，有二次和三次，分枝上结荚往往多于主茎，这类品种要适当稀植。

按分枝与主茎之间夹角大小可分为：①开张型。主茎与分枝间角度大，一般在45°以上，上下均松散。②收敛型。主茎与分枝间角度小，一般在15°左右，上下均紧凑。③中间型。主茎与分枝间角度为30°左右。

（3）叶：菜用大豆属于双子叶植物，其叶片有四种类型：子叶、单叶、复叶和先出叶。在茎的子叶节上着生1对子叶，子叶节上方的一个节位着生1对单叶，即呈对生状的1对真叶。其余各节上着生有3片小叶所组成的复叶，呈互生，复叶由托叶、叶柄和小叶三部分组成，托叶对生于叶柄和茎相连处的两侧，小而窄，起到保护腋芽的作用。上部复叶中间的小叶，能够随日照而转向，这主要是由于叶枕上两边组织的膨压差异所引起。每一个侧枝基部着生有长度不足1毫米，没有叶柄、叶枕，成对的细小先出叶。叶柄连着叶片和茎，起支持作用，是水分和养分的通道，不同节位叶柄的长度不同，有利于复叶交错排列，充分合理利用光能。

菜用大豆的叶形、大小因品种而异，叶形可分为椭圆形、卵圆形、披针形和心脏形等。圆形和卵圆形有利于增加受光面积，但容易造成株间郁闭，透光性差。披针形叶透光性较好。有的品种植株上部叶片小，下部叶片大，冠层开放，有利于植株下部叶片光合作用。根据“源一库一流”理论，通常人们认为叶片可以进行光合作用是源。但是细究起来，对这一概念还需做些修正。因为，当叶片幼小的时候，它需要从其他器官（包括子叶、茎皮或其他长成的叶等）输入碳水化合物，此时的幼叶是库。随着叶片的长大，其光合能力提高，渐渐地也开始输出碳水化合物了。

当叶片长成之后，才完全变成为碳水化合物的输出者，即成为源。

菜用大豆整个生育期单株总叶面积随生育进程而增加，到盛花期至结荚期达到最高值，之后由于底部叶片枯萎脱落，总面积逐渐减少，至成熟期完全脱落。一般认为披针形叶的品种宜适当增大密度，靠群体增加产量，而圆形叶的品种则密度不宜太大，靠单株兼顾群体增产。菜用大豆植株不同部位叶片寿命不同，中部叶片功能期最长，上部次之，下部叶片的寿命最短。

（4）*花和花序*：菜用大豆的花序属于总状花序。根据花序轴的长度和花的数目，可以将花序分作 3 种类型：①长轴型，花序轴长 10 厘米以上，每个轴上着生 10～40 朵花。②中轴型，花序轴长 3～10 厘米，每个花序着生 8～10 朵花。③短轴型，花序轴较短，在 3 厘米以下，每个花序开花较少，一般 3～8 朵花。

菜用大豆的花是典型的蝶形花，由 2 个苞片、5 个花萼、5 个花瓣、10 枚雄蕊和 1 枚雌蕊组成，其中 10 个雄蕊分成两部分（二体雄蕊模式），有 9 个雄蕊的花丝合并成一体且作为一个单独结构而升高，另外 1 个雄蕊保持分离。第一朵花的节位与植株的发育时期有关。菜用大豆植株的子叶节、真叶节以及下部的几个茎节通常是营养节，花和花序一般出生在较高节位的叶腋中。所以第一朵花常出现在第五或第六节上，有时在更高的节位上。菜用大豆花芽由腋芽分化而成，关于花芽分化过程，国内外做过许多研究，一般将花芽分化过程分为 6 个时期：①花芽原基形成期；②花萼分化期；③花瓣分化期；④雄蕊分化期；⑤雌蕊分化期；⑥胚珠、花药、柱头形成期。开花期受播种时间的影响，可能从三周延至五周以上，菜用大豆是严格的自花授粉作物，在花瓣展开前即完成授粉和受精，天然杂交率不到 1%。虽然菜用大豆植株在整个生育期形成的花很多，但花和蕾的脱落率高达 30%～50%，甚至 70%以上。

(5) 果实与种子：果实为荚果，由受精后的子房发育而成，单独或成簇着生在叶腋内、短果枝上、分枝上和植株的顶端。荚果有矩形、弯镰刀形和弯曲程度不同的中间类型，荚果呈绿色，成熟后有棕色、灰色、黄色、褐色以及黑色等颜色。荚壳宽而较平直的，易裂荚，不适于机械化收获；荚壳窄而粒间缢纹深的，不易炸荚。一般每荚1～4粒种子，个别5粒。荚粒数与叶形有一定相关性。披针形叶的品种，荚粒数较多，4粒荚比例大；圆叶品种，2～3粒荚多，粒重大。株荚数因品种和栽培条件而异。

根据菜用大豆结荚习性即茎的生长习性，可以分为有限结荚习性、亚有限结荚习性、无限结荚习性。无限结荚习性的菜用大豆，一般茎秆越来越细，茎顶尖削，植株高大，节间较长，叶片越往上越小，主茎和分枝顶端无限生长，越往顶端花和荚越少越小，顶端仅为一个一粒或二粒小荚。无限结荚习性的菜用大豆始花早，花期长，营养生长和生殖生长同步时间长，开花后营养生长仍维持相当长的一段时间。有限结荚习性的菜用大豆，一般主茎较发达，上下粗细相差不大，植株不高，节间较短，顶部叶片大，冠层封闭较严，主茎和分枝顶端为有限花序，因而主茎和分枝顶端有成簇的花或长花序。有限结荚习性的菜用大豆始花晚，花期短，开花后不久即基本中止生长。亚有限结荚习性菜用大豆的各种性状均介于无限和有限类型之间，除主茎和分枝顶端有较多的花和荚之外，其他性状更接近无限结荚习性类型，其主茎较发达，开花顺序由下而上，主茎结荚较多，顶端有几个荚。菜用大豆结荚部位的高度，因品种和环境条件不同，变化较大。有限结荚习性类型的品种结荚部位较高，无限结荚习性类型的品种结荚部位较低。在同一类型中，植株高大、开花期晚或晚熟的品种，比植株矮小、开花期早或早熟品种结荚部位高。密植的比稀植的结荚部位高。

菜用大豆的种子由种皮、子叶和胚组成，无胚乳。胚是由胚囊内的卵细胞受精后逐渐形成的。进入结荚后期，营养生长停滞，种子成了光合作用产物和茎秆中营养物质的贮存中心。种子的形状有球形、扁圆及长圆形等。种皮有黄、青、褐、黑以及双色等，种脐色有黑色、褐色、无色等。以种脐无色或色淡的商品价值较高。种子的大小按粒用大豆的划分标准，干子粒的百粒重≥30 克为极大粒型，24～30 克为特大粒型，18～24 克为大粒型，12～18 克为中粒型，<12 克为小粒型，<6 克为极小粒型。菜用大豆中极大粒和特大粒种占绝对优势。

菜用大豆种子中蛋白质、脂肪、可溶性糖、淀粉、维生素 C 等成分的含量，因品种、气候条件与栽培技术而不同。菜用大豆的品质由种子的成分决定，一般蛋白质、可溶性糖、游离氨基酸含量高的品种，口感较好。

2. 生长发育对环境条件的要求

菜用大豆喜温怕涝，适于夏季高温温带地区种植，种子发芽温度为 10～11℃，15～20℃迅速发芽，苗期耐短时间低温，适温为 20～25℃，小于 14℃不能开花，生长后期对温度敏感，温度过高提早结束生长，过低种子不能完全成熟，1～3℃植株受害，－3℃植株冻死。菜用大豆为短日照作物。有限生长早熟种对光照长短要求不严，无限生长晚熟种，引种时需注意，北种南移提早开花，南种北移延迟开花。菜用大豆需水量较多，种子发芽需吸收稍大于种子重量的水分，苗期、分枝期、开花结荚期和荚果膨大期需土壤持水量分别为 60%～65%、65%～70%、70%～80%、70%～75%；对土质要求不严，以土层深厚、排水良好、富含钙质及有机质土壤、pH6.5 为好，需大量磷、钾肥，磷肥有保花保荚，保进根系生长，增强根瘤菌活动的作用，缺钾则叶子变黄。

（1）光照：菜用大豆是短日照作物，在长黑暗和短光照条件下，开花提早，生育期缩短，反之，开花期延迟，生育期变长。但不同品种类型对短光照的反应差异很大。如果品种对日照反应迟钝，既可春播夏收，又可夏播秋收。一般认为大豆的光饱和点

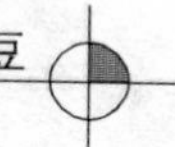

在30 000～40 000勒克司。光饱和点随着群体通风状况的升高而升高，在田间条件下，群体冠层所接受的光强是极不均匀的，一般群体中下层的光照不足，这部分叶片主要依靠散射光进行光合作用。

（2）温度：菜用大豆是喜温作物。不同的品种在全生育期内所需要的≥10℃的积温相差很大。晚熟品种要求3 200℃以上，夏播早熟品种要求1 600℃左右即可。同一个品种，随着播种期的延迟，所要求的积温也随之减少。菜用大豆种子适宜的发芽温度为18～20℃，低于8℃以下，则种子发芽慢，发芽率低，发芽势弱，容易霉烂。气温平均在24℃～26℃时，最适于菜用大豆的植株生长发育。温度低于14℃时，生长停滞。菜用大豆不耐高温，温度超过40℃，坐荚率减少57%～71%。秋季，白天温暖，晚间凉爽但不寒冷，有利于同化产物的积累和鼓粒。

（3）水分：菜用大豆是需水较多的作物，其产量高低与水分有密切关系，一般每形成1克干物质，需水500克左右。菜用大豆在各生育阶段耗水量表现为，开花前占全生育期需水量的10%，开花结荚期为60%～70%，鼓粒期占20%～30%，所以苗期一般不进行灌溉，以控制土壤水分，促进根系发育，幼苗健壮。如果苗期十分干旱，影响幼苗正常生长，可适当灌溉，水量不宜太大。花荚期需水较多，此时灌溉可提高光合强度，提高结荚率和结粒率，有明显的增产作用。花荚后期至成熟阶段，灌水不宜太多，以免植物贪青晚熟，影响产量和品质。菜用大豆耐涝性较差，土壤水分过多对其生长发育不利。

（4）土壤及营养：菜用大豆对土壤条件的要求不是很严格。pH低于6的酸性土往往缺钼，不利于根瘤菌的繁殖和发育，pH高于7.5的土壤往往缺铁、锰，影响叶绿素合成，并且菜用大豆不耐盐碱。沙质土、沙壤土、壤土、黏壤土均可以种植，如果是土层松厚的壤土，且有机质含量丰富，最适于植株生长。菜用大豆植株生长要求中性土壤，pH 6.5～7.5为宜。

菜用大豆每形成100千克子粒大约需要氮5.3千克，磷1.0千克，钾1.3千克；每形成100千克茎秆约需氮1.3千克，磷0.3千克，钾0.5千克。菜用大豆从中期开始急剧增加，并且持续上升。成熟种子内的氮、磷、钾有50%来自植株的营养器官，50%取自土壤和根瘤。

（二）生物学特性

菜用大豆喜温，耐湿，耐热，我国各地均可栽培。种子发芽的适宜温度为15～25℃，生育期的适温为20～25℃。但因菜用大豆的食用器官是嫩荚，比成熟大豆的生长期短，各地区可根据当地的气候条件，选择合适的品种，采取不同的栽培方式，实行分期播种，陆续收获，使其供应期可从5～6月份一直延续到秋霜前。

菜用大豆是短日照植物，每天12小时的光照即可起到促进开花，抑制生长的作用。从熟性看，一般晚熟品种短日性较强，早熟品种短日性较弱。不同品种对日照的反应有差别，低纬度地区形成的品种对短日照的要求较严格，高纬度地区形成的品种不严格。如北方品种南移，则因很快达到其对短日照的要求而提早开花，但因营养生长量小，产量降低；如南方品种北移，由于不能满足其短日照的要求，容易出现茎叶茂盛，植株高大，开花延迟，甚至不能开花结荚，因此，一般不宜在纬度相差太大的地区之间互相引种，以免给生产造成损失。

菜用大豆从播种到第一朵花形成为生育前期，开花前30天左右开始花芽分化，这一时期以营养生长为主，是营养物质积累期。开花期约14～30天，这时期生长最旺盛、营养生长与生殖生长同时进行（物质积累占形成总高度、总干重的55～65%，占总氮素积累量的60%），花后两周，豆粒急剧增大，需大量水分、养分，肥水供应不足，引起植物早衰，造成落花落荚。菜用大豆生长周期与气候条件有密切关系，从种子播种到采收可分为

4 个时期，即种子发芽期和苗期、幼苗生长期、花芽分化期、开花结荚期及鼓粒成熟期。

1. 种子发芽和苗期

种子在适宜的温度、水分和空气条件下才能发芽。通常18～20℃时，种子发芽快而整齐，播后 6 天即达齐苗。大田条件下，土壤温度需稳定在 10℃以上才可播种。种子富含蛋白质和脂肪，发芽时需吸种子 1.2～1.5 倍水分才可发芽；适宜的空气有利于种子呼吸，促进种子内养分转化。播种时要求整地质量高、平坦疏松的土壤，同时播种不宜过深，以利于大豆的顶土出苗。

种子萌发到子叶出土为发芽期。种子萌发时，首先胚根穿过珠孔、突破种皮而扎入土中，以后形成主根；其次下胚轴迅速伸长，其弯曲部分逐渐上升，把胚芽连同子叶一起顶出土面，以后长成主茎和枝叶。子叶出土、种皮脱落，为出苗。出苗所需时间依播种期和气温高低而不同，一般为 4～15 天。从子叶出土到花芽分化之前。子叶出土后，第一对真叶展开，主茎随之伸长，到苗高 5～10 厘米以后，生长速度加快，根系迅速生长。幼苗的生长适宜温度为 20～25℃。

出苗时，一般子叶离开种皮而使种皮留在土内，但如果种子活力不强或发芽条件不适，则出土的子叶仍黏附有种皮，使子叶不能及时展开，影响幼苗生长，严重者还可能引起幼苗发病死亡。

2. 幼苗生长期

幼苗生长期主要表现为发根、出叶及主茎生长。叶片分为子叶、单叶和复叶。出苗后，子叶展开变绿并进行光合作用，这对促进幼苗的生育有重要作用。随着幼茎生长、单叶展开，此时苗高 3～6 厘米，称为单叶期。随后，茎顶端分化出复叶，在苗期，复叶的出叶间隔为 5～6 天。

出苗后，胚根伸长为主根，发芽后 5～7 天在其周围形成 4 排侧根。向水平方向扩展和向下延伸。主根长度相差不大，但侧根数有随着播深加深而减少的趋势。大豆播深一般以 4 厘米产量最高，多雨年份播深以 3 厘米为好，干旱年份则以 5 厘米为好。

根瘤在出苗后 5～6 天开始形成。根瘤菌由侵染丝通过根毛进入内皮层细胞，内皮层细胞因受根瘤苗分泌物的刺激在根上形成根瘤。固氮在出苗后 2～3 周开始，以后固氮能力逐渐增强。

在培土或土壤水分充足时，大豆胚轴和茎基部均可发生不定根。这些不定根是由近形成层的射线薄壁细胞在恢复分裂能力后分化形成的。如果进行人工断根，最佳部位应在胚轴与主根交界处。大豆根的大部分集中于地表至 20 厘米表土耕层之内。从横向分布看，根重的 78%～83%集中在离植株 0～5 厘米的土体内。

幼苗出土至花芽分化需 20～25 天，约占整个生育期的 1/5。在苗期，大豆的生长较为缓慢，其中地上部分又比地下部分生长缓慢，春大豆在幼苗生长期气温低，生长速度比夏、秋大豆缓慢。种子萌发后，第二个三出复叶发生需 3～3.5 天，以后的各个复叶发生大约需 2～3 天，约每隔 3～4 天出现一片复叶。

最适合幼苗生长的日平均温度为 20℃以上，此时幼苗叶面积较小，耗水量低，较能忍受干旱。由于生长期幼苗叶面积小，叶面积指数仅为 0.2 左右，但根系吸收氮、磷的速度较快，虽然根瘤形成，但固氮能力不强，因此苗期还需补充一定的氮素营养。

大豆属短日照植物，光周期影响大豆的发育，一般认为出苗后 1 周，对光照条件有反应。出苗后约 16 天，在一定的短日照条件下处理 10 天，即能通过光照阶段。另外，光周期效应不仅制约开花，也影响开花以后的发育时期，如结荚期、成熟期。

3. 花芽分化期

当幼苗生长完成，进入花芽分化阶段。大豆在开花前 25～30 天开始花芽分化，此时是大豆生长最旺盛时期。这时植株生长的好坏直接关系到开花、结荚与产量，如营养生长较差，花芽

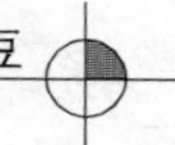

分化不正常，就会开花少，造成花及幼荚脱落。花从花蕾形成到开花需要3～5天，如春播，气温回升迟缓可延长时间。大豆的果实为荚果，每花序结荚大多3～5个，每荚有种子1～4粒，以2～3粒为多，嫩荚绿色，当荚果中的种子成熟后即可采收食用。

当植株完成一定的营养生长以后，茎尖的分生组织开始发生花或花序原基。从花原基出现到花开放一般为25～30天。大豆花芽分化的早晚，因品种和环境条件而异。

大豆植株形成的花虽然很多，但花和蕾的脱落率一般达到30%～50%，多的高达70%。花芽分化期间，分枝也在生长，与分枝的发生与出叶有一定的关系。通常出叶节位与分枝节位相差4个节，然而，子叶和单叶上的分枝常常延迟或不萌发。复叶以上的茎节，随着主茎的发育依次由下而上陆续发生分枝，当植株的花芽分化结束时，分枝的发生随之停止。

植株茎上的节由茎尖分生组织细胞不断分生而产生，主茎节数与生育期有关。不同品种和不同栽培条件下的主茎节数差异很大，少的6～7个节，多的30余个节。分枝是由主茎节上的腋芽发育而成的，无论子叶、单叶或复叶的叶腋都可能产生分枝。一般植株下部各节上的腋芽常发育成分枝。分枝的多少和长短受遗传的制约，同时与环境因素的差异有关。空间大、肥力高，形成分枝多；空间小、肥力低，形成分枝少。

花芽是否分化、分化迟早，依品种原产地的地理纬度、品种生育期类型及播种期不同而有较大差异。花芽分化期是大豆生长发育的旺盛时期，植株生长量较大。这一时期与幼苗生长期比较，矿质养分日平均积累速度增加4倍，叶片数增加1.5倍，叶面积增加约4倍，植株达总株高的一半，茎粗增长70%。此期植株营养物质的输送，地上部分主要集中于主茎生长点和腋芽。若养分不足，首先影响腋芽。因此，此时需要良好的环境条件，满足植株旺盛生长和花芽不断分化的需要，达到株壮、枝多、花芽多的目的。

花芽分化受日照长短的影响，短日照促进花芽的分化，长日照延缓花芽的分化。花芽分化还受温度的影响，在15～25℃的温度下，有利于花芽形成，超过25℃则延缓分化。花芽分化期要求的最低温度是11℃，低于这个温度，大豆的花芽分化即受阻，始花期延迟。在各生育期中，该阶段对低温最敏感，是生育生理上低温冷害的关键时期。

4. 开花结荚期

(1) 受精和胚珠发育过程：大豆是自花授粉、闭花受精的作物。花冠未开放前，花药已裂药散粉，持续达2～3小时，花粉的可育率为80%～95%。花粉萌发后，进入珠孔，与胚珠进行双受精。成熟的花粉粒具有一个营养细胞和一个生殖细胞。自花授粉后，落到柱头上的花粉随即萌发，从3个萌发孔中的任何一个长出一条花粉管，生殖细胞很快进入其中。受精前的成熟胚囊中有1个卵细胞、2个助细胞和具次生核的中央细胞。花粉发芽15～20分钟后花冠开放。开花后7～10天，分化种皮各组织，15～20天分化子叶，随后分化初生叶，30天后分化第一复叶。

(2) 种子发育及干物质积累：子房单室，内具2～4个胚珠，以3个为多。胚珠以珠柄着生在腹缝线上，弯生，珠孔向上，开口于腹缝一侧。直到受精后14天，胚乳及胚组织的相对比例仍然相同。随着子叶迅速生长，胚乳很快被吸收，在受精后18～20天，只剩下胚乳残余。在胚的发育过程中，胚珠的珠被形成了种皮，珠孔变为种孔，种脐即为胚珠珠柄成熟断落后的痕迹。一个胚珠即成为一粒种子。

种子发育过程中，随着种子的增大，粗脂肪、蛋白质等逐渐增加，淀粉与还原糖则逐渐减少，灰分中的磷也逐渐增加。种子中大部分的干物质是在开花后30天左右积累的。蛋白质和脂肪的积累较迟，一般在开花后30～45天才达总量的1/2左右。花后20～40天，粒重的增长占总粒重的70%～80%，单粒重的最大日增长量为7.51毫克。多数品种在开花后35～45天子粒增重

最快。

（3）豆荚形成与品质相关内含物的积累：开花受精后，子房随之膨大，接着出现软而小的青色豆荚。开花后10天，豆荚迅速生长；开花后20天，豆荚长度达全长的90%左右；25～30天才达最大宽度。厚度的增加，在豆荚伸长结束时才开始。豆荚的长度和宽度在生殖生长早期就相对固定下来，然后子粒迅速充实，接着豆荚扩展，豆荚的厚度和重量增加。菜用大豆的口味与种子的蔗糖成分和谷氨酸成分密切相关。种子的糖类主要有葡萄糖、蔗糖和果糖，蔗糖含量比较高，豆荚生长早期总的蔗糖含量缓慢上升，到中期后保持平稳状态，果糖和葡萄糖的含量下降。游离氨基酸随着豆荚的伸长逐渐下降，为了有较好的口味，最好尽早收获。把豆荚颜色作为指标，最好在开花后40天以前收获。不同品种的最佳收获时间有一定的差别，一般主茎上有40%的豆荚完全充实时收获较适合。豆荚充实的速度较快，最适收获时间一般只有2天或3天。

（4）结荚鼓粒期对环境条件的要求：在结荚鼓粒期生殖生长占主导地位，植株体内的营养物质开始再分配和再利用，子粒和荚果成为这一时期唯一的养分聚集中心。此时的环境条件对结荚率、每荚粒数、粒重及产量有很大的影响。大豆结荚鼓粒喜凉爽的天气，但结荚期温度至少要在15℃以上，至鼓粒阶段能耐9℃的低温。进入鼓粒后，温度稍低有利于物质的积累。南方菜用春大豆的结荚鼓粒期正处于5月下旬以后，一般不会遇到低温问题，鼓粒期如气候凉爽，昼夜温差大，土壤水分适宜，不但有利于子粒充实、粒重提高，还可以增加脂肪。

5. 鼓粒成熟期

大豆从幼荚至子粒成熟需20天左右，豆荚迅速生长伸出并加宽，最后增厚，子粒逐渐膨大，当种子体积达到最大时为鼓粒期，也是大豆鲜荚采收最佳时期。因此，在大豆开花前应适量施用复合肥，促进多开花、多结荚、结好荚，提高其产量。菜用大豆产量的形成因素包括生物产量的形成，荚、粒产量的形成以及确定最适采摘期。

（1）生物产量的形成：生物产量形成的过程大体可分为3个时期，即指数增长期、直线增长期和稳定期。在植株生长初期，叶片不遮阴，光合产物与叶面积成正比，增长速度缓慢，此时生物产量的积累呈现指数曲线。随着叶面积增长迅速，光合产物积累速度大幅提高，呈直线增长。结荚期之后，叶片光合速率降低，生物产量趋于稳定，大约在鼓粒中期前期达到最大值。菜用大豆生物产量是子粒产量的基础，一般呈正相关关系，特殊情况下，生物产量很高，但子粒产量却未相应地提高，那是因为营养体太大，同化产物分配不合理导致。生物产量的分配既受品种特性的制约，又受肥水条件的影响。因此，改善生物产量的分配，也应当从这两方面着手。就品种而言，尖叶小叶、矮秆半矮秆、株型收敛的品种一般营养器官比例较小，相对地，繁殖器官比例较大；另外，从纬度较高的地区引种，由于光周期的变化，开花结荚提前，经济系数较大，反之亦然。从肥水调控上说，高肥水往往使大豆的营养体过于茂密，反而影响结荚，致使子粒产量不高。采取适当的促控措施，可以在一定程度上人为调节菜用大豆的形态建成，减少茎叶比例，增大荚粒的比例。

（2）荚、粒产量的形成：菜用大豆经济产量的构成因素是由每亩地株数、每株荚数、每荚粒数和子粒重量决定的。单位面积产量决定于每亩株数和每株荚数。也就是每亩的总荚数。因为大豆品种的每荚粒数和子粒重量受栽培条件的影响较小，而单株荚数的变化较大，特别是受密植程度的影响而变化。由此可以看出，要获得高产，菜用大豆的株数要在合理密植的基础上保证植株个体正常生长发育，以分化、形成较多的节和一定数目的分枝数，以增加荚数、粒数。菜用大豆叶面积的大小和合理配置，是增加光合生产率的重要生态特征，是影响产量的物质基础。研究表明，产量形成需要有理想的株型，一般认为理想的株型是株高

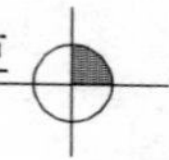

90～110厘米，一定的结荚高度，单株有2～3个分枝，呈塔形分布，生物产量、经济系数高，产量在植株上分布均匀。长江流域和南方菜用大豆生产区以有限型或亚有限型为宜，其营养生长期相对较短，生殖生长期相对较长，灌浆期长。

（3）确定最适采摘期：适时采摘是保证菜用大豆优质高产的一个重要因素，过早或过晚采收不仅造成品质下降，产量也不可能增加。菜用大豆的适宜采摘期与其熟期、生育期、播期以及水肥条件等都有关系。不同环境条件下豆荚果实发育及子粒化学成分积累的快慢不同，各期完成的天数也不同，生产中切不可把果实发育天数作为采收适期的唯一标准。

武天龙（1998）分析了菜用大豆产量主要指标子粒、荚皮重量和荚重在生殖生长期4个不同阶段的形成规律，同时考虑到商品的外观品质，认为合适的采收期应在鲜粒重生长中期以前。在豆荚重量最高期的中期，子粒与荚皮比为1∶0.88，认为此项指标可作为最佳收获期临界指标。岳青等（1994）论述菜用大豆嫩荚肥大呈S形曲线，表现为慢—快—慢3个阶段，菜用大豆嫩荚迅速肥大期结束时，即嫩荚鲜重和体积接近最大，种子迅速发育末期采收，可获得优质高产的菜用大豆产品。实践表明，中晚熟品种（生育时期123～130天）在开花后65天左右采摘最为适宜，要注意选择鼓粒饱满里外全青时为最佳采摘时期（王大秋，2001）。邢邯（2007）研究了菜用大豆品质形成规律，认为菜用大豆适宜采摘期为鼓粒足期至初熟前期，即80%成熟时采摘。

（三）主要品种类型与主要品种

最适于菜用大豆的品种应具有子粒大、质糯、易煮酥和味鲜美等特点。菜用大豆根据其对日照长短和温度反应的不同，可分为早熟品种、中熟品种和晚熟品种三大类。早熟品种的生育期在90天以内，它们对日照要求不严，在较长日照下也能正常生长，植株矮小，分枝少，叶小，产量较低，品质一般。中熟品种生育期为 90～120 天，植株生长中等，品质尚佳。晚熟品种生育期为 120～170 天，植株高大，分枝多，种子大，产量高，品质好。通常晚熟品种对日照反应敏感，在秋季短日照下开花结荚好，如春播则枝叶生长茂盛，易徒长、倒伏，甚至不开花结荚。因此，在品种选择上，不仅应考虑栽培地区的地理位置，而且在同一地区还要考虑不同季节的日照长短。在不同季节选用相适应的品种，才能达到优质高产。以下介绍的一些优良的菜用大豆品种。

南方地区菜用大豆按种植季节可分为春大豆型和夏秋大豆型，其中秋播面积很少，主要在江苏南部部分地区的西瓜后茬。春播菜用大豆按照收获期可分为早熟、中熟、晚熟三种。

1. 春大豆型

春大豆是中国菜用大豆的主要类型。在南方露地栽培条件下，一般在 2 月底至 4 月初播种，5 月底至 6 月底上市。如果采用大棚栽培并选用早熟品种，可将播期提前到 1 月底，鲜豆上市时间提前到 5 月初。

春大豆光周期反应较为钝感，生育期短，适应范围较广。部分春大豆也可进行秋播，用于繁种和鲜荚生产。春大豆秋播时，植株变矮，产量下降，荚果也较春播小。主要品种介绍如下：

（1）早熟品种：

早生翠鸟：江苏省农业科学院蔬菜所育成，2005 年通过审定，审定编号苏审豆 200503。播种至采收 75 天，出苗势强，幼茎深绿色。叶卵圆形，叶色深绿，白花，灰毛，成株有限结荚习性，株型较紧凑。株高 25.3 厘米，主茎 9.2 节，结荚高度 9.15 厘米，分枝 2.35 个，单株结荚 20.65 个，出仁率 55.15%，百粒鲜重 63.6 克。豆仁有甜味，糯性好，品质佳；干子粒种皮浅绿色，子叶绿色。田间花叶病毒病发生较轻，抗倒伏性较强。

特早熟上农香：上海农业科学院育成。株高 37～45 厘米，分枝 3 个。花紫色，荚绿色，被白茸毛。单株结荚 30～35 个，每荚含种子 2～3 粒，子粒大，质软糯，味甜。

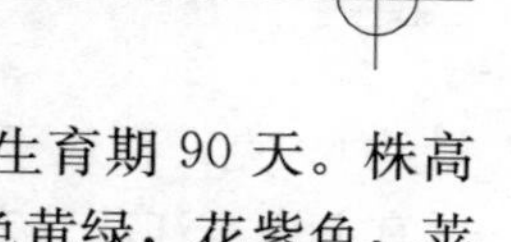

三月黄：安徽省芜湖地区的地方品种。生育期 90 天。株高 45～50 厘米，茎节间短，分枝 2～3 个，叶色黄绿，花紫色，荚扁圆，着生密。每荚有种子 2～3 粒，嫩豆粒黄绿色，品质中等。老熟种子椭圆形，黑色，脐深褐色。

白水豆：四川省成都市郊区地方品种。株高 40～50 厘米，开展度 23 厘米，分枝 3～4 个。茎和叶柄浅绿色，节间长 3～4 厘米，花紫色，间有白色花。第一花序着生于第 3～4 节，每花序 2～5 个荚。青荚黄绿色，有茸毛，每荚有种子 2～3 粒，鲜豆粒质鲜嫩，味鲜美，品质优。老熟种子黄白色，椭圆形。

五月拔：浙江省地方品种。上海和浙江省杭州市一带种植较多。主茎高 50～60 厘米，开展度 50～60 厘米，分枝 3～4 个。叶较小，绿色，花白色。单株可结荚 40～50 个，荚上茸毛灰白色。每荚种子 3 粒为多，鲜豆粒黄绿色，肾形，质嫩，味佳，品质优，产量高。老熟种子淡黄色，脐浅褐色。

小寒王：江苏省海门县引种选育的品种。有限生长习性。株高 70～80 厘米，茎秆粗壮，分枝 2～3 个。结荚较密，每荚有种子 2 粒，子粒大，近圆球形，品质好，产量高，适于长江中下游地区种植。

黑毛豆：湖北省地方品种。株高约 60 厘米，开展度 30 厘米左右。茎直立，分枝性弱。第一花序着生于第二节，花淡紫色，每花序结荚 2～3 个。荚淡绿色，每荚含种子 2～3 粒。嫩豆粒种皮为淡绿色，味鲜美。老熟种皮为黑色。

五月乌：福建省地方品种。植株矮生，株高 50 厘米左右，开展度 30 厘米，花鲜紫红色。青荚黄绿色，有茸毛。种子较小，椭圆形，品质中等。

浙鲜豆 4 号：浙江省农业科学院育成品种。有限结荚类型，株高 30～35 厘米，株型紧凑，主茎节数 9.7 个，分枝数 1.8 个，叶片卵圆形，中等大小，灰毛、紫花，单株荚数 30 个左右，多粒荚率 69.3%，成熟种子黄皮，子叶黄色，脐色黄，百粒鲜质量约 60 克，百粒干质量 30.1 克。从播种到采收青荚约 81 天，适宜上海、江苏、安徽、浙江、江西、湖南、湖北、海南等地春播栽培。

交大 02－89：上海交通大学育成品种。株高 40 厘米，主茎节数 9.2 节，分枝数 2.5 个。圆叶，叶片较大。白花、灰毛。单株荚数 24.9 个，多粒荚荚率 66.3%，单株鲜荚重 40.9 克。鲜百粒重 68.2 克以上，标准荚数 350 个/千克，标准荚长×宽为 5.5 厘米×1.4 厘米，其中 3 粒荚占 24%，子粒剥粒性好。品质糯性，易煮酥，且具香味。植株耐肥性好。

毛豆 75－5：台湾引进品种。春播从播种至采收鲜荚 70～75 天，秋播 65～70 天。株高 50～55 厘米，分枝数 2～3 个。白花，荚较宽，荚上茸毛白色，以 2～3 粒荚为主，每百个鲜豆荚 800 克左右，鲜豆粒甜度达 11 度。干子粒种皮浅绿色，脐淡黄色，百粒重 40 克以上。

青酥 3 号：上海市农业科学院选育的品种。株形直立，株高 28～30 厘米，有限结荚，主茎 8 节，分枝 2～3 个，卵圆叶，白花。单株结荚 20～25 个，其中 2～3 粒荚比例 73%以上。荚色绿，荚毛灰白稀疏，2～3 粒荚长 5.13 厘米以上，荚宽 1.12 厘米以上，出仁率 55%以上。平均单粒鲜豆质量 0.67 克，被覆绒膜，易烧煮，糯性，微甜，速冻后不变硬。单粒干籽质量 0.133 克，种皮浅绿，种脐色淡，子粒扁椭圆形。对光周期不敏感，适应性广。耐肥水，抗倒伏，对病毒病抗性强。

浙农 6 号：在浙江省农业科学院蔬菜研究所选育的品种。有限结荚类型，株型收敛，株高 36.5 厘米，主茎节数 8.5 个，有效分枝 3.7 个。叶片卵圆形，白花，灰毛，青荚绿色、微弯镰形。平均单株有效荚数 20.3 个，荚长 6.2 厘米，荚宽 1.4 厘米，每荚粒数 2.0 粒，鲜百荚质量 294.2 克，鲜百粒质量 76.8 克。淀粉含量 5.2%，可溶性总糖 3.8%，口感柔糯略带甜，品质优。地域适应性较好，适合浙江省及其周边省市种植。

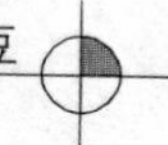

浙鲜豆4号：浙江省农业科学院育成品种。有限结荚类型，株高30～35厘米，株型紧凑，主茎节数9.7个，分枝数1.8个，叶片卵圆形，中等大小，灰毛、紫花，单株荚数30个左右，多粒荚率69.3%，成熟种子黄皮，子叶黄色，脐色黄，百粒鲜质量约60克，百粒干质量30.1克。从播种到采收青荚约81天，适宜上海、江苏、安徽、浙江、江西、湖南、湖北、海南等地春播栽培。

浙农8号：浙江省农业科学院蔬菜研究所育成品种。株型紧凑，株高25～30厘米，有限结荚习性，主茎节数7.9个，有效分枝数4.0个；叶片卵圆形，白花，灰毛；单株有效荚数23.9个，单荚粒数2.1粒，2～3粒荚长5.5厘米以上，荚宽1.3厘米以上，百荚鲜重259.9克，百粒鲜重74.2克；播种至鲜荚采收需80～85天。青豆粒质糯味鲜，易煮酥，风味好，口感佳。鲜子粒可溶性总糖含量为2.51%，淀粉含量为3.6%。

淮哈豆1号：江苏淮阴农业科学研究所与黑龙江农业科学院合作选育的品种。有限结荚习性，植株中等高度，株高50～55厘米，结荚高8～10厘米，主茎13节。分枝1～2个，叶片呈卵圆形，叶色绿，花紫色。单株结荚25～30个，荚长4～6厘米、荚宽1.1～1.2厘米。三粒荚较多。青荚直形，深绿色，茸毛灰白色。鲜豆仁百粒重50～55克，粒荚比1∶0.8。干子粒圆形，淡脐，黄色，百粒重24～26克。干子粒粗蛋白质含量43.4%，粗脂肪19.4%。抗倒伏性较强。苗期和花期中抗花叶病毒病。

沪宁95-1：南京农业大学大豆研究所与上海市农业科学院动植物引种中心合作育成品种。极早熟，常规栽培播种到采收70～75天。株高40厘米，分枝2～3个，节间9～11节，叶卵圆，花淡紫色，茸毛灰绿色，有限结荚习性，荚多而密，平均单株结荚43个，平均单株荚重58克，最多可达115克，鲜豆百粒重65～70克。豆粒鲜绿、容易烧酥、口感甜糯、食味佳。

苏早1号：江苏省农业科学院蔬菜所育成的品种。播种至采收期69天，为中熟品种。有限结荚习性，白花，灰毛，叶卵圆形，株高中等，百粒鲜重70.7克，属大粒品种，适于外贸出口。较耐病毒病。子粒百粒重较高，商品性好。该品种百粒鲜重67克左右，糯性好，易剥壳。蛋白质含量为41%。

矮脚早：江苏徐淮地区淮阴农业科学研究所选育的品种。株高约45厘米，主茎12节，侧枝2～3个，花白色。结荚集中，每荚种子2～3粒，嫩豆粒绿色，椭圆形，质地脆松，品质好。干豆粒黄色，较耐寒，耐热，适应性广，不易裂荚。中熟品种，生育期95天，适宜春秋两季栽培。

合丰25：安徽省合肥市种子公司引自黑龙江。茎秆直立，抗倒伏，分枝少。主茎结荚密，每荚有种子3粒。花白色，豆荚茸毛灰白色。豆粒圆形，较大，品质佳。抗病，耐寒，适应性强，是早熟种中生产效益较高的品种。

（2）中熟品种：

日本晴3号：江苏省农业科学院蔬菜所育成，2002年通过江苏省审定，审定编号为苏审豆200201。从播种至采收85天，中熟，有限结荚型，白花，灰毛，叶卵圆形，株高中等，粒大，百粒鲜重约67克，糯性好，易剥壳。蛋白质含量41%，比合丰35高4%～5%，比台湾292高3%～4%。产量和出籽率高，一般每亩产鲜荚750千克左右，比台湾292高30%以上，出籽率57%，比台湾292高7%。

新六青：安徽省农业科学院育成。株高70厘米左右，有限结荚习性。分枝2～3个。花紫色。单株结荚35个左右，每荚含种子2～3粒。鲜荚皮薄，绿色，粒大饱满，易煮酥，味甜可口。

七月拔：上海市地方品种。植株矮生，株高约31厘米，分枝力强，分枝6～8个。花白色，荚上茸毛灰白色，每荚种子2～3粒。种子长椭圆形，质地硬，品质中等。老熟种子黄色，脐浅褐色。

绿皮绿仁：江苏省通州市推广的品种。株高50～60厘米，

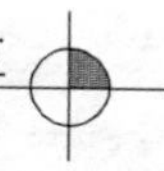

茎秆粗壮，分枝3～4个，叶大，叶色深绿。花紫色。子粒大，椭圆形。无论青豆和干子粒，种皮和子叶均为绿色。

绿光：引自日本。株高34～109厘米，分枝3～4个。株形较紧凑。花白色，青荚绿色，每荚有种子2粒。青豆浅绿色，质嫩。老豆粒大，浅绿色，品质好，适宜速冻加工。

鲁青豆1号：山东省烟台市农业科学研究所育成。株高70～75厘米，有限结荚习性，被棕色茸毛，子粒椭圆形。豆粒种皮绿色，子叶青绿色，色泽鲜艳，种脐黑色。易煮酥，适宜鲜食和加工制罐。耐肥水，抗病和抗倒伏。生长旺，应适当稀植，可与玉米等间作。

牛毛黄毛豆：湖北省地方品种。植株有限生长，株高约75厘米，开展度45厘米，分枝性中等。茎绿色，叶深绿色，花白色，每花序结荚3～4个，青荚绿色，荚上密生淡棕色茸毛。每荚含种子2～3粒，嫩豆粒白绿色，椭圆形，质软，品质较好。成熟种子黄色，脐浅褐色。

六月暴：湖北省地方品种。株高60厘米，开展度40厘米，分枝力较弱。叶绿色，有茸毛。第一花序生于第1～2节，每节2～3荚，节间密，荚多，每荚含种2～3粒。抗湿性强抗旱性弱。

鳞州黑魔豆：由日本引进的常规品种。株高75厘米左右，植株生长势旺，分枝能力强，一般分枝10～15个，呈扇形。幼苗浅绿色，6片叶后开始变深绿色，且叶脉呈浅绿色，十分明显。花白色，结荚多而密，每荚有种子2～3粒，子粒黑而发亮，种脐白色，内仁碧绿，百粒重42克。抗病性强，耐肥水。作为菜用大豆，味鲜美，有糯性，口感极好，风味独特。据测定，该品种豆粒的营养价值较高，蛋白质和各种矿物质元素含量比一般大豆要高。

浙鲜豆1号：浙江省农业科学院育成品种。有限结荚习性，株型收敛，株高40～45厘米，主茎节数10～11个，有效分枝2

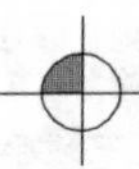

个。叶片卵圆形，叶形较大，白花，灰毛。单株有效荚数 20～25 个，青荚淡绿色，荚形较直，以二三粒荚为主，平均单荚粒数两粒，两粒荚长 5.5 厘米，三粒荚长 6.2 厘米，荚宽约 1.3 厘米，一般百荚鲜重 250 克左右，百粒鲜重约 65 克。抗大豆花叶病毒病和霜霉病，耐肥抗倒。

通豆 6 号：江苏省启东市绿源豆类研究所育成的品种。出苗势强，幼苗基部绿色，生长稳健，叶片较大、卵圆形、叶色深。植株直立，有限结荚习性，紫花，鲜荚深绿色，茸毛灰色。江苏省区试平均结果：播种至采收 98 天，株高 69.9 厘米，主茎 13.8 节，分枝 2.3 个，单株结荚 27 个，多粒荚个数百分率 71.4%，每千克标准荚 364.3 个，二粒荚长 5.7 厘米、宽 1.3 厘米，鲜百粒重 70.2 克，出仁率 52.3%。食煮口感品质香甜柔糯。干子粒种皮绿色，子叶黄色。南京农业大学大豆所接种鉴定中抗花叶病毒病。田间花叶病毒病发生较轻，抗倒伏。

苏豆 5 号：江苏省农业科学院蔬菜所选育的品种。出苗势强，幼茎绿色，叶片卵圆形、深绿色。植株直立，有限结荚习性，紫花，鲜荚弯镰型，茸毛灰色。播种至采收 92 天，株高 42.2 厘米，主茎 10.4 节，分枝 1.9 个，单株结荚 21.4 个，多粒荚个数百分率 59.4%，每千克标准荚 410.5 个，二粒荚长 5.1 厘米，宽 1.3 厘米，鲜百粒重 65.0 克，出仁率 52.3%。口感品质香甜柔糯。干子粒种皮黄色，子叶黄色。南京农业大学大豆所接种鉴定中感花叶病毒病。田间花叶病毒病发生较轻，抗倒伏。

六月拔：浙江省地方品种。株高 60～70 厘米，开展度 50～60 厘米。分枝性中等，有侧枝 4～5 个。主侧枝均能结荚，结荚部位较低，主枝第四节着生第一花序。花白色，荚上茸毛灰白色。单株可结荚 50～60 个。多数荚含种子 2 粒。嫩豆易煮酥，质糯，品质好。老熟种子淡黄色。抗病性较强，较耐肥。

台湾 75：从台湾引进品种。株型紧凑，株高 50～60 厘米，茎秆粗壮，抗倒伏。结荚较疏，单株有效数 20～23 个，豆荚较

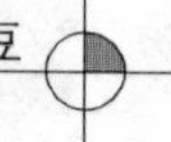

其他品种略宽、略大，豆荚大。鲜荚色泽翠绿、灰毛，百荚鲜重280克左右，亩产鲜荚500～600千克。鲜荚肉清香可口，糯性好。播种后77天可采鲜荚。采收期、保鲜期均较长，近年已成为鲜豆速冻出口的主要品种。

台湾292：从台湾引进品种。有限结荚习性，株高35～40厘米，幼苗主茎紫色，主茎6～8节，分枝性较弱。花紫色，单株结荚15～20个，底荚高10厘米左右，荚粗、粒大，茸毛白，外观美，味甜，带香味，品质佳。适宜鲜食和加工速冻出口。不易裂荚，种皮黄色，种子近园形，百粒重25克左右，耐肥力强，不易倒伏，抗病性也较强。早熟，播种至嫩荚采收约70天。一般亩产鲜荚500千克左右。

通酥1号：江苏沿江地区农业科学研究所育成品种，审定编号苏审豆200604。播种至采收91天，株高30.6厘米，主茎9.2节，结荚高度9.2厘米，分枝1.9个，单株结荚21.0个，多粒荚数百分率69.5%，百粒鲜重58.0克，出仁率58.8%。出苗势强，幼茎绿色。叶卵圆形，叶色淡绿。白花，鲜荚茸毛稀疏，浅棕色，豆荚呈亮绿色。有限结荚习性，株型较紧凑。食煮品偿豆仁有甜味，糯性中等。干子粒种皮绿色，子叶黄色。田间花叶病毒病发生较轻，抗倒伏性强。接种鉴定高感花叶病毒病，抗性与对照相当。

（3）晚熟品种：

大青豆：安徽省地方品种。植株半蔓生，株高约95厘米，开展度45厘米，分枝3～4个。叶较大，浓绿色，花淡紫。荚宽大，茸毛白色。每荚有种2～3粒，嫩豆粒大，近圆形，种皮绿色，质地鲜嫩，品质佳。老熟种子圆形，绿色，脐部深褐色。喜肥水，抗倒伏，产量高。

绿宝珠：江苏省启东市近海农场育成。株高80厘米左右，分枝3个。有限结荚习性。花紫色。荚宽大扁平，每荚2粒种子居多。耐用肥，抗倒伏。青豆粒品质极佳。成熟种子椭圆形，绿皮绿仁，种脐黑色。

慈姑青：上海市地方品种。株高约 90 厘米，分枝性强，分枝 6～7 个。花紫色，豆荚宽大，荚上茸毛褐色，每荚有种子2～3 粒。种子椭圆形略扁，豆粒大，质地软，品质佳。成熟种子种皮绿色，种脐深褐色。

开锅烂：江苏省南通市地方品种。株高 120 厘米左右，株型高大，紧凑，茎秆粗壮。生育期长，一般在中秋节以后上市。鲜豆粒大，长椭圆形，青绿油亮，品质极佳。煮熟即烂，故名“开锅烂”。

徐春 2 号：江苏徐淮地区徐州农业科学研究所选育的品种。出苗势强，幼茎淡绿色，叶片卵圆形、绿色。植株直立，有限结荚习性，白花，鲜荚弯镰型，茸毛灰色。播种至采收 94 天，株高 28.2 厘米，主茎 8.2 节，分枝 2.7 个，单株结荚 22.4 个，多粒荚个数百分率 62.5%，每千克标准荚 373.5 个，二粒荚长 4.9 厘米，宽 1.3 厘米，鲜百粒重 65.0 克，出仁率 55.5%。口感品质香甜柔糯。干子粒椭圆形，种皮绿色，子叶黄色，种脐深褐色，百粒重 26 克。中抗花叶病毒病，抗倒伏。

岩手青：安徽省潜山县从日本引进的品种。株高 85 厘米左右，植株生长势旺，叶色深绿，花紫红色。单株结荚 60 个左右，多粒荚占 90%以上。豆粒大，绿色，饱满。抗病，抗旱，抗涝，耐高温，适应性广。

五香毛豆：浙江省地方品种。植株高大而较直立，株高 1 米左右，开展度 50～60 厘米，分枝性较强，分枝 4～5 个。茎浅绿色，有灰色白茸毛。主茎 3～4 节着生花序，花紫色。豆荚宽大，茸毛棕褐色。每节能结荚 2～3 个，单株结荚 50～60 个，每荚有种子 2～3 粒。鲜豆粒较大，质糯，有清香味，品质优良。成熟种子棕褐色。抗病虫，耐高温干旱，耐肥。

2. 夏秋大豆型

夏大豆分布于中国南方广大地区及黄淮海流域，在冬播作物

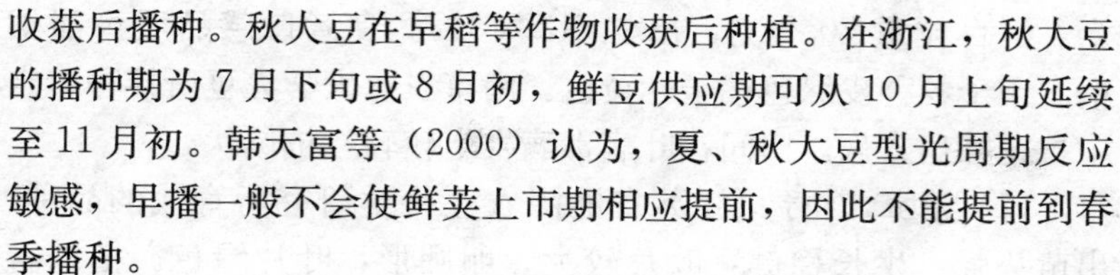

收获后播种。秋大豆在早稻等作物收获后种植。在浙江，秋大豆的播种期为7月下旬或8月初，鲜豆供应期可从10月上旬延续至11月初。韩天富等（2000）认为，夏、秋大豆型光周期反应敏感，早播一般不会使鲜荚上市期相应提前，因此不能提前到春季播种。

（1）苏豆6号：江苏省农业科学院蔬菜所育成的品种。出苗势强，生长稳健，叶片较大卵圆形，叶色淡绿。植株直立，有限结荚习性，紫花，鲜荚弯镰刀形，茸毛灰色。江苏省区试平均结果：播种至采收100天，株高68.5厘米，主茎14.0节，分枝2.3个，单株结荚28.0个，多粒荚个数百分率64.6%，每千克标准荚413.3个，二粒荚长5.6厘米，宽1.3厘米，百粒鲜重63.8克，出仁率52.7%。口感品质香甜柔糯。干子粒圆形，种皮黄色。经接种鉴定感花叶病毒病，田间花叶病毒病自然发生较轻，抗倒性好。

（2）通豆5号：江苏沿江地区农业科学研究所育成的品种。出苗势强，幼苗基部绿色，生长稳健，叶片较大、卵圆形、叶色深。植株直立，有限结荚习性，紫花。鲜荚深绿色，茸毛灰色。江苏省区试平均结果：播种至采收107天，株高83.0厘米，主茎15.8节，分枝2.9个，单株结荚29.9个，多粒荚个数百分率63.2%，每千克标准荚326.0个，二粒荚长5.8厘米，宽1.4厘米，鲜百粒重78.2克，出仁率54.2%。食煮口感品质香甜柔糯。干子粒种皮黄色，子叶黄色。南京农业大学大豆所接种鉴定中抗花叶病毒病。田间花叶病毒病发生较轻，抗倒伏。

（3）通豆6号：江苏沿江地区农业科学研究所育成的品种。出苗势强，幼苗基部绿色，生长稳健，叶片较大、卵圆形、叶色深。植株直立，有限结荚习性，紫花，鲜荚深绿色，茸毛灰色。江苏省区试平均结果：播种至采收98天，株高69.9厘米，主茎13.8节，分枝2.3个，单株结荚27个，多粒荚个数百分率71.4%，每千克标准荚364.3个，二粒荚长5.7厘米、宽1.3厘米，鲜百粒重70.2克，出仁率52.3%。食煮口感品质香甜柔糯。干子粒种皮绿色，子叶黄色。南京农业大学大豆所接种鉴定中抗花叶病毒病。田间花叶病毒病发生较轻，抗倒伏。

（4）淮豆10号：江苏省淮阴农业科学研究所育成的品种。出苗势强，生长稳健，叶片较大、卵圆形，叶片绿色。植株直立，有限结荚习性，紫花，鲜荚深绿色，茸毛灰色。江苏省区试平均结果：播种至采收91天，株高63.0厘米，主茎13.8节，分枝2.2个，单株结荚31.2个，多粒荚个数百分率71.2%，每千克标准荚450.0个，二粒荚长5.4厘米，宽1.2厘米，百粒鲜重51.8克，出仁率50.0%。口感品质香甜柔糯。干子粒椭圆形，种皮绿色。经接种鉴定抗大豆花叶病毒病SC3株系、中感SC7株系，田间花叶病毒病自然发生较轻，抗倒伏。

（5）楚秀：江苏徐淮地区淮阴农业科学研究所育成。一般亩产鲜荚660～690千克。有限结荚习性，花紫色，茸毛灰色。株高65～70厘米，植株粗壮，子粒大，近圆形，百粒干重28～30克，鲜重80克左右，商品性较好。全生育期95天左右，抗病毒病和霜霉病，较抗倒伏，易炸荚，应注意适时收获。种子含粗蛋白46.4%，脂肪21.4%。

（6）夏丰2008：浙江省农业科学院蔬菜研究所育成。有限结荚型品种，长势旺盛，株形紧凑，株高58～60厘米，主茎7～9节，分枝数3～4枝。叶片卵圆形，白花，单株结荚28～34个，荚绿色，荚宽1.3厘米，荚长5.1厘米，三粒荚比例21.6%，二粒荚65%以上，一粒荚及畸形荚约10%。百荚鲜样质量240克，百粒鲜样质量68克，子粒饱满，肉质细糯，口感好。耐高温能力强，品质佳。

（7）南农菜豆6号：南京农业大学国家大豆改良中心育成。生育期100天，属于中晚熟品种。有限结荚习性。白花，鲜荚绿色，茸毛灰色。百粒鲜重59.6克，出仁率50.7%。单株结荚36.4个，每千克标准荚389.9个。中抗大豆花叶病毒病SC3株

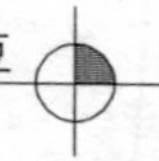

系，抗倒性较强。平均亩产鲜荚 701.8 千克、产鲜粒 351.0 千克。

三、菜用大豆栽培管理技术

菜用大豆栽培技术既与普通大豆相似，又具有本身的特点，较一般大豆更为精细。菜用大豆在选用品种时更应注重对外观商品性的要求，栽培技术也需围绕生产优质高产的菜用大豆为主要目标，综合考虑品种的光温反应特性、上市季节、市场余缺、鲜销或速冻加工用途来选用适宜的品种、播期、综合栽培技术，达到菜用大豆“一优两高”。

（一）菜用大豆高产栽培技术

1. 菜用大豆播前准备

（1）选择良种：菜用大豆在江淮和长江以南地区的春、夏、秋季均可栽培。不同菜用大豆品种对光、温具有不同的反应，早熟菜用大豆对温度比较敏感，对光照长短反应比较迟钝；夏、秋季菜用大豆对光照长短反应比较敏感，播种时一定要搞清品种的名称、来源、特征、特性和栽培技术。根据生长季节选择优质高产、株型紧凑、抗病抗倒伏能力强、大荚大粒、三粒荚比例高、商品性好的优良品种。认真清选种子，清除小粒、秕粒和有病斑、虫蛀和破伤的种子，尤其要清除种子中混杂的杂草种子，特别是菟丝子，以减少杂草传播。陈少珍等（2004）认为，做好种子发芽率测定，发芽率不到 85%的种子不宜播种。播前抢晴天晒种 1～2 天，既能杀死种子表面的病原生物，又可提高种子的出苗势和出苗率。

（2）整地与施基肥：选择排灌方便、地势平坦、疏松肥沃的田块种植。配套沟系是菜用大豆生产防灾抗灾的重要措施，必须在播前深挖好田内外一套沟，要求沟系配套、级差分明，保证雨止田干，能灌能排。菜用大豆在开花、结荚期间往往会遇到不同程度的连阴雨和持续干旱，应及时做好防涝抗旱工作。江林银和龚平（2004）按照田块实际情况做1～2米宽的墒面，墒沟深10厘米以上，段沟深20厘米以上，围沟深30厘米以上，三沟配套。土壤要整细，备好地膜、肥料、农药。深翻整地，结合整地施足基肥。然后筑畦，畦宽（包括沟）1米。在没有种过毛豆的田块，接种根瘤菌增产效果显著。增加根瘤菌的方法：一是土壤接种，即从根瘤菌生长良好的田块中取出表土撒播于准备播种菜用大豆的田块中，一般每亩撒35千克左右，或把含多量根瘤菌的土壤加入等量水，制成泥浆，用上面较清的泥浆与种子混合。种子与泥浆水比例为100∶5，阴干后播种。二是用根瘤菌接种剂，这种方法最为简便，效果更好。李乐农等（1998）采用的方法是：菌粉200克，加水2.5千克，拌50千克种子，接种时避免阳光直射，接种后种子微干即可播种。根瘤菌拌种的同时可进行钼酸铵拌种，每100千克种子用浓度为1.5%的钼酸铵溶液3.3千克。

（3）适时播种：确定露地直播大豆播种期主要依土壤温度和墒情而定，应以幼苗不受晚霜冻害、充分利用无霜期和适期早播为原则。春季播种过早，土壤温度低，易造成烂种和缺苗，且易受晚霜危害；播种过晚，虽然出苗快，但因气温较高，生长发育加速，营养体生长不足或延误最佳生长季节，经济效益下降。春播在3月底至4月初（保护地栽培可适当提早），6～7月采收；夏播4月底至6月播种，7～9月采收。

（4）合理密植：菜用大豆的产量构成与密植程度关系密切。适当稀植，可以优化豆荚品质，提高商品率。

早熟品种分枝少，株型紧凑，一般每亩20 000～30 000株，春季早毛豆一般亩播种6～7.5千克；中熟品种每亩18 000～20 000株为宜；晚熟品种每亩15 000～17 000株，夏秋季菜用毛豆每亩播量4～5千克。掌握畦净宽1.5米，每畦种植4行，大

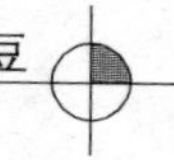

行距50厘米，小行距30厘米。播种深度一般3～5厘米，小粒种子、墒情不好以及土质疏松的宜深些；反之，则宜浅些。早熟品种、独秆型品种、披针形叶的品种，株型收敛，繁茂性差，宜密植；反之宜稀植。一般合理密植有利于后期通风透光，提高光合利用率，增加产量。

合理的群体结构通过适宜的密度和优化栽培技术而实现。通过对菜用大豆品种的多年试验表明，豆荚产量主要与亩成苗数和百荚重有关，在单作情况下，亩栽6 000～7 000穴，每穴3～4株，群体密度达到每亩2.4万株左右是适宜的密度。通过不同留茬密度试验表明，单株有效荚数随密度的提高而减少，而单株有效荚数分别以亩栽1.5万和3.5万株为最低和最高；百荚鲜重以亩栽3.0万株为最佳；鲜荚产量则以亩栽2.5万株为最高。若密度太稀，总节数、总分枝数不可能无限制增加，单位叶面积能负担的种子数不可能无限制地增长；太密，种子、肥料、病虫害增加，浪费农药，污染加重。综合以上性状，要实现亩产500千克鲜荚，其亩成苗数为2.2万株左右，单株有效荚数在15个以上，平均百荚鲜重在190克以上为宜。

2. 菜用大豆需水、需肥特点

（1）水分管理：菜用大豆需水较多，对水分敏感，水分过多或过少均会明显影响质量和产量。菜用大豆出苗后应保持土壤干湿交替，畦沟不积水；在多雨季节要及时排水，防止积水；如遇高温干旱，特别在开花结荚期要及时浇水，保持田间适当湿度，可增加结荚率。春季播种温度湿度大，易烂种，因此宜用地膜覆盖防水保温，苗期需水量较小，少湿润为好，以防陡长。花期和结荚期要保持土壤湿润，以保证水分供应。既要防渍水，湿度过大，遇大雨应及时清沟排水，又要防干旱缺水，干旱时要及时灌水，灌水时不宜淹畦面，以防止落花落荚和发生病害（姚春华，2002）。应根据大豆生育过程需水特点，结合具体情况采取相应措施进行合理灌水，土壤最适持水量，苗期60%～65%，分枝期 65%～70%，开花结荚期 70%～80%，封垄期 70%～75%。

（2）肥料施用：

基肥：菜用大豆生长初期生长迅速，代谢速度快，需肥量大，根没有固氮能力，应添加复合肥每亩 30～40 千克、过磷酸钙 25 千克、草木灰 100～150 千克做基肥。

追肥：及时追肥是菜用大豆获得高产的重要措施。苗期根瘤正在形成时，根系固氮能力不强，因此要早施肥，除施足基肥外，出苗后第一对真叶展开时，结合中耕培土进行第一次追肥，每亩用尿素 10 千克、硫酸钾 5 千克，掺水点根浇施；始花期结合除草进行第二次追肥，每亩用氮磷钾三元复合肥 20 千克，在垄底撒施后培土，并浇水；盛花期、结荚期每亩用经充分腐熟的 20%人粪尿液 1 000 千克，对水点根浇施，同时每亩可用磷酸二氢钾 100 克、1.8%爱多收液 20 毫升，对水 60 千克，不定期进行叶面施肥；豆荚鼓粒期再用 0.4%磷酸二氢钾液加 1%尿素液叶面施肥 2 次，既可有效提高菜用大豆坐荚率、促进子粒膨大，又可保持豆荚鲜嫩不易黄化，以提高品性。

3. 栽培季节和栽培方式

菜用大豆属喜温性蔬菜，必须在无霜期内栽培。但因菜用大豆收获的是嫩青豆荚，比成熟大豆生长期短，且适用品种多，各地区可在适宜生长期内利用对短日照反应强弱和生长期长短各异的品种，采取不同栽培方式，实行分期播种，陆续采收，可使菜用大豆的供应期从 5～6 月份一直延续到秋霜前。各地区的具体栽培季节因气候差异而不同。华北大部分地区以春夏播种为主，4～5 月上旬育苗或直播，秋季收获。也可早熟栽培，提早收获。华北南部一些地区 6 月上旬至下旬麦收后抢种早熟品种，霜前收获。东北和西北地区 4 月下旬至 5 月上旬播种，一年只能栽培一次。

（1）春季栽培技术：

整地：播种春季菜用大豆前茬为冬闲地，春季要及早精细耕

地。每公顷施有机 25 000～30 000 千克作为基肥。播种前在播种穴或播种条沟中施过磷酸钙每公倾 250～300 千克。肥力较差的地块可适当加氮肥，以供幼苗生长所需。将地作成平畦或垄。

播种：春茬菜用大豆可以直播，为提早上市也可以育苗移栽。

①直播。北方地区通常在当地晚霜过后，4 月中下旬到 5 月上中旬播种，南方宜在 3 月下旬和 4 月中旬播种。直播在生产上通常有穴播和条播两种方式。条播更适合机械化操作。穴播时在畦面按预定的距离开浅穴，行距 25～40 厘米，穴距 15～20 厘米，每穴播种子 3～4 粒。条播时一般早熟品种行距约 30 厘米，株距约 7 厘米；中熟品种行距约 40 厘米，株距约 10 厘米；晚熟品种行距约 40～50 厘米，株距约 12 厘米，深度 2～3 厘米。北方地区春天多干旱，土墒不足时播种前需浇水，以保证种子萌发所需水分。土壤水分不足，出苗慢，幼苗弱，甚至缺苗。

②育苗。根据当地条件可在温室、冷床或塑料薄膜中、小棚中育苗。北方地区 3 月中旬至 4 月上旬播种。将园田土和充分腐熟的有机肥按 6∶4 或 7∶3 的比例充分混匀，装入营养钵中，浇足底水后播种，每钵播 3～4 粒种子，覆土 2.0～2.5 厘米，再盖些糠灰，使土温上升快。播种后出土前，可在苗床上加盖塑料薄膜，起到保温和防止土壤水分蒸发的作用，并促进出苗，大部分种子出苗后除去薄膜。出苗前不可浇水，以免烂子。10 天左右出苗，子叶期间苗一次，每钵留 2～3 棵苗。苗期保持 20℃左右的适宜温度和湿润的床土。幼苗第一对真叶由黄绿色转成绿色，尚未展开时为定植适期。苗龄约为 15～20 天。当 5～10 厘米土温稳定在 10℃左右，就可定植。定植在整好的地膜畦上，行距 20～30 厘米，穴距 15～20 厘米，每穴 2 株。定植后及时浇水。定植深度以子叶距地面 1.5 厘米为宜。缓苗后及时进行查苗补苗。

早春保护地栽培田间管理：整地时施入充足优质有机肥及过

磷酸钙，每公倾400千克左右。平地作畦，作成1.5～2.5米宽。定植前3～5天覆盖塑料薄膜，以提高地温。当棚内5厘米地温达12℃以上时，选晴天播种。按行距33～40厘米开沟引水下种，穴距12～15厘米，每穴播种子3～5粒。覆细土2厘米，畦面盖塑料薄膜，以促进幼苗出土。大部分种子出苗后除去塑料薄膜。

直播的从出苗到3叶期需中耕松土1～2次，以促进根系生长和增强根瘤菌的活动。苗期白天保持15～20℃，夜间保持10℃以上，如温度过低，需在畦面覆盖塑料薄膜或在棚外加盖保温帘。晴天棚温超过25℃时应适当通风，以防止幼苗徒长。小拱棚菜用大豆在开花后如露地温度已适宜生长，就可撤棚。中棚的菜用大豆，开花结荚期白天保持24～29℃，夜温15～18℃，相对湿度75%～80%。这期间保持较低的夜温，有利于菜用大豆开花结荚。菜用大豆即将开花时需要浇水、施肥，每公倾施尿素150～180千克，结荚期和鼓粒期各喷1次1%尿素和0.3%～0.5%磷酸二氢钾溶液，可提高结荚数和促进子粒膨大，有明显的增产效果。

露地栽培田间管理：露地直播出苗后及早间苗，淘汰弱苗、病苗，一般每穴留2株，如有缺苗需及时补苗。苗期控制水分，在幼苗高5～8厘米和15厘米时各中耕一次，使土壤疏松，提高地温。开花前进行最后一次中耕，并培土，以防止根群外露和植株倒伏。

苗期一般不浇水，以促进根系发育，使幼苗健壮生长，若过旱时可浇小水。幼苗期日耗水量不大，较能耐旱，适宜的土壤相对湿度为60%～65%。从分枝期到开花期，植株不断长叶和分枝，同时陆续花芽分化，这时生长量逐渐加大，对水分的需要量也增加，应及时浇水，干旱不利于花芽分化。结荚期植株生长最旺盛，为满足荚果生长的需要，可浇水2～3次，使土壤湿度保持在70%～80%之间。结荚到鼓粒期，干物质积累迅速，蒸腾

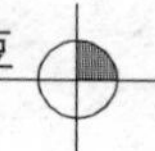

量大，仍需供应充足的水分，缺水会导致秕荚和秕粒增加。

对无限生长型的品种，在盛花期后1周左右要摘心，即摘除主茎的顶尖，以控制主茎向上生长，提高结荚率，并可防止植株徒长和倒伏，促进早熟并提高产量。尤其是在多雨年份或生长茂盛的植株，摘心效果更为明显。

2叶期每亩施硫酸铵10千克或腐熟人尿粪200千克，促进根系生长和提早分枝。开花初期，每亩施尿素、过磷酸钙、硫酸钾各10千克，以满足结荚所需养分，提高结荚率。灌浆期肥水应充足，延长叶片的光合作用，防止早衰，促进蛋白质形成，减少落花落荚。叶面喷施2～3次2%～3%过磷酸钙浸出液或0.3%磷酸二氢钾，对提高产量和改进品质都有良好的作用。在朝露未干时顺风向叶面撒草木灰和钾肥，对促进结荚，防止缺钾病害很重要。

菜用大豆为喜钾蔬菜，生长中后期常出现因缺钾而发生的黄叶病，植株小叶和边缘发黄，并向基部扩展，致使叶片脱落，严重时植株枯死。补施钾肥，防止效果较好。可叶面喷施钾肥，7～8天后叶片可转绿，喷2～3次基本可恢复。

收获：当豆荚基本长足，豆粒饱满，鼓粒明显，荚壳还保持绿色时即可收获。这时豆粒含糖量高，品质好。收获过早，粒小，产量低；迟收，糖分降低，豆粒变硬，味淡。收获时摘下嫩荚出售，也有仅把叶片摘除将豆荚连同枝秆出售，也称为“枝豆”。

（2）夏播栽培技术：夏播菜用大豆在适播期范围内应尽早播种，以延长生长期。北方6月至7月初播种，多接麦茬或其他作物后茬，常用中熟品种，迟播时用早熟品种。南方5月中旬至7月间播种，常用中熟和晚熟品种。北方中熟品种行距40～50厘米，穴距20～30厘米，条播时株距10厘米；晚熟品种行距50～60厘米，株距12厘米左右；晚播的早熟品种，因生长期短，植株矮小，可适当加大密度，播后盖土、草木灰，防止雨后土壤板结，影响出苗。南方中熟品种行距 40～50 厘米，穴距 20～30 厘米，条播株距 10 厘米，晚熟品种行距 50～60 厘米，株距 12 厘米。

夏季气温高，若土壤干旱应先浇水再播种，以保出苗齐，出苗早。多雨时要排水，防止烂种。播种前可普施基肥，耕翻土地；如果赶茬也可不翻地，只进行灭茬耙地即可。播种时在沟或穴内施草木灰或过磷酸钙作种肥。苗期注意中耕除草，保持土壤疏松，生长弱时，酌情施入氮肥，促进幼苗生长，尽早形成一定大小的营养体，为丰产打下基础。开花结荚期需肥水较多，初花期每公顷可施尿素和复合肥各 75～100 千克，并保持土壤湿润，满足花荚发育的需要。鼓粒期再喷 0.5%磷酸二氢钾 1～2 次，促进子粒饱满。

（二）菜用大豆有机栽培技术

为提高大豆品质，要积极发展有机菜用大豆种植，使菜用大豆种植效益稳步提高，推动菜用大豆产业稳定、协调、健康发展。有机大豆生产从种到收，必须突出一个“专”字，即专车播种、专车收获、专车运输、专用工具、专场清理、专库储存，坚决避免与普通大豆混杂（王绍强，2007）。

有机农业是 20 世纪 70 年代发展起来的一种符合现代健康理念要求，完全不用人工化学合成肥料、农药、生长调节剂、激素、添加剂、辐射技术和转基因品种等生产资料，借鉴传统农业但应用各种其他可持续发展的现代农业技术而从事的农业生产。随着国民经济的发展，城乡人民收入的提高，居民开始追求无污染、安全、营养的环保型食品（王曙明等，2006）。所谓绿色食品，就是遵循可持续发展原则，按照特定生产方式生产，经专门机构认定，许可使用绿色食品标志的无污染的安全、优质、营养食品的统称，绿色食品分为 A 级和 AA 级，AA 级即有机食品（方继伟，2006）。

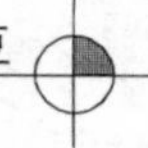

随着国际有机菜用大豆市场需求的急剧扩大，尤其是日本、韩国和东南亚国家对有机菜用大豆食品的迅猛需求，有机菜用大豆在国内、国际市场潜力巨大。

长江流域有机菜用大豆高产栽培技术：

1. 有机菜用大豆的基地要求

生产有机大豆基地的大气、土壤、水质等条件，必须通过经绿色食品部门指定的环境监测部门监测，并且符合 GB/T 391—2000 绿色食品产地环境质量标准。具体来说，一般的农田，必须首经过至少 3 年以上的转换期，即是 3 年内没施用化学肥料、化学农药的种植地块，或者选择新开荒的地块、选择经过 3 年休闲的地块。在江苏省，选择沿海滩涂或丘陵山区未种植农作物的田块较为适宜。这些田块一般还要满足以下要求：

（1）种植地远离公路和工厂，尤其是农药和化肥生产工厂，一般要求距离至少 5 千米以上。地块四周要有树木作为隔离带，周围没有易产生病虫害的农作物，且周边作物施用化学农药少的地块。

（2）选用的土壤要求比较肥沃，20 厘米耕作层内土壤有机质＞20 克/千克，最好达到 30 克/千克以上，全氮＞110 克/千克，速效氮＞75 毫克/千克，全磷＞015 克/千克，速效磷＞38 毫克/千克，速效钾＞200 毫克/千克，pH6～7，且土壤通透性好的中性土壤。

（3）一般不选用低洼田块和水湿地，这类土壤通透性较差。土壤要求以黑沙土为好，壤土次之，一般不选用保水性差的沙土，避免同一作物重茬，减少病虫害。

2. 品种选择及其处理

（1）品种选择：按当地生态条件及市场要求，合理选用熟期适宜、优质、高产、抗逆性强的审定推广品种。

（2）种子精选：播种前用选择机选种，再进行人工粒选，剔出杂质，病、残、虫食粒。一般要求种子净度 97%，纯度 99%

以上，发芽率85%以上，种子质量达国家标准一级以上。

（3）适当推迟播种期：因为有机大豆种子未进行种衣剂处理，所以要使其出苗速度加快，以减少病、菌、虫对种子的危害。地温稳定在12℃以上才可播种；采用地膜覆盖，地温稳定在10℃以上播种。地膜覆盖一般在3月20～25日播种，最早不得早于3月15日。露地播种一般在4月8日左右，播种时间略晚于常规菜用大豆。夏播一般于6月中旬到6月底播种。

（4）适当密植：有机大豆植株营养体生长较常规栽培大豆小，分支数也少，常采用密植的栽培方法。一般保苗25万～30万株/公顷。行距30厘米，株距12～15厘米，穴播2粒，定苗1株。

3. 施肥技术

有机菜用大豆不允许施用任何化学肥料，只允许使用有机肥料。一般采用重施基肥的原则。采用发酵堆制优质农肥或鸡粪、猪粪等充分发酵腐熟好的有机粪肥，整地前铺施30～50吨/公顷。在土壤贫瘠的地块，施肥量适当加大到总用肥量的130%～150%。

4. 田间管理

有机菜用大豆地除草，本着除早、除小、除了的原则，苗期人工除草1次。在大豆生育期内进行中耕2～3遍，第一遍在苗期结合除草进行，第二遍在菜用大豆3片复叶时进行，深度以8～12厘米为宜；第三遍在初花期进行，对大豆进行培土封闭。一般应通过精耕细作，适时中耕，压草养地，施腐熟农家肥料，适当密植等多种农业栽培措施清除田间杂草。

5. 病虫害综合防治

（1）病害：长江流域菜用大豆的主要病害为病毒病和霜霉病、锈病等。对于病毒病，目前尚没有特效药。此类病害一般由种子带菌引起，防止带菌种子引入是避免此类病害发生的关键环节。在本地病毒病发病田块（一般较瘦田块易发生），要及时并

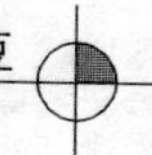

尽早拔除病株和周围怀疑植株，以防病毒病通过蚜虫等传播媒介传染到其他植株。对于出现病害症状的菜用大豆时，一般可喷施辣椒液、大蒜液、木醋液等来进行预防。

（2）虫害防治：一般可采用防虫网、黑光灯、性诱剂等不同方法防治害虫，也可根据具体虫类进行预防。

蚜虫：发生时，可设置黄色粘板；用有机农药百草一号500～80倍液，或0.3%苦参碱水剂2 000～3 000倍液、Bt和鱼藤酮等生物农药防治。

豆荚螟：在毛豆开花结荚期，安装黑光灯诱杀成虫；也可田间喷苦参碱、除虫菊等植物源农药。

小地老虎：播种前，进行深翻晒土，杀死幼虫、蛹；幼苗期利用自制糖醋毒液、黑光灯诱杀成虫；喷施除虫菊、苦参碱等植物源农药。

6. 收获、运输、管理

一般在菜用大豆成熟前3～5天可进行收获，具体收获指标可参照当地收购企业要求。有机菜用大豆要用专用运输车，要与运送常规作物的车辆分开，也不能与常规菜用大豆混运。有机菜用大豆要有专门的仓库存放，仓库必须卫生干净，有防鼠设施，并进行除虫处理，贮前消毒，并用专门的蔬菜清选机械清选后及时入库。实行单品单放、单保管，定期检温、注意防虫、防霉。有机菜用大豆的包装物要避免对大豆及环境造成污染，把有机菜用大豆定点包装，包装内附有标签，标明生产者姓名、地块、编号、数景、作物名称、收获时间、检验人员姓名等。同时建立有机食品田间生产档案，对基地实行“绿卡”管理，按要求，对有机食品大豆生产的全过程作档案记载，以防人为混杂。

7. 其他易出现的问题及解决措施

（1）关于产量问题：初期有机菜用大豆的单产可能较常规生产有大规模下降，但通过几年连续使用有机肥和秸秆还田，培肥地力，加强管理，大豆产量应有所提高。一般应争取政府补贴或项目结合等形式解决初期投入问题。

(2) 关于病虫草害问题：朱业斌和王绍强（2007）认为，常年种植有机菜用大豆，病害可能加重，通过合理轮作，可减轻危害。在冬季也可进行田块四周杂草清除等措施消灭病、虫、草害的寄主或幼苗，以防来年杂草大发生和病虫害滋生。

(3) 关于农药和重金属残留检测问题：目前主要检测的重金属有砷、汞、镉等和有机磷、有机氯、拟除虫菊酯菊类等。一般按照以上措施生产的有机菜豆，农药和重金属含量应该检测不出来（或符合国家指标）。

由于各省的自然条件和种植方式千差万别，因此，本文中的栽培技术仅供参考，不可照搬照套。

（三）菜用大豆特色栽培技术

1. 棚室早春茬栽培

菜用大豆幼苗较耐低温，可用阳畦、温床育苗栽培，育苗时使用营养钵，可达到完全护根效果，防止定植起苗伤根影响定植的缓苗和生长进行。温室或大棚比露地栽培可提早1～2个月，市场价格持续稳定，销路好，经济效益可观。栽培省工，技术简单，是农民创收的新路。

(1) 播种时间：温室早春茬1月中旬播种育苗，2月下旬定植温室，4～5月采收。大棚早春茬2月中旬播种育苗，4月上旬定植，5～6月采收。

(2) 种子消毒：首先晒种1～2天，用0.1%硫酸铜水溶液浸种15分钟，或用1%福尔马林浸泡20分钟，杀死种子表面的病原菌，达到消毒的目的。将种子洗干净后，再在清水中浸种2～3小时，捞出放在容器内催芽20小时，当种子萌动、胚芽露出即可。每亩移栽田播种量需4～5千克，每平方米苗床播种量为100克。

(3) 营养土配制：营养土按肥沃田土50%+腐熟栏肥或厩

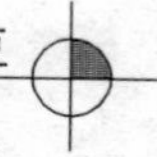

肥40%+细沙10%+过磷酸钙0.1%+草木灰0.1%配制，或按每立方米床土加入磷酸二铵1千克、硫酸钾0.5千克，整细过筛混合在一起，掺入0.05%敌百虫、50%多菌灵可湿性粉剂1千克，对200千克土，或用绿享一号拌土消毒，堆积10天左右。

将配好的营养土装入8厘米×10厘米的营养钵或纸袋（2/3处），摆放于铺垫平整的育苗床土上备用。要求营养土的pH在5.5～7.5之间，孔隙度约60%，要求疏松透气、保水保肥性能良好，准备播种。

注意：幼苗在营养土过于肥沃时极易烧根，为防止烧根，营养土配成以后，可用几粒白菜类种子试种，2～3天后观察根系，如有根尖发黄现象，须再加田土调整。

（4）播种与播后管理：营养钵以8厘米×10厘米为宜，每个营养钵装满土浇水后，每钵播种3～4粒，覆盖细土2厘米，再盖一层地膜保温保湿。尽量让苗床多见光，保持适宜的温度，白天25℃，夜间20℃左右，3～5天出苗，出苗前不宜浇水，以防止土壤过湿而烂种。当60%～70%幼芽出土后，及时撤去地膜。当幼苗出齐后到第一片复叶将展开时，可适当降低苗床温度，白天保持15～25℃，夜间10～15℃。在第三片真叶（即第一片复叶）展开后，到定植前10天，要提高育苗场地的环境温度，白天保持20～25℃，夜间15～20℃。这样有利于幼苗生长和花芽分化。

（5）定植：棚室栽培要多施有机肥，增加土壤透气性，给根瘤菌提供足够的氧气，深翻土壤，使根系能顺利伸长，达到根深株壮的效果，一般每亩施有机肥5 000千克以上为好。菜用大豆对磷、钾元素需求量较大，用磷酸二铵7～10千克、硫酸钾4～5千克均匀撒施地面，深翻25～30厘米，使肥与土充分搅拌均匀，耧耙平后作畦，宽1.2～1.5米，长度随棚室而定。

栽植密度按35厘米行距开沟，沟深10厘米，顺沟每25厘米摆一穴苗，浇水后封沟。栽苗时应把大小苗分开，不能大小混栽，防止互相影响，使秧苗生长均匀一致。每亩留苗2万～2.5万株。

（6）田间管理：菜用大豆开花结荚期是毛豆吸收氮、磷等元素的高峰期，在灌浆鼓粒期，补充的氮素有利于植株快速生长。追肥宜在开花初期开始，每亩施尿素15～20千克，7～10天喷水1次，水量不宜过大。

叶面追肥可喷洒0.3%磷酸二氢钾，隔10天1次，连喷2～3次；或每亩用尿素1.5～2.0千克，加磷酸二氢钾1.5千克，溶于500千克水中喷施。微量元素钼有提高菜用大豆叶片叶绿素含量、促进蛋白质合成和增强植株对磷元素吸收的作用，用0.01%～0.05%钼酸铵水溶液喷洒叶面，可减少花、荚脱落，加速豆粒膨大，增产效果显著。

2. 棚室秋冬茬栽培

由于晚秋、冬、春气候寒冷，蔬菜露地栽培困难。在大棚内种植菜用大豆，春季可提早上市1～2个月，秋冬可延迟供应2～3个月，大大延长了市场供应时间。早春上市早，冬季货源缺，市场价格持续稳定，经济效益比较可观。特别是菜用大豆在棚室栽培省工，商品上市时间市场紧缺，棚室栽培面积将逐渐扩大。上海春大豆采用大棚育苗、地膜加小拱棚种植，播种期最早可在1月下旬；采用地膜加小拱棚直播的，播期在2月上旬。采用大棚内直播、铺地膜等技术栽培早熟菜用大豆，每年亩产达500千克左右，比露地栽培不但提早20天上市，而且每亩增收1 000元左右，取得了较好的经济效益。

（1）品种选择：选用早熟、耐寒性强、低温发芽好、商品性好的品种。

（2）精细整地，施足基肥：要求地块平整，土质疏松，大棚提早播种，土壤湿度不宜过大，否则遇低温易烂种。结合翻耕一次性施足基肥，一般亩基施腐熟鸡粪1 000千克左右，三元进口复合肥15千克，于播前一个月施入。实践证明，重施底肥可提

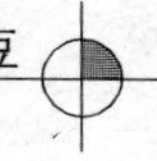

高菜用大豆的抗寒力及产量。大棚内作两畦，畦沟宽30厘米，深20厘米。在施肥整地的同时，于播前一周亩用除草剂48%氟乐灵120毫升，对水30千克，均匀喷洒在畦面上，浅耙土层，使之渗透入表土，然后用拱棚覆盖，以提高地温。

(3) 提高地温，适时抢播：早春大中棚覆盖栽培，可于2月上旬或3月初在中小棚内加地膜栽培，也可采用电加热线育苗移栽的方法，以促进苗齐、苗全。直播一般穴距20厘米，行距25厘米，每穴播种2～3粒，每亩密度20 000株，播深3～5厘米，深度要求一致，以利出苗整齐。也可用苗床划块育苗移栽的方法，播种时穴底要平，种粒分散，覆土不宜过深，以盖细土2～3厘米为宜，每亩播种量6～7千克，播种后整个畦面或苗床覆盖一层地膜，并将棚四周扣牢压紧，增温保湿，促进出苗。一般棚内温度10～25℃时（棚外温度8～15℃），10天左右齐苗。

(4) 大棚管理：

①温度管理。前期主要是防冻保暖，后期加强通风换气。要求直播前一周扣好大棚，播后立即盖好地膜或加盖拱棚膜。幼苗子叶顶土后应及时揭去地膜，注意选晴天及时破膜放苗，进行一次中耕松土。遇低温寒潮时加强防寒保暖措施，可采用临时炉火加温的办法补充热量。当棚内气温达到25℃以上时，要及时通风换气。出苗前棚内适宜温度为15～25℃；生长期适宜温度为20～25℃；开花期适宜日温23～29℃，夜温17～23℃，相对湿度保持在75%左右。

②肥水管理。一般苗期不宜施肥，如叶片受低温影响发生皱叶，可亩用黄叶敌微肥50克，对水30～45千克，在晴天中午喷施一次。开花期用0.5%磷酸二氢钾水溶液叶面追肥，喷施时间为上午10时前或下午4时后，最好以阴天为宜。隔7～10天再喷一次，喷后遇雨应补喷一次。此外，在落花结荚期，亩用10千克尿素对水浇施。在水分管理上，播后苗出土前不宜浇水；苗期过分干旱可适量浇水，促发根。干花结实期水分管理应采取

"干花湿荚"的原则。灌水时间夏季在地温较低的早晨和傍晚。

菜用大豆株形较矮，不易徒长，应在初花期每亩及时追施15千克速效氮肥、6千克三元复合肥和1%尿素，在结荚鼓粒期再向叶面喷施0.4%磷酸二氢钾（200克磷酸二氢钾，1%尿素加水50千克）2次，可有效提高结荚数，促进子粒膨大。氮肥应早施，磷肥应底施，钾肥在花芽分化期即出苗后20～30天施。苗期应看苗施肥，苗弱、叶色浅时，施适量速效氮肥。初花期每亩追施尿素10千克，加复合肥5千克。结荚期叶面喷施0.4%磷酸二氢钾，加1%尿素溶液，可有效提高结荚数，增加产量。

棚室栽培在开花结荚期间有一部分花蕾、花和幼荚脱落，脱落率高低对产量影响极大。花朵脱落率一般占总花数的40%～60%，花蕾和幼荚脱落比花朵少。土壤过于干旱或缺水缺肥、温度过高或过低、栽培密度过大、植株徒长造成倒伏、通风不良以及病虫害严重等，都会增加落花、落荚的数量。要针对原因进行预防。开花结荚盛期，喷洒浓度为20～30毫克/千克的四碘苯氧乙酸，可减少花、荚脱落，并增加种子的干粒重。

③CO_2的管理。为了提高大棚内的温度，往往采取密闭覆盖方式，这就限制了室内空气与室外大气间的气体交换，使大棚内空气流动循环比较困难，CO_2浓度下降以及有害气体的积累，对大豆的生长发育影响很大。必须进行充分的通风换气，补充CO_2，排除有害气体。

调控CO_2气体主要有三种方法：一是通风换气法；二是在土壤中增施有机肥法，土壤增施有机质在微生物的作用下会不断被分解为CO_2，同时土壤有机质增多也会使土壤中生物增加，进而增加土壤生物呼吸所放出的CO_2；三是人工施放纯净CO_2，这种方法成本高。

④土壤管理。补充土壤营养可影响大棚种植的产量，以及土壤中养分转化和有机质分解快，因此需要大量施肥以补充土壤养分和有机质不足，主要采取以增施优质腐熟有机肥为主，适当增

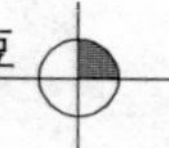

施化肥，以增施基肥为主，适当进行土壤追肥的方法，并提倡根外追肥。

防止大棚土壤盐分浓度危害。大棚内土壤盐分容易积累，其原因主要有两个方面：大量施肥造成的营养元素和其他盐类残根的过剩；不受雨淋，加上土壤毛细管作用，土壤水分从下向上移动，造成土壤表层盐类积聚。防止土壤盐分浓度危害具体措施和方法有以下几种：一是采用地膜覆盖防止表土积盐，适时松土切断土壤毛细管，灌水时应一次浇透，以便使作物充分吸收土壤营养和避免土壤盐分在表层积聚。二是多施基肥，少施追肥，增加土壤有机质含量。在施用化肥时，应注意化肥质量、数量、种类和使用方法，尽量避免使用单一种类的化肥，施用追肥时避免过量、过多或施于土壤表面。三是以水排盐。

（5）病虫害防治：大棚菜用大豆因苗期棚内低温、多湿，加之施用未腐熟的农家肥，极易引起立枯死苗，因此苗期棚内可用百菌清、多菌灵等药剂喷雾防治，尽量少用水剂药物。虫害主要有豆蛾、豆荚螟、豆蚜、红蜘蛛等，可用 1 500 倍农用乐或克蛾宝加一遍净防治，并严格执行安全间隔期。

（6）适时采收，妥善贮存：王铃等（2004）认为，菜用大豆的早春大棚栽培自播种后 85～90 天便可采收上市。若 2 月下旬至 3 月上旬播种，5 月中下旬就可采收。早熟菜用大豆贵在一个“早”字，因此应适时分批采摘豆荚，及早上市，以获较好的效益。采收标准为：豆荚充分长大，豆粒饱满鼓起，豆荚由碧绿转浅绿色适时采收。此时豆粒糖分含量高，适口香甜，品质佳。采收过迟，豆粒硬，糖分含量低，口感差；采收过早，瘪粒多，产量低。采下的青豆荚应贮放在阴凉处，或整体连根拔起，除去叶片、空荚和虫害荚，扎成小束出售，这样可较长时期保持鲜嫩。

3. 台湾菜用大豆栽培技术

我国台湾为亚洲蔬菜研究和发展中心所在地，菜用大豆生产水平高，品质优良。当地农业科技工作者总结了一套“大荚、优质”的菜用大豆栽培技术，主要通过增施肥料来提高菜用大豆的品质。其要点如下：

（1）苗床培育：苗床高度 15 厘米，亩施纯氮 1.5～4 千克、磷 4 千克、钾 4 千克，接种根瘤菌。

（2）适宜密度：早熟品种和促早栽培时，密度高于晚熟品种和正常季节栽培，一般每亩 1.8 万～2.5 万株。

（3）大田施肥：春播菜用大豆合适的施肥时期是：氮肥 50%作基肥，30%在播种后 15 天时追施，20%在结荚期施用；磷肥 70%作基肥，30%在播种后 15 天时追施；钾肥 50%作基肥，50%在播种后 15 天时追施。每亩施用鸡粪堆肥 130 千克或发酵猪粪 200 千克加 2 千克氮、2.5 千克磷（P_2O_5）、2 千克钾（K_2O），可使符合标准的和合格的菜用大豆产量分别提高13%～25%和 13%～20%，并改善其饱满度、荚果色泽、口味及甜度。接种根瘤菌并施氮 1.3 千克/公顷（基肥），可提高合格荚果产量 14%～22%，同时达到降低成本和增收的效果。

（4）防虫栽培：一般采用防虫网覆盖栽培，以提高产品质量。

四、菜用大豆病虫害及防治

（一）主要病害及其防治方法

1. 大豆病毒病

大豆病毒病又称花叶病，全国各地均有发生，危害严重。植株受病毒浸染后，叶片尤其是嫩叶叶片收缩畸形，出现黄绿色相间的不规则花斑纹而成花叶状。有些病株叶片上的叶肉或叶脉坏死，产生褐色凹陷条斑。花器官变形，结荚少，荚内豆粒也产生黄绿色花斑，染病的植株都表现矮小，有的病株生长点枯死。

大豆病毒病由大豆花叶病毒侵染引起。病毒可在露地越冬的宿根寄主植物或保护地栽培的豆科蔬菜作物上越冬，成为来年的

初侵染原。另外，种子也可带毒，病毒在种子内可存活2年以上。病毒随种子调运进行远距离传播。病毒病传播的主要途径有两条，一条是由蚜虫和叶螨等昆虫传播，一条是通过田间各项农事操作由汁液接触传播。高温干旱、蚜虫较多的年份发病严重，重茬地、肥水管理不当、植株生长弱时也发病严重。

防治方法：选用抗病品种和无病毒种子。播种前进行种子消毒，可用0.3%磷酸三钠溶液浸种15分钟，种子捞出后用清水冲洗干净。与其他作物实行2年以上轮作，减少越冬、越夏病原。合理密植，加强肥水管理，促进植株健壮生长，提高抗病能力。发现病株立即拔除，集中烧毁或深埋。及时消灭蚜虫，防止蚜虫传毒。清除田间和地边杂草，减少病毒扩展。

2. 大豆猝倒病和立枯病

大豆猝倒病主要侵染幼苗基部。近地表的幼茎发病，初现水渍状条斑，后病部变软缢缩，呈黑褐色，幼苗和幼株主根及近地面茎基部出现红褐色稍凹陷的病斑，皮层开裂呈溃疡状，严重受害幼苗茎基部变褐、缢缩、折倒而枯死，或植株变黄、生长缓慢、植株矮小。

农业措施：①选用抗病品种。②实施轮作，下湿地采用垄作或高畦深沟种植，合理密植，防止地表湿度过大，雨后及时排水。③选用排水良好高燥地块种植大豆。④田块酸碱度呈微碱性，用量每亩施生石灰50～100千克。⑤苗期做好保温工作，防止低温和冷风侵袭，浇水要根据土壤湿度和气温确定，严防湿度过高。

药剂防治：可用多菌灵、代森锰锌、炭枯净拌种或喷苗。

3. 霜霉病

植株幼苗受病菌系统侵染时，复叶展开后即可表现症状，在叶基部沿叶脉产生褪绿斑，褪绿部分逐渐扩大至全叶，出现凹凸状波纹，使幼苗瘦弱、生长停滞、萎缩矮化、叶片凋萎而枯死。成熟期叶片受侵染时，叶部症状为散生、圆形或不规则形的黄绿色小病斑，后变为褐色，周围深褐色，与健全组织分界明显。病情严重时，病斑并成大斑块，叶片易干枯早落。遇多雨高温气候条件时，叶片病斑背面可产生灰白色霉层，后变为灰色或淡紫色。豆荚受害，外部症状不明显，子粒无光泽，外表被灰白色菌丝层。

农业措施：选育优良品种；推行轮作换茬，提倡水旱轮作，与大豆以外的非寄主作物轮作；选用无病种子，并结合丰产栽培，实行畦作，使田间沟系配套，排水通畅，合理密植，适当扩大行距，增强行间通透性。

药剂防治：可用瑞毒霉素或甲霜灵防治。

4. 锈病

主要危害叶片、叶柄和茎。叶片两面均可发病，初生黄褐色斑，病斑扩展后叶背面稍隆起，即病菌的夏孢子堆，表皮破裂后散出棕褐色粉末，即夏孢子，致叶片早枯。生育后期，在夏孢子堆四周形成黑褐色多角形稍隆起的冬孢子堆。叶柄和茎染病产生的症状与叶片相似。

农业措施：选用抗病品种，如中黄 2 号、中黄 3 号、中黄 4 号、九丰 3 号、长农 7 号。注意开沟排水，采用高畦或垄作，防止湿气滞留，采用配方施肥技术，提高植株抗病力。

药剂防治：发病初期喷洒 40％百菌清悬浮剂 500 倍液，或 50％甲基硫菌灵·硫黄悬浮剂 800 倍液，10％抑多威乳油 3 000 倍液等药剂，每 10 天左右 1 次，连续防治 2～3 次。采收前 7 天停止用药。

5. 大豆胞囊线虫病

此病因大豆胞囊线虫寄生在大豆根部而导致植株发病。线虫主要以胞囊在土中越冬，春暖后卵孵化成幼虫，侵入大豆的根部，大豆根部发育在土温 17～28℃范围内，温度越高线虫发育越快。地上部的症状为植株矮化，叶片变黄或褪绿，生长瘦弱，故也称黄萎病。病株根系不发达，根瘤稀少。病株根上附有许多

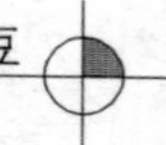

黄白色小颗粒，即胞囊线虫的雌成虫。根部的雌虫是诊断此病的主要依据。病情严重的，结荚前全株枯死。

农业防治：轮作是防治胞囊线虫病的最主要措施；选用抗病品种；多施有机肥。不仅增强植株抗性，而且增加天敌微生物。

药剂防治：播种前半个月，可用40%二溴氯丙烷颗粒剂施入深15～20厘米的沟中，随即覆土，以后在沟上播种，每公顷用量100千克。发病初期可用药液灌根，用50%辛硫磷乳油1 500倍稀释液或90%敌百虫800倍稀释液、80%敌敌畏乳油1 000倍稀释液等，每株灌药液250～500毫升，一般灌一次即可。

6. 紫斑病

紫斑病是菜用大豆开花结荚后发病最多的一种病害。叶、茎、荚和种子均可受害。病症在种子上的症状最明显，染病种子脐部附近的表皮上发生紫色病斑，严重时整个豆粒成为紫黑色，种皮破裂。带病种子播种后长出的幼苗，子叶上也有褐色斑点，严重时子叶畸形、枯死。发病初期叶片出现圆形紫红色斑点，扩大后成多角形，中央变成褐色或灰色，上有霉状物，边缘赤褐色叶片逐渐干枯，病部穿孔。叶柄、茎及豆荚上的病斑红褐色，中间带黑色，严重时豆荚枯死。

病原菌为真菌属半知菌类。以菌丝在豆粒内越冬，翌年产生分生孢子侵染。也能以菌丝或分生孢子在病叶、病荚上越冬。20℃左右的温和气候和高湿环境有利于发病。

防治方法：选用抗病品种和无病种子，播种前用相当种子重量0.3%的50%福美双拌种；及时拔除田间病株并烧毁；秋季深耕，将病株翻入土壤深层；轮作2年以上。开花后喷洒1∶1∶160的波尔多液，7～10天喷一次，连喷2～3次。

（二）主要虫害及其防治方法

1. 蚜虫

蚜虫危害时，吸食菜用大豆嫩枝叶的汁液，造成大豆茎叶卷缩，根系发育不良，分枝结荚减少，此外还可传播病毒病。成蚜或若蚜集中在豆株的顶叶、嫩叶、嫩茎、嫩荚上刺吸汁液。豆叶被害处叶绿素消失，形成鲜黄色不规则的黄斑，继后黄斑逐渐扩大，并变为褐色。受害严重的植株，叶卷缩、根系发育不良、发黄、植株矮小，分枝及结荚减少。

农业防治：及时铲除田边、沟边、塘边杂草，减少虫源。

物理防治：利用银灰色膜避蚜和黄板诱杀。

生物防治：利用瓢虫、草蛉、食蚜蝇、小花蝽、烟蚜茧蜂、菜蚜茧蜂、蚜小蜂、蚜霉菌等控制蚜虫。

药剂防治：蚜虫发生量大，农业防治和天敌不能控制时，要在苗期或蚜虫盛发前防治。当有蚜株率达10%或平均每株有虫3～5头，即应防治。可用抗蚜威适量喷施。

2. 豆荚螟

幼虫危害豆叶、花器及豆荚。常卷叶危害或蛀入荚内取食幼嫩的种粒，在荚内及蛀孔外堆积粪便，受害豆荚品质极低，甚至不能食用。

农业防治：在田间架设黑光灯诱杀成虫，及时清除田间落花、落荚，摘除被害的卷叶和豆荚，减少田间虫源。

药剂防治：开花初期或现蕾期开始喷药防治，每10天喷蕾、喷花1次。可选用斗夜、搏斗、聚焦、挥戈、正歼、甲维氟铃脲、甲维毒死蜱、大钻、正钻、酷龙、氟敌、阿维菌素等药剂。不同农药要交替轮换使用，严格掌握农药安全间隔期。喷药时一定要均匀喷到植株的花蕾、花荚、叶背、叶面和茎秆上，喷药量以湿至滴液为度。

3. 豆天蛾

以幼虫暴食大豆叶，严重时可将植株吃成光秆，使之不能结荚。豆天蛾发生世代因地区而异，以豆田及豆田周围土堆、田埂等向阳处越冬，初龄蚜虫白天在叶背潜伏，4～5龄后多在茎枝上危害，夜间食害暴烈，阴天整日危害。

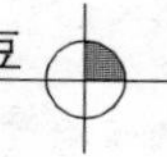

农业防治：播种前深翻晒土，杀死幼虫、蛹；幼苗期利用黑光灯诱杀成虫。

药剂防治：喷施除虫菊、苦参碱等植物源农药。

4. 大豆食心虫

大豆食心虫是北方大豆产区重要害虫。幼虫蛀入豆荚，咬食豆粒，使豆粒残缺不全，且荚内堆积虫粪，引起豆粒腐烂变质，对产量和质量影响大。食性单一，只危害大豆。

老熟幼虫在土内做茧越冬，7～8 月化蛹羽化成成虫，产卵。孵化成幼虫后蛀入豆粒危害，危害期达 20 多天，后以老熟幼虫脱荚入土，做茧越冬。20～25℃和相对湿度 90％以上的条件适宜成虫产卵。

防治方法：合理轮作，早播早熟品种，使成虫产卵时豆荚已老，不适宜产卵，可减轻危害。用 2％杀螟松粉防成虫和初蛀入荚的幼虫，每公顷用药 30～37.5 千克。

五、菜用大豆保鲜贮藏及加工

由于菜用大豆采摘期较短，集中上市价格偏低，生产旺季销售不及时会出现黄化、腐烂等，从而降低食用品质和营养价值。解决这些问题的途径除了通过栽培技术调节和培育耐贮、持绿期长的品种外，关键是对毛豆进行保鲜加工处理。

速冻冷藏是一种较普遍的贮藏方法，工艺流程：原料选择→洗涤→热烫→冷却→沥干→速冻→包装→贮藏→解冻。

（一）菜用大豆保鲜贮藏技术

菜用大豆的适宜收获期较短，一般为 7～10 天。采摘的菜用大豆在常温下保鲜时间也较短，超过 3～5 天，易在荚壳内后熟老化，失去原有鲜食风味。为了能使菜用大豆产品均衡上市，长年供应，除搞好速冻冷藏加工外，低温保鲜贮藏是延长青鲜产品

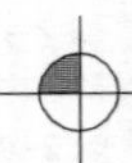

上市的有效途径。菜用大豆微型节能保鲜技术的推广，使农民和农民营销人员从保鲜加工中获得了较丰的增值。

随着农业结构调整和市场进程加快，农民种植菜用大豆的积极性空前高涨。但产后贮、运、销过程中缺乏科学的保鲜技术，在产品上市旺季，菜用大豆采后有时损失达20%～30%（联合国粮农组织规定的允许指标为5%）。因此，在菜用大豆产业开发中，必须引进保鲜贮藏技术。

1. 菜用大豆保鲜的概念

菜用大豆带荚（壳）贮藏不同于冻结食品的贮藏。菜用大豆在采收后仍是一个活的有机体，继续进行着新陈代谢活动，在贮藏、运输和销售时，仍继续保持其活体性质。为了保持菜用大豆原有的风味及新鲜程度，以最少的能量消耗，最大限度地保持其本来面目，必须在此过程中采用一系列保鲜技术手段。本节介绍的保鲜主要是菜用大豆贮藏过程中的保鲜，主要通过对贮藏环境温度和气体成分的控制来实现。

2. 影响保鲜质量的因素

影响菜用大豆保鲜质量的因素是多方面的。菜用大豆自身质量好、无伤、无病虫害，这是内因，是关键。贮藏技术是外因，是产品保鲜的辅助措施。保鲜贮藏技术的三要素包括温度、湿度和气体成分。其中最关键的是温度。在贮藏过程中，我们只能通过对温度、湿度、气体等环境条件的调控，以适应保鲜产品生理代谢的特性。在温度的掌握上要注意两点：一是选择菜用大豆保鲜贮藏的合适温度；二是选定适温后要保持恒温不变。对一个特定品种，无论采用何种先进的保鲜技术，其贮藏寿命都是有限的，这是自然规律。只有采用收获前生产栽培与采后贮藏保鲜技术相结合，才能最大限度地延长贮藏时间，获得最佳贮藏保鲜效果。

3. 菜用大豆采后生理特性及保鲜贮藏原理

菜用大豆保鲜后一般不影响其内部组织，能保持其原有的风

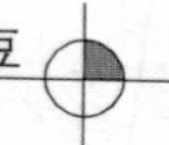

味和新鲜程度。根据菜用大豆的冰点，保鲜库的库温一般控制在0～1℃，而冷藏库的库温是－18℃，低温库的库温是－25℃以下。所以，保鲜库相对于低温库而言，又可称为高温库。保鲜库的库温控制主要依据菜用大豆采后的生理特性而定。

（1）菜用大豆采后生理特性：菜用大豆采后仍是一个活的有机体，在贮藏流通中仍需要进行呼吸、蒸发等生理活动，以维持其生命。在生理活动中必然要消耗体内的养分，逐渐丧失其鲜度，最终导致死亡，完全失去其商品价值。产品保鲜的作用，就是在一定时间内保持产品“活”的商品性，并保持其新鲜程度。菜用大豆采后的生理变化受到较多因素影响，为此有必要了解一下菜用大豆固有的一些生理特性及采后生理。

菜用大豆的内含物质较为复杂，主要成分为水、蛋白质（86％～88％为水溶性蛋白质）、脂肪（主要为不饱和脂肪酸和磷脂）、碳水化合物（食物纤维素、大豆低聚糖、多糖、果胶质）、维生素（主要是B族维生素）、矿物质、酶类等。菜用大豆采后的风味随其内部化学成分的改变而变化。菜用大豆一般应具备香甜、柔嫩的风味。甜味是风味的主要项目之一，甜味来自糖，菜用大豆的糖主要有两种，即大豆低聚糖和多糖，大豆低聚糖包括蔗糖、棉子糖和水苏糖，多糖主要由阿拉伯半乳糖和半乳糖类组成。柔糯风味主要取决于蛋白质和碳水化合物含量的高低，一般蛋白质和碳水化合物含量高则口感佳，反之则口感风味欠佳。酸味也是重要的指标，酸味的强弱与汁液中总酸量和酸碱度（pH值）有关，当含酸量在0.1％～0.5％时味感酸甜适度，超过0.5％时味感偏酸。香味来自芳香挥发性物质，其含量甚低，在成熟产品中仅含0.7～10毫克/千克。

菜用大豆采后要保持好的风味，首先要了解采后的生理活动。菜用大豆采后仍要进行呼吸活动，其类型有两种：一是有氧呼吸，即鲜品采后仍从外界获得氧气，在体内进行有生命活动的生化反应，产生二氧化碳、水和热量，称之为有氧呼吸，又叫正常呼吸。二是无氧呼吸，即在缺氧条件下或即使有氧但缺乏氧化酶、生命力衰退后进行的呼吸，为无氧呼吸，也叫异常呼吸。缺氧呼吸产生的酒精等过多积累，对细胞组织起着毒害作用，产生生理机能障碍，产品质量恶化，影响贮藏寿命。

有氧呼吸产生的能量是无氧呼吸的24倍。为了使菜用大豆获得维持生理活动所需的足够能量，就必须分解更多的呼吸基质，也就是要消耗更多的营养成分。

（2）影响菜用大豆呼吸活动的主要因素：

温度：温度为主要因素，一般情况下温度上升10℃，其呼吸速度增加2～3倍。

湿度：湿度不如温度对菜用大豆的呼吸作用影响大，但也会起作用，一般湿度低可抑制呼吸作用。

气体成分：气体中氧含量高则呼吸速度快，当氧气降到一定程度时其呼吸速度急剧降低。气体中二氧化碳浓度增加，菜用大豆的呼吸作用就受到限制，浓度过大时会产生无氧呼吸，因此调节二氧化碳和氧气在空气中的比例，能有效控制菜用大豆的呼吸速度，从而达到延缓衰老的目的。

乙烯：有研究认为，空气中乙烯能促进菜用大豆的呼吸作用，使其成熟加快。空气中乙烯浓度越高，催熟作用越强。

机械损伤：采收加工时的机械损伤能加强呼吸作用，因此采收贮藏时一定要防止机械损伤。

（3）菜用大豆保鲜贮藏原理：菜用大豆保鲜通常指贮藏保鲜。保鲜是根据菜用大豆采收离体后自身的生理活动特性，采用合理的外界环境调节技术，创造最佳的贮藏条件，尽可能延长产品的新鲜程度。目前，菜用大豆利用微型节能保鲜库保鲜的主要技术原理：①热烫和冷处理。热烫后要及时冷却，冷却介质温度要低，速度要快，方可保持毛豆外观颜色鲜艳。②防腐保鲜。目前主要应用化学方法，苏新国等（2003）研究表明，采用1-甲基环丙烯和茉莉酸甲酯处理，可以有效降低豆

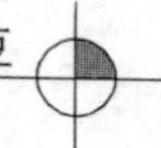

荚呼吸强度、乙烯和超氧阴离子产生，同时保持较高的叶绿素含量，延缓衰老过程。③包装。科学的包装可以有效减轻外界气体及微生物影响，抑制呼吸，延缓乙烯产生。包装常用抽真空、减压、充气、添加惰性气体等处理，也可选用适当的阻气性或阻水性包装材料。

常用防腐保鲜的方法如下：

一是熏蒸剂。包括固体、液体和气体三种类型，主要利用某些药物具有的升华、饱和蒸汽压低、气体扩散性强的特点，对贮藏环境或产品进行熏蒸。由于熏蒸剂施药方便、均匀、药品挥发性强，含药气体易向菜用大豆伤口集中，能有效避免其他处理方法带来的二次污染和机械损伤，保持菜用大豆商品外观能力强，而被广泛使用。

二是烟剂。主要利用某些药物燃点高的特点，制成烟剂，点燃后发出烟雾，结晶到菜用大豆表面，达到杀菌、抑菌作用。如TBZ升华温度为310℃，混合燃烧后其有效成分不变。

三是粉剂。将药物制成粉末状，采取喷粉雾的方式施药。如TBZ、苯来特粉剂喷施处理菜用大豆后，具有内吸杀菌作用，防止采后腐烂。

四是溶液、乳液（悬浮液、胶悬液）剂。主要是将药物溶解于水等溶剂中，制成液体剂，用于浸润或喷洒。其优点是用药分布均匀，直接接触能力强，处理方便，但易产生二次污染和机械损伤，或破坏蜡质层。

五是蜡乳胶膜剂。主要是将杀菌剂混合到树脂、脂肪烃类物质中，干燥后可以在菜用大豆表面形成一层膜，从而达到保鲜为主、防腐为辅的目的。使用蜡膜剂可减少菜用大豆水分损失，改善外观，增加光泽。

六是吸附剂。主要是将某种化学物质加入载体中，利用载体的吸附作用使有害物质（如乙烯、醇、醛）或病原菌与药物接触，使有害物质降解或杀菌。

七是光催化酶一金属杀菌材料。主要利用超微二氧化钛（TiO_2）粒子的光催化活性杀死病原菌，为当今国内积极开发的最新方法。

4. 菜用大豆保鲜贮藏注意事项

菜用大豆保鲜虽取得了成功，但也存在一些问题。为了提高菜用大豆保鲜质量，必须注意三点：一是选择好的品种。如2007年江苏省首次审定通过的鲜食夏大豆新品种通豆5号、通豆6号，由于荚粒大，适口性好，售价较高，保鲜后增效显著。相反，绿皮绿肉、小寒王等农家品种口感较差，保鲜后售价低，销量也小。二是合理确定保鲜时间。菜用大豆的保鲜时间不是越长越好，要根据市场需求来确定，要把市场热销期与露地产品淡季时间结合起来考虑，确定菜用大豆在不同季节的保鲜时间。三是按照市场需求确定保鲜数量。保鲜产品销售量多少和价格高低同保鲜时间长短并不成正比，真正决定其价格和销量的是市场消费量及同类或相关产品的上市量。8月底、9月初保鲜的青毛豆就难于同直接上市的青毛豆竞争。12月上旬，市场上虽然只有保鲜青毛豆上市，但由于晚秋新鲜豌豆荚上市，保鲜毛豆销量和售价都受影响。因此，根据市场上同类产品或相关产品的旺淡季节规律，尽可能避旺趋淡，选择保鲜产品的时间和数量，以获得“物稀为贵”的销量和市价，这对每一个保鲜户来讲是一个值得认真探索和慎重决策的问题。

（二）菜用大豆速冻加工工艺

1. 菜用大豆冷冻技术

菜用大豆收获后，采用一定方法将其产品内的热量排除，使产品中的大部分液态水变为故态冰晶结构，这一过程叫冷冻。

冷冻过程一般包括降温和结晶两个阶段。

降温是指菜用大豆中的水分由原来的温度降低到冰点的过程。食品的冰点通常低于0℃。菜用大豆在冷冻降温过程中，往

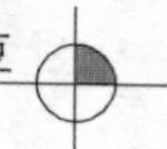

往出现过冷现象。也就是菜用大豆中的水分在降温过程中达到冰点时，它并不马上结冰，而是继续降温到冰点以下若干度后，当温度重新回升到冰点温度时，才开始结冰，这种现象叫过冷现象。不同的食品具有不同的过冷温度，一般将菜用大豆在降温过程中越过冰点出现过冷现象时的最低温度称为过冷温度（也叫过冷点）。

结晶是冷冻过程的第二阶段，即菜用大豆中的水分温度在下降到过冷点后，又上升到冰点。此时产品内的液态水向固态转化，这一过程称为结晶。结晶又可分为两个过程：一是核晶的形成。食品达到过冷温度后，极少部分水分子以一定规律结合成颗粒型的微粒，这就是核晶，它是晶体增长的基础。二是晶体的增长。食品在过冷点出现核晶后，温度开始向冰点回升，此时食品中的水分子有秩序地结合到核晶上面，使晶体不断增大，这个过程叫晶体的增长。

食品经速冻能达到保质保鲜和延长保存时间，主要是在低温冰冻条件下能够有效抑制微生物的活动和钝化食品中酶的活性，防止食品腐烂变质和品质下降，从而达到保藏食品的目的。

①冷冻对微生物的影响：微生物的活动，是常温下导致食品腐烂的客观原因。但微生物的生长和繁殖都有一个适宜的温度范围。温度越低，其活力越小；当温度降到其最低生长临界点时，其新陈代谢活动几乎停止，处于休眠状态，甚至死亡。当出现结冰或冰点介质时，微生物易死亡。在－10～－18℃时，速冻食品内水分变成较大冰晶体，对微生物的破坏作用特别大，但嗜冷菌在－5～－10℃范围内仍能缓慢生长。

低温导致微生物活力减少的原因：一是在较低温度下微生物体内酶的活性下降，当温度降至－20～－25℃，其体内所有酶反应几乎完全停止。二是低温下微生物细胞内原生质黏度增加，胶体吸水性下降，蛋白质发生不可逆凝固。

但微生物在不同低温下其活力减少程度不同。在冰点温度或稍高于冰点温度时，微生物仍具有一定生长繁殖能力；在稍低于其最低生长临界温度时，对微生物的威胁最大，一般为－8～－12℃，尤其以－2～－5℃时为最大。因此，食品采用慢速冻结（缓冻）时将导致大量微生物死亡，而速冻则相反。因为慢速冻结时食品较长时间处于－8～－12℃，而快速冻结时食品停留在－8～－12℃时间极短，温度迅速下降到－18℃，对微生物影响相对较小。

②冷冻对酶活性的影响：菜用大豆采摘离体后，其体内的生理活动仍在继续。但一切生化活动均需酶的催化作用才能进行。酶的活性大小与温度密切相关，通常在40～50℃范围内，酶的催化作用最强；当温度高于60℃时，绝大多数的酶活性急剧下降；同样，当温度在酶活性最适温度以下逐渐降低时，其活性相应减弱。以脂肪酶为例，温度40℃时活性为1，在－12℃时降为0.01，－30℃降为0.001。胰蛋白酶在－30℃仍有微弱活性。虽然在冷冻条件下，酶活性显著下降，但其活性并未完全消失。在长期冷藏过程中，酶的作用仍可使食品变质。当食品解冻时，随着温度升高，酶将重新活跃起来，加速食品变质。为防止这一现象，菜用大豆在速冻前均采用短时烫漂的工艺，使酶彻底失活。

食品细胞中的基质浓度和酶的浓度对催化反应速度影响也很大。当两个浓度相对增大时，其反应速度也加快。菜用大豆在冻结过程中，当温度下降到－1～－5℃时，出现冰晶最大生成区，这时食品中80%的水分变成了冰，在余下的水溶液中其基质和酶的浓度均相应增大，食品体内催化反应速度比冰点以上温度加快。因此，在速冻过程中，快速通过冰晶最大生成区，不但能减少冰晶对食品的机械损伤，而且也能减少酶对食品的催化作用。

③菜用大豆冷冻后质量的变化：与保鲜贮藏相比，冷冻后的菜用大豆质量变化很小，速冻能最大程度地保存菜用大豆原有的色泽、风味和组织状态。受影响的主要有三个方面：一是造成一定的细胞损伤。菜用大豆在速冻过程中，因组织细胞膜透性增

加，胞内膨压降低或消失，使细胞膜或细胞壁对离体或分子透性增大，导致少量细胞损伤。同时，体积膨胀，密度下降4%～6%。因此，产品在包装时，应留有一定空间。二是产生干耗现象。这主要是由于库外温度和贮藏食品自身的热量造成食品表面的冰晶升华而出现的贮藏食品脱水干缩。三是产品颜色褪变。原料在烫漂过程中杀酶不彻底或冻藏食品在遇到液氨等制冷剂泄漏时，产生颜色变化。

2. 菜用大豆速冻技术

速冻是指采取一定方法加速热交换，在30分钟或更短时间内，使菜用大豆快速通过最大的冰晶生成区而冻结。速冻能在短时间内排除产品中的热量，是现代食品冷冻的最新技术和方法。快速冻结的菜用大豆，能基本保持产品的原有品质。菜用大豆一般采用速冻方法，通过冷冻后进入冷藏库，库温一般为－18℃，冷藏期为几个月或几年。

菜用大豆经过速冻以后，其产品具有保持产品原有特色、保存时间长、方便食用三大特点。

(1) *菜用大豆速冻生产设备及工艺*：菜用大豆经过前处理后，即送入冷冻装置中进行速冻。目前，菜用大豆速冻的主要装置是适应空气冻结法的隧道式冻结装置。这套装置是我国目前速冻加工中应用最多的一种装置。共同特点为冷空气在隧道内循环，食品通过隧道时被冻结。根据产品通过隧道的方式，可分为传送带式和推盘式两种。

(2) *速冻原理*　菜用大豆速冻经常采用流态式冻结机，该机为单体快速冻结的一种先进设备，它是在一个隔热保温箱体内安装上筛网状输送机和冷风机，原料放置在水平筛网上，在高速低温气流的带动下，引起原料层产生“悬浮”现象，使原料呈流体一样不断蠕动前进并进行冻结。

由于强冷气流从筛孔底下向上吹，把物体托浮起来，彼此分离，单体原料周围被冷风所包裹，使原料单体完成冻结。

冷源从制冷机房供液管进入速冻机箱内的蒸发器，液氨与原料层散发的热进行交换，使保温箱保持−40℃～−35℃。

菜用大豆必须采用单体快速冻结法，才能有效防止菜用大豆由于慢冻造成细胞间水分产生较大冰晶体，引起豆荚爆裂，同时可减少解冻后细胞液汁的流失，保持其原有的色、香、味、营养成分及其良好的组织形态。

（3）菜用大豆速冻生产工艺：

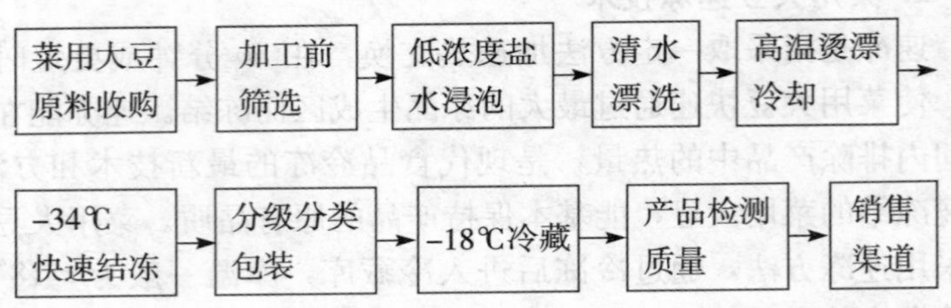

（4）原料的选择和处理：

①原料的挑选：外销的菜用大豆，必须选用豆荚大、具有白茸毛的台湾292、台湾305、台湾75等优良品种为加工原料。豆荚小、茸毛棕（黄）色的品种不受欢迎。

菜用大豆原料须新鲜，豆粒饱满，成熟适度，豆荚呈青绿色，夹壳上茸毛白色，豆仁呈绿色，豆荚长度在35毫米以上，宽度约10毫米左右。形态良好，豆梗短小，每荚豆仁不小于2粒。剔除带锈斑、虫蛀、严重损伤或破裂、豆仁发育不良的豆荚。

②剥籽、预冷、清洗：菜用大豆收购之后、速冻之前还要进行剥籽、预冷、清洗。菜用大豆应用机械剥籽、剥粒后，应立即进行预冷，以降低产品的田间热和各种生理代谢产生的热量，防止腐变衰老。预冷一般采用冷水冷却和冷空气冷却。预冷后的产品放入0℃、浓度为0.2%盐水中浸泡15分钟后用清水漂洗干净。浸泡时间不得超过8小时。

③热烫：热烫又称烫漂，是速冻菜用大豆加工中的重要工

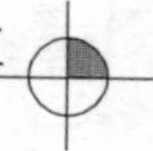

序。热烫可钝化菜用大豆中酶的活性，防止菜用大豆在冻结、冷藏过程中产生黄变和出现异味，保证菜用大豆具有良好品质的同时，减少表面所附微生物和农药残迹，还可使绿色菜用大豆色泽变得更加鲜艳悦目。热烫用水必须保持清洁卫生并经常更换新水，pH 值控制在 6.5～7.0 之间，在热烫过程中，热水因受毛豆中的有机酸影响变为酸性时，可用 2%碳酸钠进行调节，否则绿色菜用大豆在酸性水影响下叶绿素会受到破坏成为脱镁叶绿素，使菜用大豆在冻结、冷藏中逐渐失去绿色而变为黄褐色，使冷冻成品率降低或失去商品价值。

（5）包装和冻藏：

包装：包装车间必须保持－5℃的低温环境，包装工人、用具、制服等要保持清洁卫生，定期消毒，非工作人员不得任意进入包装车间，谨防传带污染物。

内包装物料必须是无毒性、耐低温、透气性低、无异味的聚乙烯薄膜袋。外包装用双瓦楞纸箱，表面涂防潮油层，保持防潮性能良好，内衬一层清洁蜡纸，每箱净重 10 千克，箱外用胶纸带封口，刷明标记，进人冷库冻藏。

冻藏：速冻菜用大豆必须存放于冻菜专用冷藏库内，冷藏温度－25～－20℃，温度波动范围±1℃，相对湿度 95%～100%，波动范围 5%以内，冷藏温度要稳定，少变动。冷藏温度和冻结菜用大豆温度要保持基本一致。如果冷藏库温度经常上下变动过大，会使菜用大豆细胞中原来快速冻结所形成的微小冰晶体在温度上升时反复溶化产生重结晶，使微小冰晶体结构破坏，慢慢又形成大的冰晶体，使冰晶失去原来速冻的优点，造成品质下降，因此速冻菜用大豆在冻藏时的冷库管理中不仅要注意存放时间的长短，更要注意冻藏温度高低的变化，以确保速冻菜用大豆冻藏一年内品质不变劣。

3. 菜用大豆冷藏保鲜和家庭保存

（1）贮藏保鲜工艺流程：贮前准备→采收→库→预冷→贮期

管理。

(2) 冷藏保鲜过程：在菜用大豆入库前，为防杂菌污染，必须对库房进行通风消毒，可使用高锰酸钾与甲醛混合液，或甲醛溶液，如使用2%高锰酸钾和40%甲醛混合液按10毫升/立方米用量熏蒸24小时，开门1小时；甲醛溶液消毒方法是先将甲醛溶液稀释到规定浓度，消毒人员带上防护用具，用喷雾器均匀喷洒，关闭库房4小时左右，再开门1小时。

采收入库：菜用大豆采收适期以豆仁至鼓粒高峰期90%为宜（当地一般在结荚后30天左右，荚皮由青绿向浅绿转变，表层有白色细绒毛），采前15天不能使用农药，采收时按二粒荚、三粒以上荚分类，剔除枝梗与杂质，可用配有防霉保鲜剂的清水浸泡1分钟后沥水，再用0.03～0.04毫米厚聚乙烯薄膜袋密封包装（每袋装量5～10千克）。

预冷：夏季采收后豆荚温度高、生命力旺盛，堆放一起温度高易使豆荚变黄、品质下降，因此采收后应尽快运往保鲜库，运输途中防雨防晒，长途运输应使用冷藏车或进行产地预冷。

贮期管理：适宜的贮藏温度是控制菜用大豆不产生锈斑和腐烂的前提，8℃为菜用大豆产生锈斑的临界温度，低于此温度锈斑严重，在此温度以上，锈斑与温度不再相关，而与菜用大豆腐烂呈高频率正相关，如想使菜用大豆贮藏期保持30天以上，贮藏温度应控制在8～10℃，库温波幅小于0.5℃，以防袋中结露；相对湿度保持在85%～90%，有助于菜用大豆保鲜及防霉；贮藏最适宜的气体成分为O_2 4%～6%，CO_2 5%～7%，一般贮后3～5天即进行一次气体分析，发现异常及时调整。

(3) 家庭保存：为延长菜用大豆的贮藏期和货架期，通常采用密封冷藏。有人比较了几种保存方法的效果，发现塑料袋加乙烯吸收剂或吸收膜的贮藏效果优于网袋。最适宜的贮藏温度为0℃。先在0℃的冰水中预冷，然后包装于加乙烯吸收剂的聚乙烯袋内，保藏效果最好。日本采用空气制冷和真空制冷两种方

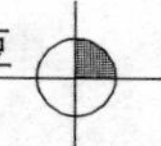

式，后者降温速度快，保质效果好。

（三）菜用大豆食品加工

1. 食品加工工艺流程

原料采收→去杂分级→清洗→热烫→护色→调味→真空包装→高温灭菌→装箱→冷藏。

2. 主要技术

（1）原料采收及前处理：原料采收至清洗热烫同速冻一样，有条件的可对豆荚适当整型，如剪除豆荚尖端和枝梗、去除畸形荚、按饱满程度进一步细分商品等级。

（2）护色：其目的是固定菜用豆粒表皮的叶绿素，减少高温灭菌后贮存豆荚过程中产生失绿现象。具体方法可用0.06%～0.08%硫酸铜＋0.01%氯化锌混合溶液浸泡16～20小时。

（3）调味：随不同人群而定，方法是配制浓缩的调味液与菜用大豆混合，在灭菌和贮藏过程中慢慢呈味。常采用两种配方，即清香型（5%食盐＋6%食糖＋1%鸡精）和五香型（2%～3%食盐＋0.1%～0.2%茴香＋0～4%香葱＋1%鸡精），这样能获得以菜用大豆风味为主，爽口、略甜、清香的口感。

（4）真空包装：包装物为三层聚乙烯耐高温薄膜和铝箔复合袋，可防止子粒贮存腐败；真空度为0.08大气压，加热封口适温时间3秒。

（5）高温灭菌：在110℃高温下16～18分钟后反压降温至40℃以下。

（6）装箱：一般为30～50袋/箱，0～4℃低温下冷藏可保存3～8个月（铝箔袋时间更长）。

六、菜用大豆质量标准和种植技术标准

菜用大豆是我国东南沿海地区种植较多的粮、蔬兼用的重要

作物，在江、浙、闽一带已成规模化栽培，也有众多的速冻加工厂在菜用大豆盛产季节收购加工。目前已有了菜用大豆种植技术规范和产品收购的质量标准。

（一）无公害鲜食大豆栽培技术规范

本规范于 2006 年 12 月 20 日首次发布。

本规范于 2007 年 1 月 20 日起实施。

1 范围

本标准的引用规定了无公害鲜食大豆的术语的定义、产地环境、种子准备、鲜食春大豆栽培、鲜食夏大豆栽培、施肥管理、病虫草害防治、其他管理、采收等内容。

本规范适用于杭州市无公害鲜食大豆的栽培。

2 规范性引用文件

下列文件中的条款通过本标准的引用而成为本标准的条款。凡是注日期的引用文件，其随后所有的修改单（不包括勘误的内容）或修订版均不适用于本标准，然而，鼓励根据本标准达成协议的各方研究是否可使用这些文件的最新版本。凡是不注日期的引用文件，其最新版本适用于本标准。

GB 4404.2—1996　粮食作物种子豆类

NY/T 5080—2002　无公害食品菜豆

DB33 291.1—2000　无公害蔬菜产地环境

3 术语和定义

下列术语和定义适用于本规范。

3.1 鲜食大豆

指在大豆鼓粒中后期收获的鲜食或加工用的大豆，也称“毛豆”或“菜用大豆”。

3.2 春大豆

于2月中旬至4月下旬播种、5月下旬至7月下旬采收的大豆。

3.3 夏大豆

于5月上旬至6月中旬播种、8月上旬至9月下旬采收的大豆。

3.4 秋大豆

于6月下旬至8月中旬播种、9月下旬至11月中旬采收的大豆。

3.5 促早栽培

指利用小拱棚等保温设施使鲜食春大豆提早播种，实现提早采收的栽培方法。

3.6 促优栽培

指根据市场要求，进行定向优化的栽培方法。

3.7 延后栽培

在能正常采收鲜豆荚的情况下，尽可能地把秋大豆的播种期往后移，实现推迟采收的栽培方法。

4 产地环境

选择土壤肥沃、疏松，杂草较少，排灌两便的田块种植鲜食大豆，产地环境应符合 DB33 291.1 无公害蔬菜的规定。

5 种子准备

5.1 种子质量

采用北繁或秋播留种等高活力种子，种子质量符合 GB4404.2—1996 粮食作物种子 豆类的要求。根据种植密度和种子百粒重、发芽率，每公顷准备种子 55～110kg（每亩 3.5～7.5kg）。播种前晒种 4～6h，晒种时避免种子直接与晒场接触。

5.2 品种选用

选用丰产性好、商品性优、内在品质佳、抗逆力强、适于当地栽培的鲜食大豆品种，根据栽培季节和栽培方式，选用不同的品种。

5.2.1 春大豆

促早栽培选用早熟品种，目前选用春绿、引豆9701等品种。地膜直播栽培和露地栽培选用中熟品种，目前选用青酥2号等品种。促优栽培选用品质优良的品种，目前选用台湾75品种。

5.2.2 夏大豆

目前选用黑香毛豆、夏丰2008等鲜食夏大豆品种。

5.2.3 秋大豆

目前选用萧农越秀、衢鲜1号、浙秋豆3号等鲜食秋大豆品种。

6 鲜食春大豆栽培

6.1 促早栽培

6.1.1 播种育苗

6.1.1.1 苗床准备

选择肥沃高燥、避风向阳的田块作苗床，每亩大田需10～12m²苗床。床面宽150cm，沟深、宽各30cm，深翻、细耙、平整。

6.1.1.2 播种期

2月中、下旬播种，选择冷尾暖头的晴好天气播种。

6.1.1.3 播种密度

每平方米苗床用500～600g种子均匀播种，播后覆盖2cm厚细土。

6.1.1.4 搭盖小拱棚

用长200cm、宽4cm的竹条按每1m插一根，两端各入土15cm。用厚0.08mm的棚膜覆盖，四周用泥压实。

6.1.1.5 苗床管理

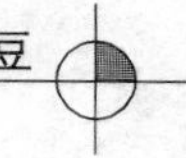

当日最低气温≤5℃时，在棚膜外加盖草帘等保温。当日最高气温≥25℃时，在上午9时至下午4时揭膜通风。移栽前1天浇透水，并施药防治蚜虫，方法参照10.4.2.3。

6.1.2　大田移栽

6.1.2.1　作畦

大田经深翻平整后，按畦宽130cm、沟宽30cm作畦，畦面略成拱背形，畦长不超过40m。

6.1.2.2　苗龄

20～25天，叶龄不超过单叶全展期。

6.1.2.3　密度

每畦栽种4行，畦边各留15cm用于压膜。穴距20～23cm，每穴种植3苗。每公顷实种33万～36万苗（每亩2.2万～2.4万苗）。

6.1.2.4　搭盖小拱棚

按6.1.1.4搭盖小拱棚，畦中每隔10m在膜外用竹片搭成高约20cm、宽约80cm拱形通风口。

6.1.3　棚温管理

始花后当日平均气温≥20℃时，在上午9时至下午4时开启通风口降温，通风口开启高度控制在叶层以下。当日平均气温≥25℃时，日揭夜盖，炼苗2～3d后撤膜。

6.2　地膜直播栽培

6.2.1　作畦

同6.1.2.1。

6.2.2　播种

在3月上、中旬播种，每畦播种4行，穴距20～23cm，每穴播种子3粒，播种深度2～3cm，每公顷有效苗27万～30万苗（每亩1.8万～2.0万苗）。育好预备苗。

6.2.3　盖膜

播种后，畦面用宽120cm、厚0.008～0.014mm的地膜覆盖，两边用泥土压实。

6.2.4　放苗

播后 10～12 天，在齐苗到子叶全展前，根据出苗和天气情况，用竹片在每穴豆苗处挑破地膜，形成直径 3～5cm 的小孔，将豆苗子叶引出膜外，并用泥土压实膜孔口。

6.2.5　匀苗

每穴留苗 1～3 株，删除堆苗，用预备苗移栽到断垄缺穴处。

6.3　露地栽培

6.3.1　育苗移栽

6.3.1.1　播种育苗

采用育苗移栽的田块在 3 月上、中旬播种，小拱棚育苗，育苗方法参照 6.1.1。

6.3.1.2　大田移栽

参照 6.1.2.1 作畦。掌握苗龄 12～15 天，在子叶初展时移栽。每畦种植 4 行，穴距 23～25cm，每穴栽 3 苗，每公顷有效苗 30 万～33 万苗（每亩 2.0 万～2.2 万苗）。

6.3.2　直播栽培

参照 6.1.2.1 作畦。于 4 月上、中旬播种，行穴距参照 6.2.2，每穴播种 3 粒。育好预备苗，齐苗后 1～3 天进行匀苗，每公顷有效苗 30 万～33 万苗（每亩 1.8 万～2.0 万苗）。

6.4　促优栽培

6.4.1　大田准备

深翻，按畦宽 80～90cm、沟宽 30cm 作畦，平整畦面，开好田内排水沟。

6.4.2　播种期

采用育苗移栽的田块，在 3 月上、中旬播种，用小拱棚育苗；育苗方法参照 6.1.1。

采用地膜直播栽培的田块，播种期为 3 月中、下旬，盖膜、放苗、匀苗参照 6.2。

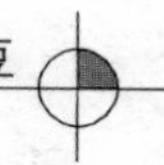

采用露地直播栽培的田块，播种期为 4 月上、中旬。

6.4.3　种植密度

每畦种植 2 行，穴距 20cm。育苗移栽的田块每穴栽种 2 苗，直播栽培的田块，每穴播种 2～3 粒，每公顷有效苗 18 万～22.5 万苗（每亩 1.2 万～1.5 万苗）。

7　鲜食夏大豆栽培

7.1　田块准备

参照 6.4.1。

7.2　播种期

采用直播栽培，根据前作收获情况，于 5 月中旬至 6 月中旬播种。

7.3　种植密度

每畦种植 2 行，穴距 25cm，每穴播种 2～3 粒；每公顷种植 6.75 万～7.5 万穴、有效苗 16.5 万～19.5 万苗（每亩种植 4 500～5 000 穴、有效苗 1.1 万～1.3 万苗）。

8　鲜食秋大豆栽培

8.1　田块准备

清除前作秸秆，杀灭老草，按 6.4.1 作畦或实行免耕直播。

8.2　播种期

常规栽培于 6 月下旬至 7 月下旬播种。延后栽培于 8 月上、中旬播种。

8.3　种植密度

根据畦宽、播期决定每畦行数。常规栽培行间距为 40～45cm，穴距 25～30cm，每穴播种 2～3 粒；每公顷种植 6 万～6.75 万穴、有效苗 12 万～15 万苗（每亩种植 4 000～4 500 穴、有效苗 0.8 万～1.0 万）。延后栽培行间距为 30～40cm，穴距 20～25cm，每穴播种 2～3 粒：每公顷种植 7.5 万～8.25 万穴、有效苗15万～21万苗（每亩种植5 000～5 500穴、有效苗1.0万～1.4万）。早播宜稀，迟播宜密。

9 施肥管理

9.1 苗床施肥

根据床土肥力，于播种前7～10天每平方米苗床施腐熟菜籽饼0～100g，或商品有机肥0～250g，作基肥；移栽前1～2天用1 000倍的复合微肥液和200倍的尿素液浇施起身肥。

9.2 大田基肥

9.2.1 小拱棚促早栽培、地膜直播栽培

在移栽或大田播种前10～12天，每公顷施腐熟菜籽饼750～1 125kg（每亩50～75kg）或商品有机肥3 000～3 750kg（每亩200～250kg）、尿素75～112.5kg（每亩5～7.5kg）、高浓度复合肥（N∶P_2O_5∶K_2O=15∶15∶15，下同）300～375kg（每亩20～25kg），作基肥，缺硼田块配施硼砂11.5～15kg（每亩0.77～1kg）；深翻入土，肥土混匀。

9.2.2 春大豆露地栽培

在移栽或大田播种前5～7天，公顷施腐熟菜籽饼750～1 125kg（每亩50～75kg）或商品有机肥3 000～3 750kg（每亩200～250kg）、高浓度复合肥300～375kg（每亩20～25kg），作基肥，缺硼田块配施硼砂11.5～15kg（每亩0.77～1kg）；深翻入土，肥土混匀。

9.2.3 春大豆促优栽培

根据种植方式，参照地膜直播栽培或露地栽培施用基肥。

9.2.4 夏大豆

播种前3～5天，每公顷施腐熟菜籽饼750～1 125kg（每亩50～75kg）或商品有机肥3 000～3 750kg（每亩200～250kg）、高浓度复合肥225～300kg（每亩15～20kg），作基肥，缺硼田块配施硼砂11.5～15kg（每亩0.77～1kg）；深翻入土，肥土

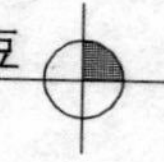

混匀。

9.2.5 秋大豆

翻耕田块参照夏大豆施肥，免耕直播栽培免施基肥。

9.3 壮苗肥

9.3.1 小拱棚促早栽培、地膜直播栽培免施壮苗肥。

9.3.2 春大豆露地栽培

在移栽成活后或齐苗时，公顷施尿素45～60kg（每亩3～4kg）；12～15d后，再每公顷施尿素75～90kg（每亩5～6kg）。

9.3.3 春大豆促优栽培

在第一复叶期，每公顷施尿素60～75kg（每亩4～5kg）。

9.3.4 夏大豆

齐苗时，每公顷施尿素75～112.5kg（每亩5～7.5kg）。

9.3.5 秋大豆

齐苗时，每公顷施高浓度复合肥75～112.5kg（每亩5～7.5kg）；无基肥田块在7～10天后公顷施尿素75～112.5kg（每亩5～7.5kg），缺硼田块配施硼砂11.5～15kg（每亩0.77～1kg）。延后栽培在此基础上于第三复叶全展时，每公顷施高浓度复合肥112.5～150kg（每亩大7.5～10kg）。

9.4 花荚肥

初花前结合病虫防治，用复合微肥兑水叶面喷施。见荚期每公顷施高浓度复合肥75～112.5kg（每亩5～7.5kg），春大豆促优栽培及夏秋大豆推迟到鼓粒初期施用。

10 病虫草害防治

10.1 农业防治

10.1.1 冬耕灌水

冬季深翻土地，灌水杀灭部分蛹和幼虫。

10.1.2 合理轮作

与非豆科作物进行轮作，特别是与水稻进行水旱轮作。

10.1.3　间作套种

田块四周套种玉米等高秆作物或与之进行间作，阻碍害虫迁入。

10.1.4　清洁田园

清除田园杂草，粉碎、深埋还田处理豆类秸秆，及时拔除并烧毁病株，摘除病叶，减少危害。

10.2　物理防治

10.2.1　灯光诱杀

以单灯辐射半径120m设置频振式杀虫灯，吊挂在固定物体上，接虫口高度为130～150cm。在害虫成虫发生期，每晚9时开灯，次晨关灯。及时清扫触杀网和虫袋。

10.2.2　黄板诱杀

用长30cm、宽15cm，上涂机油或其他黏性剂的双面黄色纤维板诱杀蚜虫等，每公顷用300～450块（每亩20～30块），于高出植株20～30cm固定设置。每7～10天清理一次板面，重新涂刷机油或其他黏性剂。

10.2.3　性诱剂诱杀

以单瓶半径30m交替设置斜纹夜蛾、甜菜夜蛾性诱剂专用瓶诱杀成虫，瓶内盛1/3瓶清水，视诱杀虫量及时清理专用瓶。

10.3　生物防治

10.3.1　保护天敌

合理保护赤眼蜂、姬蜂、七星瓢虫、蜘蛛、食蚜蝇、草蛉虫、白僵菌等天敌，充分发挥自然控制害虫的作用。

10.3.2　应用生物农药

推广应用生物农药，如用高效Bt乳剂1 500倍液或1.8%阿维菌素乳油5 000倍液等防治大豆螟虫；用核多角体病毒制剂等生物农药防治夜蛾低龄幼虫。

10.4　化学防除

10.4.1　杂草防除

10.4.1.1 播栽前杀灭

于播栽前5～7天，用灭生性除草剂杀灭田间老草。可用10%草甘膦水剂100倍液喷雾田面。

10.4.1.2 土壤封闭

春大豆露地栽培、地膜直播栽培及夏秋大豆在大田播种后或移栽前，用对口除草剂进行土壤封闭。如每公顷用35%乙·异噁英1 500g（每亩100g）或33%异丙甲草胺1500ml（每亩100ml）兑水600～750kg（每亩40～50kg）细喷雾畦面。小拱棚促早栽培要选择更安全的除草剂，防止产生药害。

10.4.1.3 茎叶处理

若苗期杂草危害较重，在豆苗第三复叶期，选择适宜的除草剂进行茎叶处理。如以单子叶杂草为主的田块，用10.8%高效吡氟氯禾灵每公顷450ml（每亩30ml）兑水600kg（每亩40kg），以豆苗行间为主进行细喷雾。

10.4.2 虫害防治

10.4.2.1 地下害虫（小地老虎、蝼蛄、金龟子）

10.4.2.1.1 糖醋诱杀

按白糖、米醋、白酒、90%敌百虫、水2∶2∶0.5∶0.5∶5的比例配成诱液诱杀成虫，每盆诱液层深3～5cm；每公顷放置15盆（每亩1盆），高出植株20～30cm。及时补充诱液，捞除液面死虫、杂物。

10.4.2.1.2 毒饵诱杀

将麦麸、棉籽、豆饼粉碎做成饵料，炒香，每公顷用37.5kg（每亩2.5kg），加入90%敌百虫30倍液1 125ml（每亩75ml），拌匀后小堆放置于行间。

10.4.2.1.3 农药毒杀

在春旱年份，于4月中、下旬1～2龄幼虫盛发期，选用对口农药进行防治。如48%毒死蜱乳油1 000倍或2.5%三氟氯氰菊酯乳油2 000倍液喷雾，或用3%毒·唑磷颗粒剂每公顷45～

60kg（每亩 3～4 kg）撒施。

10.4.2.2 蜗牛

10.4.2.2.1 毒饵诱杀

每公顷用鲜菜叶 150～225kg（每亩 10～15kg）切碎、喷洒适宜的杀虫剂，如 90%敌百虫 20 倍液，小堆放置于行间。

10.4.2.2.2 农药毒杀

在早春连阴雨期，当每百株豆苗有 20 只蜗牛成贝时，施药防治。每公顷可用 6%四聚乙醛或 8%灭蜗灵颗粒剂 6～7.5kg（每亩 0.4～0.5kg）撒施。

10.4.2.3 蚜虫

当苗期有蚜株率达 35%或百株蚜量达 500 头时施药防治，高温干旱天气、台湾 75 品种应降低虫量标准，提前施药保护。如用 0.36%苦参碱水剂 500 倍液或 5%啶虫咪可湿性粉剂 2 000 倍液、10%吡虫啉 2 000 倍液，每公顷 600kg（每亩 40 kg）喷雾。

10.4.2.4 大豆螟虫（豆荚螟、豆野螟、食心虫）

以露地栽培的春大豆和夏大豆、秋大豆为防治重点，在始花期和花盛期选用对口农药进行喷雾防治。如用 2.5%三氟氯氰菊酯乳油 2 000 倍液或 25%灭幼脲悬浮剂 1 500 倍液、20%杀蛉脲悬浮剂 8 000 倍液，每公顷 600～750kg（每亩 40～50kg）喷雾。

10.4.2.5 豆秆黑潜蝇

以夏大豆、秋大豆为防治对象，播种前进行种子药剂处理，幼苗期及时施药进行保护。如每千克种子用 5%氟虫腈悬浮剂 6ml，经清水稀释后均匀喷洒到种子上，装入塑料袋闷种 1h 后直接播种。在大豆第一复叶期前用 5%氟虫腈悬浮剂 2 000 倍液，每公顷 450kg（每亩 30kg）喷雾。

10.4.2.6 斜纹夜蛾、甜菜夜蛾

10.4.2.6.1 糖醋诱杀

参照 10.4.2.1.1。

10.4.2.6.2　农药毒杀

在幼虫2龄前，于日落后2～3 h用对口农药喷雾，实行农药轮换交替使用，提高防治效果。可选用24%甲氧基虫酰肼悬浮剂2 000倍液或15%茚虫威悬浮剂3 000倍液、3.2%甲氨基阿维菌素·氯氰菊酯微乳剂1 250倍液，每公顷600～900kg（每亩40～60kg）喷雾。

10.4.3　病害控制

10.4.3.1　病毒病

10.4.3.1.1　治蚜防毒

及时防治蚜虫、叶蝉等传毒害虫，特别是台湾75等感病品种。防治方法参照10.4.2.3。

10.4.3.1.2　抑毒治疗

在发病初期，用复合微肥1 000倍加康润1号或病毒K 800倍液喷雾，每公顷600～750kg（每亩40～50kg）。

10.4.3.2　豆荚“锈斑病”

以露地栽培春大豆、夏大豆为防治对象，以台湾75品种为重点，在鼓粒初期间隔7天连续用咪鲜胺类和嘧霉胺类农药喷雾保护2次，如用25%咪鲜胺乳油2 000倍液，每公顷600～750kg（每亩40～50kg）喷雾。

10.4.3.3　锈病

在发病初期用对口农药以发病中心为重点进行细喷雾防治，间隔7天连续施药2次。如43%戊唑醇悬浮剂4 000～6 000倍液或40%氟硅唑乳油6 000～7 000倍液等，每公顷600～750kg（每亩40～50kg）喷雾。

10.4.3.4　炭疽病

播种时进行种子消毒，如用种子重量0.4%的50%多菌灵可湿性粉剂拌种。发病初期用对口农药以发病中心为重点进行细喷雾防治，间隔7天连续施药2次。如25%咪鲜胺乳油1 500倍液或70%甲基托布津可湿性粉剂1 000倍液，每公顷600～750kg

（每亩 40～50kg）喷雾。

10.4.3.5　霜霉病

在发病初期用对口农药以发病中心为重点进行细喷雾防治，间隔 7 天连续防治 2～3 次。如用 80%代森锰锌可湿性粉剂 600 倍液或 72%霜脲·锰锌可湿性粉剂 600 倍液、60%氟吗锰锌可湿性粉剂 600 倍液等，每公顷 600～750kg（每亩 40～50kg）喷雾。

11　其他管理

11.1　水分管理

11.1.1　排水降湿

在春雨季节、梅雨季节，及时清沟排水，降低田间湿度，防止发生渍害。

11.1.2　浇水抗旱

在幼苗期遇连续干旱天气，应及时浇水抗旱，也可于早晨或傍晚灌半沟跑马水。

11.1.3　保湿鼓粒

在鼓粒期保持土壤一定的湿度，夏秋大豆视天气间歇浇水或灌半沟跑马水。

11.2　防止徒长

11.2.1　化学调控

在直播栽培的春大豆迟熟品种、夏大豆、秋大豆常规栽培中，对有徒长趋势的田块，喷施生长调节剂进行控制。如在分枝期用 15%多效唑可湿性粉剂 1 500 倍液每公顷 600～750kg（每亩 40～50kg）叶面喷雾。

11.2.2　人工摘心

在秋大豆常规栽培中，对播种偏早、密度偏高、氮肥偏多，出现徒长趋势的田块，在分枝期进行深中耕，开花后期进行摘心。选择晴好天气，摘去顶端 2cm。

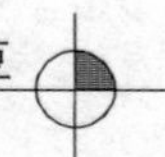

12 采收

12.1 采收时期

以鼓粒中后期，植株80%以上豆荚已明显鼓粒，豆荚饱满、荚色翠绿时采收。

12.2 采收方法

12.2.1 采收豆枝

从植株基部割下豆秆，摘除叶片，捆扎整齐，上市销售。豆荚农残检测及包装、运输参照 NY/T 5080 的规定执行。

12.2.2 采摘豆荚

直接从豆株上摘下饱满豆荚，用塑料网袋包装。采摘后 4h 内进行速冻加工，直接上市不超过 8h。豆荚农残检测及包装、运输参照 NY/T 5080 的规定执行。

（二）无公害鲜食大豆质量要求

本规范由杭州质量技术监督局提出。

本规范于 2007 年 12 月 25 日首次发布。

1 范围

本标准规定了无公害鲜食大豆的术语和定义、分类与分级、质量要求、检验方法、检验规则、标志、包装、运输和贮存。

本标准适用于无公害鲜食大豆的质量要求。

2 规范性引用文件

下列文件中的条款通过本标准的引用而成为本标准的条款。凡是注日期的引用文件，其随后所有的修改单（不包括勘误的内容）或修订版均不适用于本标准，然而，鼓励根据本标准达成协议的各方研究是否可使用这些文件的最新版本。凡是不注日期的引用文件，其最新版本适用于本标准。

GB 2762　食品中污染物限量

GB/T 8855　新鲜水果和蔬菜的取样方法

NY/T 5080　无公害食品菜豆

3　术语和定义

下列术语和定义适用于本规范。

3.1　有效豆荚

有1粒及以上饱满豆粒的鲜豆荚。

3.2　鲜荚长

有效豆荚基部至荚顶尖的垂直距离。

3.3　鲜荚宽

有效豆荚两条开裂线间的最大垂直距离。

3.4　百荚鲜重

每100荚有效豆荚的重量。

3.5　百粒鲜重

每100粒鲜豆粒的重量。

3.6　多粒荚

有连续2粒或以上饱满豆粒的鲜豆荚。

3.7　多粒荚率

多粒荚占有效豆荚的数量百分比。

3.8　出豆率

有效豆荚中剥出的鲜豆粒占有效豆荚的重量百分比。

3.9　破伤率

受病、虫危害或机械损伤，其伤斑直径在2mm以上的有效豆荚或鲜豆粒占总有效豆荚或总豆粒的数量百分比。

3.10　杂质率

有效豆荚或鲜豆粒以外的物质占该批次样品总豆荚或总豆粒的重量百分比。

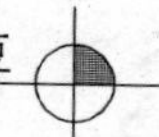

4　分类与分级

4.1　鲜食大豆产品分为鲜豆荚和鲜豆粒。

4.2　产品等级分为优等、一等、合格。

5　质量要求

5.1　鲜豆荚质量要求

鲜豆荚等级及质量要求见表1。

表1　鲜豆荚等级及质量要求

等级	外观	鲜荚长（mm）	鲜荚宽（mm）	百荚鲜（mm）	多粒荚（mm）	出豆率（%）	破伤率（%）	杂质率（%）
优等	色泽深绿、无水渍，茸毛灰白、较稀	＞55	＞15	＞250	＞80	＞60	≤10	0.5
一等	色泽鲜绿、无水渍，茸毛灰白、略稀	55～45	13～15	200～250	70～80	50～60	≤15	≤0.75
合格	色泽淡绿、无水渍，茸毛灰色	＜45	＜13	＜200	＜70	＜50	≤20	≤1

5.2　鲜豆粒质量要求

鲜豆粒等级及质量要求见表2。

表2　鲜豆粒等级质量要求

等级	外观	百粒鲜重（g）	破伤率（%）	杂质率（%）
优等	荚膜新鲜、豆粒嫩绿*、饱满，无异味	＞70	≤10	≤0.25
一等	荚膜较新鲜、豆粒嫩绿*、饱满，无异味	60～70	≤15	≤0.5
合格	豆粒较嫩绿*、较饱满，无异味	＜60	≤20	≤0.75

* 豆粒嫩绿仅指绿皮、黄皮大豆。

5.3 口感要求

口感要求见表3。

表3 口感要求

等级	香味	鲜味	甜味	较硬
优等	清香	鲜美	略甜	酥软
一等	略带清香	较鲜	微甜	较酥软
合格	无香味	略鲜	无甜味	略硬

5.4 安全卫生指标

安全卫生指标应符合 GB 2762、NY/T 5080 规定。

6 检验方法

6.1 质量指标检验

6.1.1 鲜荚长

取样品 1kg，按每荚粒数对有效豆荚进行分类，根据各类型荚数所占数量百分比，分层取样 100 荚，每 10 荚按长度平台排列，用分度值为 1mm 的直尺进行测量，求平均数，保留整数。

6.1.2 鲜荚宽

取样品 1kg，按每荚粒数对有效豆荚进行分类，根据各类型荚数所占数量百分比，分层取样 100 荚，每 10 荚按宽度平台排列，用分度值为 1mm 的直尺进行测量，求平均数，保留整数。

6.1.3 百荚鲜重

取样品 1kg，按每荚粒数对有效豆荚进行分类，根据各类型荚数所占数量百分比，进行分层取样 100 荚，用吸水纸吸取表面水分，用天平称重，以 g 为计量单位，保留一位小数。

6.1.4 多粒荚率

取样品 1kg，按每荚粒数对有效豆荚进行分类计数，根据（1）式进行计算：

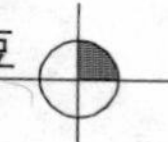

多粒荚率(%)=(1－单粒荚荚数/有效豆荚数)×100 … (1)

6.1.5　出豆率

取测定百荚鲜重后的豆荚样品剥取鲜豆粒，用天平称重，以g为计量单位，然后根据（2）式进行计算：

出豆率（%）=百荚鲜豆粒重/百荚鲜重×100…… (2)

6.1.6　破伤率

6.1.6.1　鲜豆荚破伤率

取样品1kg，数计受病虫危害或机械损伤、伤斑直径在2mm以上的有效豆荚数，按（3）式进行计算：

鲜豆荚破伤率（%）=破伤荚数/有效豆荚数×100 … (3)

6.1.6.2　鲜豆粒破伤率

取样品250g，数计受病虫危害或机械损伤、伤斑直径在2mm以上的破伤豆粒数和总豆粒数，按（4）式进行计算：

鲜豆粒破伤率（%）=破伤豆粒数/总豆粒数×100 … (4)

6.1.7　杂质率

鲜豆荚取样品1kg，鲜豆粒取样品250g，将有效豆荚或鲜豆粒和杂质进行分类，分别用天平称重，按（5）式进行计算：

$$\text{杂质率（\%）}=\frac{\text{杂质重}}{\text{（杂质重}+\text{有效豆荚或鲜豆粒重）}}\times 100 \cdots\cdots (5)$$

6.1.8　百粒鲜重

从样品中剔除色泽和大小明显与样品主体有差异的豆粒，数计100粒正常的鲜豆粒，用吸水纸吸取表面水分，用天平称重，以g为计量单位，保留一位小数。

6.2　感官评定

6.2.1　外观评定

从样品中剔除色泽和大小明显与样品主体有差异的有效豆荚或鲜豆粒，用天平称取鲜豆荚250g或鲜豆粒100g，放在白瓷盆内，用目测、鼻嗅进行外观评定。

6.2.2　口感评定

将经外观评定的样品，鲜豆荚装入聚乙烯丝网袋中，在1 000ml沸水中煮沸5min，冷却。鲜豆粒置于容器中，加入50ml沸水，放入锅内蒸煮，待水煮沸后再蒸煮7～8min，冷却。用鼻嗅、品尝对香味、鲜味、甜味、软硬进行评定。

6.3　安全卫生要求检测

按NY/T 5080 无公害食品 菜豆规定进行检测。

7　检验规则

7.1　检验类型

7.1.1　型式检验

型式检验是对产品进行全面考核，即对本标准规定的全部要求进行检验。有下列情形之一者应进行型式检验：

a. 国家质量监督机构或行业主管部门提出型式检验要求；

b. 前后两次抽样检验结果差异较大；

c. 因为人为或自然因素使环境发生较大变化。

7.1.2　交收检验

每批次产品交收前、生产前应进行交收检验。交收内容包括质量等级、标志和包装。检验合格并附等级证后方可交收。

7.2　组批规则

同一产地、同时采收的同一品种鲜食大豆作为一个检验批次。

7.3　抽样方法

按GB/T 8855 新鲜水果和蔬菜的抽样方法执行，鲜豆荚样品1kg，鲜豆粒样品250g。

报验单填写的项目应与货物相符。凡与实货不符，包括容器严重损坏者，应由交货单位重新整理后再抽样。

7.4　包装检验

按本规范第8章的规定执行。

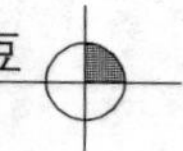

7.5 判定规则

7.5.1 外观、口感和商品性质量指标按本部分规定评定，按全部指标符合分等。有一项不合格的，允许第二次加倍抽样，如仍不符合要求，可以允许对该批次产品重新分类挑选后检测，并根据此结果评定分等。

7.5.2 检验结果中如安全卫生要求有一项不合格，则判该批次产品为不合格。

8 标志、包装、运输和贮存

8.1 标志

包装上的标志和标签应标明产品名称、等级、产地、净含量和采收日期等，字迹应清楚、完整、准确。

8.2 包装

8.2.1 包装材料应坚固、无毒、无害、无污染。鲜豆荚用非绿色丝网袋或疏木箱包装；鲜豆粒和加工后速冻产品内用聚乙烯塑料袋或复合薄膜袋、外用纸箱包装。

8.2.2 每批报验的鲜食大豆产品其包装规格、单位净含量应一致。

8.2.3 包装检验规则

逐件称量抽取的样品，每件净含量不应低于包装标识的净含量。

8.3 运输

8.3.1 鲜豆荚收获后应就地修整，鲜豆粒应在采收后 48h 内剥取，及时包装、运输。

8.3.2 运输工具要求清洁卫生、无污染。装运时要做到轻装、轻卸，严防机械伤；运输时要严防日晒、雨淋，注意降温和通风。

8.4 贮存

8.4.1 鲜豆荚应在采收后 24h 内、鲜豆粒在 48h 内上市或进行加工。临时贮存应有阴凉、通风、清洁、卫生的条件。

8.4.2 短期贮存以温度 0～5℃、相对湿度 80%～90%为宜，短期贮存期不超过 5 天。保温措施，防低温冻伤、防挤压、防鼠、防毒，注意通风散热。贮存场所温度宜保持在 1℃，空气相对应保持在。

8.4.3 贮存应按批次、规格分别堆码整齐，要有足够的散热间距，防止挤压损伤。贮存场所应清洁卫生，不得与有毒有害物品混存混放。

（三）浙江海通食品集团有限公司企业标准（Q/QHT01.11—1999）

速 冻 毛 豆

1 范围

本标准规定了速冻毛豆的要求，抽样及检验规划、试验方法、标志、标签、包装、运输、贮存和保质期。

本标准适用于以台湾 292 或台湾 305 毛豆等品种为原料，经过整理、清洗、漂烫、冷却、单体急冻后，再包装而成的速冻毛豆。

2 引用标准

下列标准包含的文件，通过在本标准中引用而构成为标准的条文。本标准出版时，所示版本均为有效。所有标准都会被修订，使用本标准的各方应探讨使用下列标准最新版本的可能性。

GB 5033—1985 出口产品包装用瓦楞纸箱

GB 7718—1994 食品标签通用标准

GB 8863—1988 速冻食品技术规程

SN 0168—1992 出口食品平板菌落计数

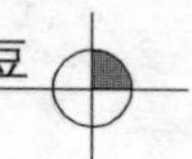

SN 0169—1992　出口食品大肠菌落、粪大肠菌落

SN/T 0626—1997　出口速冻蔬菜检验规程

SN/T 0626.5—1997　出口速冻蔬菜检验规程豆类

3　要求

3.1　感官要求

3.1.1　色泽

鲜绿色，色泽较一致。

3.1.2　风味

具有毛豆应有的滋味和气味，无生味，无其他异味。

3.1.3　组织形态

组织鲜嫩，荚形完整饱满，白毛。

3.1.4　冻结

单体急冻状。

3.2　规格要求

每500g荚数在180荚以下，每荚豆粒2粒以上。

3.3　过氧化酶要求

过氧化酶活性：阴性或中性。

3.4　微生物要求

3.4.1　细菌总数≤100 000个/g。

3.4.2　大肠菌落≤100个/g。

3.4.3　大肠杆菌阴性。

3.5　质量缺陷指标

3.5.1　杂质

有害杂质不得存在，如虫体、金属、毛发、竹丝、尼龙丝、沙土等；蔬菜类杂质，1kg样品中最多允许1个单位。

3.5.2　单粒荚、瘪荚合计不能超过5%，但每项单独不能超过3%。

3.5.3　锈斑、畸形、机械伤和变种豆等合计不能超过8%，但每项单独不能超过4%。

3.5.4 斑点累计斑点面积大于3mm×3mm，不能超过7%。

3.5.5 开裂荚不能超过5%。

3.5.6 虫蛀荚不能超过1%。

3.6 温度要求

速冻出料中心温度−12℃以下，冷库藏7天后−18℃以下。

3.7 重量要求

按客户要求确定（如10kg/箱），每箱净重不得有负公差。

3.8 标志、标签要求

按GB 8863和GB 7718的有关规定及客户要求执行。

3.9 包装要求

内包装为食品级塑料袋，外包装为瓦楞纸箱，用粘胶带密封，并按GB 8863和GB 5033的有关规定及客户要求执行。

4 抽样及检验规则

4.1 产品分过程检验、最终成品检验和出厂检验三种。

4.1.1 过程检验依3.1、3.2、3.3和3.5的要求。

4.1.2 最终成品检验和出厂检验依3的全部要求。

4.2 抽样批次、件数及数量

4.2.1 抽样批次

同一品种、同一生产流水线、同一生产日期、同一级别规格的为一批。

4.2.2 抽样件数

每100箱抽取1件，必要时增加件数，但检验3.4要求以一批为一个平均样，出厂检验抽样按SN/T 0626.5抽取件数。

4.2.3 抽样数量

——每件抽取内容数量为500g，检验按3.1、3.2、3.3和3.5的要求。

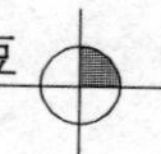

——按一个批号抽取 3 件以上，检验按 3.6、3.7、3.8、3.9 的要求。

——按每批一个样抽取，检验依 3.4 的要求。

——假包装返真包装后，抽取每一个货柜 3 个平均样以上，检验 3.4 的要求。

4.3　检验结果判定

4.3.1　过程检验如有 3.2 和 3.5 不合格，应现场返工直到抽检合格。若是假包装（返真包装需重新挑选的），则允许超标 10%。

4.3.2　最终成品检验和出厂检验如有一项不合格，加倍抽样复验此不合格项，如再不合格，判定此产品不合格。

4.4　检验场所要求光线充足、温度适宜、通风良好、无异味、清洁卫生。

5　试验方法

5.1　感官实验

用目测、口尝、鼻嗅。

5.2　规格实验

用游标卡尺、电子秤或托盘天平（感量为 1g）称量。

5.3　过氧化酶检验

按 SN/T 0626 中 5.8.1 条规定检验。

5.4　卫生要求试验

5.4.1　细菌总数检验

按 SN 0168 检验。

5.4.2　大肠菌落和大肠杆菌检验

按 SN 0169 检验。

5.5　杂质检验和质量缺陷指标检验

用目测、游标卡尺、托盘天平或电子秤（感应为 1g）等方法结合测定。

5.6 温度检验

按 GB 8863 第 8 章的有关规定执行，温度计的分度值不高于 0.5℃

5.7 重量检验

用电子秤（感应为 1g）称量，并按 SN/T 0188 进行检验。

5.8 包装、标志和标签检验

按 SN/T 0626 第 5.2 章的有关规定执行。

6 运输、贮存和保质期

6.1 运输和贮存

按 GB 8863 的有关规定执行。

6.2 保质期

在温度－18℃条件下贮存，保质期为 18 个月。

主要参考文献

彭友林．2009. 豆类蔬菜无公害栽培技术．长沙：湖南科学技术出版社．

汪自强，夏国绵．2010. 菜用大豆栽培新技术．杭州：杭州出版社．

邢邯．2008. 菜用大豆．南京：江苏科学技术出版社．

曹淑玲，张敏强，魏鸿辉．2004. 加工出口型毛豆的栽培技术．上海蔬菜（4）：16.

陈新，胡杰，顾和平，等．2008. 适合江苏省栽培的菜用大豆品种及其主要特性．长江蔬菜，11：6－8.

陈新，胡杰，顾和平，等．2008. 中国南方菜用有机大豆高产栽培技术研究．金陵科技学院学报，24（2）：50－52.

盖钧镒，王明军，陈长之．2002. 中国毛豆生产的历史渊源与发展．大豆科学，21（1）：7－12.

韩天富．2002. 中国菜用大豆的种植制度和品种类型．大豆科学，21（2）：83－87.

韩天富，吴存祥，杨华，等．2000. 夏大豆品种中黄 4 号春播“花而不实”的原因分析．大豆通报，5：14.

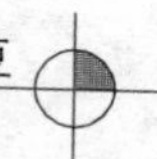

韩天富，盖钧镒．2002. 世界菜用大豆生产、贸易和研究的进展．大豆科学，21（4）：278-284.

李季春．2009. 优质菜用大豆高产高效栽培技术．现代农业科技，12：28-29.

田艺心，高会，汪自强．2008. 菜用大豆生产及产业化前景．世界农业，10：57-58.

张惠君，敖雪，王海英，等．2009. 菜用大豆与普通大豆产量及品质的比较．大豆科学，28（6）：1011-1015.

张秋英，杨文月，李艳华，等．2007. 中国菜用大豆研究现状、生产中的问题及展望．大豆科学，26（6）：950-954.

G Young et al. 2000. Acceptability of green soybeans as a vegetable entity. Plant Foods for Human Nutrition，55：323-333.

Lin C C. 2001. Frozen edamame：global market conditions. Ibid：93-96.

Shurtleff W，T A Lumpkin. 2001. Chronology of green vegetable soybean and vegetable-type soybeans. Ibid：97-103.

Yanagisawa Y，Akazawa T，Abe T，et al. 1997. Changes in free amino and Kjeldahl N concentrations in seeds from vegetable-type and grain-type soybean cultivars during the cropping season. Journal of Agricultural and Food Chemistry，45（5）：1720-1724.

第五章

豌　豆

豌豆，又称蜜糖豆或蜜豆（圆身）、青豆或荷兰豆（扁身）。

一、豌豆生物学特性

豌豆的根为直根系，侧根少，但根瘤发达，在较贫瘠的土壤上能较好生长。茎近四方形，中空而质脆。主茎上一般发生 1～3 个分枝。其叶为偶数羽状复叶，有小叶 1～3 对，顶端 1～2 对小叶变成卷须，具有攀援性。托叶大而抱茎，叶表面无茸毛，但有蜡质或白粉。花为单生或短总状花序，每个花序着生 1～3 朵花，结荚 1～2 个。蝶形花，花冠白色、紫色或两者的中间类型，自花授粉。食荚豌豆的荚，长而扁平，长 6～15 厘米不等，宽 1.5～4 厘米；食粒豌豆的荚较短、较窄或较宽。荚内一般有种子 2～8 粒。谢花后，最初是豆荚发育，种子不发育。8～10 天后荚果停止伸长，种子开始发育。软荚豌豆的成熟种子一般皱缩。

豌豆在豆类中是耐寒性最强的。其种子 2～3℃以上即可发芽，但发芽适温为 18～20℃；幼苗期生长适温为 12～16℃，可耐－4～－5℃的低温；开花期最适温度为 15～18℃，5℃以下开花减少，20℃以上的高温干燥天气，受精率低，种子减少；结荚期最适温度为 18～20℃，25℃以上植株生长衰弱，28℃以上落花、落荚严重；豌豆的花芽分化需要低温条件，冬性品种需 0～5℃的低温，春性品种在 15℃以上即可。

豌豆一般为长日照植物，尤其在结荚期要求较强的光照和较长的光照时间。也有相当一部分品种对光照长短要求不严，但在长日照下能提早开花，缩短生育期。因此，将南方品种引到北方栽培，一般都能提早开花结荚；反之，北方品种引到南方则延迟开花结荚或不能开花结荚。

豌豆的耐旱能力较强，但不耐空气干燥，喜湿润气候，又不耐雨涝。开花时最适空气湿度为60%～90%。另外，豌豆虽然对土壤适应性较广，但以疏松、富含有机质的中性或微酸性黏质土壤最适宜。豌豆最忌连作，生茬地栽培最好。对氮肥需求相对较少，但前期要适当追施氮肥；对磷肥要求较多。

二、豌豆主要品种类型

（一）我国南方地区主要豌豆品种

1. 半无叶株型硬荚品种

（1）科豌1号：中国农业科学院作物科学研究所1994年从法国农业科学院引进，经辽宁省经济作物研究所与中国农业科学院作物科学研究所合作系统选育而成，2006年通过辽宁省农作物品种审定委员会审定。中熟品种，春播生育期95天。有限结荚习性，株型紧凑，直立生长。幼茎绿色，成熟茎绿色，株高50～60厘米，主茎分枝2～3个，半无叶株型，花白色，单株结荚8～11个，荚长5.5～6.0厘米，荚宽1.4～1.6厘米，单荚粒数4～5粒，籽粒球形，种皮黄色，白脐，百粒重约26克。干籽粒蛋白质含量21.74%，淀粉含量54.61%。2003—2004年辽宁省豌豆品种比较试验，平均产量每公顷3751.5千克，比对照辽选豌豆1号增产48.9%。2005年生产试验，平均产量每公顷3181.5千克。该品种结荚集中，成熟一致，不炸荚，适于一次性收获。抗花叶病和霜霉病，抗倒伏，耐瘠薄性较强。适于辽宁、河北及周边地区种植。

(2) 科豌2号：中国农业科学院作物科学研究所1994年从法国农业科学院引进，经辽宁省经济作物研究所与中国农业科学院作物科学研究所合作系统选育而成，2007年通过辽宁省农作物品种审定委员会审定。中早熟品种，从播种到嫩荚采收55天左右。植株矮生，无分枝，半无叶株型，一般株高60～70厘米，茎节数16个左右。初花节位7～9节，花白色，每花序花数1～3个，鲜荚长7～8厘米，宽1.5厘米，荚直，尖端呈钝角形，鲜荚单重4.5～5.5克，单荚粒数一般5～8粒。单株结荚6～8个，硬荚型。成熟籽粒黄白色，种脐白色，表面光滑，百粒重25～27克，粗蛋白含量25.12%。2005—2006年在辽宁黄泥洼镇、河北固安县等多点鉴定，青豌豆平均产量每公顷13192千克，最高每公顷1 6500千克，比当地主栽品种中豌6号平均增产18.4%。干籽粒平均每公顷3 825千克，最高每公顷4 500千克，比当地主栽品种中豌6号平均增产25%以上。该品种具有群体长势强健、抗倒伏、适合密植、增产潜力大、抗病性强等突出优点。适于辽宁、河北及周边地区种植。

(3) 云豌1号：云南省农业科学院粮食作物研究所采用常规杂交育种程序育成。原品系代号2003（5）-1-17，保存单位编号L1419。组合为L0307/L0298。2006年完成生产中试。中熟品种，昆明种植全生育期180天，株型直立，株高51厘米，半无叶株型。平均单株分枝数5.2个，花白色，多花多荚，硬荚，荚长5.93厘米，种皮淡绿色，种脐灰白色，子叶浅黄色，粒形圆球形，单株21.2荚，单荚5.73粒，百粒重21.0克，单株粒重20.0克。中抗白粉病。品种比较试验平均干籽粒产量每公顷3 177千克，比中豌6号增产58.5%；大田生产试验平均干籽粒产量每公顷3 020千克，比中豌6号增产17.2%～31.8%。鲜苗产量高于每公顷15 000千克。适宜云南省海拔1 100～2 400米的蔬菜产区，以及近似生境区域栽培种植。

(4) 草原276：青海省农林科学院作物所经有性杂交选育

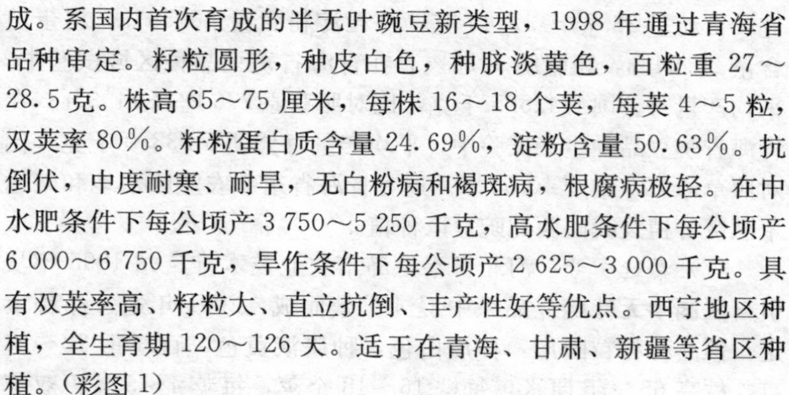

成。系国内首次育成的半无叶豌豆新类型，1998 年通过青海省品种审定。籽粒圆形，种皮白色，种脐淡黄色，百粒重 27～28.5 克。株高 65～75 厘米，每株 16～18 个荚，每荚 4～5 粒，双荚率 80%。籽粒蛋白质含量 24.69%，淀粉含量 50.63%。抗倒伏，中度耐寒、耐旱，无白粉病和褐斑病，根腐病极轻。在中水肥条件下每公顷产 3 750～5 250 千克，高水肥条件下每公顷产 6 000～6 750 千克，旱作条件下每公顷产 2 625～3 000 千克。具有双荚率高、籽粒大、直立抗倒、丰产性好等优点。西宁地区种植，全生育期 120～126 天。适于在青海、甘肃、新疆等省区种植。（彩图 1）

（5）草原 23 号：青海省农林科学院作物育种栽培研究所于 2000 年从英国引进的有叶豌豆，经系统选育而成。2005 年 12 月通过青海省农作物品种审定委员会审定。春性、中晚熟品种，生育期 110 天。株高 74～84 厘米，有效分枝 2.0～4.0 个。复叶全部变为卷须，花白色，硬荚。籽粒皱，绿色，近圆形，粒径 0.7～0.8 厘米，种脐淡黄色。单株荚数 19～25 个，单株粒重 47.0～55.0 克，百粒重 31.50～32.50 克。籽粒淀粉含量 44.87%，粗蛋白含量 22.6%，粗脂肪含量 1.43%，可溶性糖分含量 6.4%。在青海省豌豆品种区域试验中，平均产量每公顷 5 349.0千克，比对照草原 276 增产 11.4%；在青海省豌豆品种生产试验中，平均产量每公顷 5 127.0 千克，比对照草原 276 增产 9.6%。适宜青海省东、西部农业区有灌溉条件的地区种植。（彩图 2）

（6）草原 24：青海省农林科学院作物育种栽培研究所于 1995 年从德国引进，经多年系统选育而成，2007 年 12 月通过青海省农作物品种审定委员会审定。春性、中熟品种，生育期 100 天。株高 95～100 厘米，有效分枝 1.0～3.0 个。花白色。种皮白色，圆形，粒径 0.61～0.75 厘米，子叶黄色，种脐浅黄色。单株荚数 22～31 个，双荚率 5%～10%，单株粒重 18.6～27.4

克，百粒重23.73～27.45克。籽粒淀粉含量46.58%，粗蛋白含量26.54%，粗脂肪1.88%。在青海省豌豆品种区域试验中，平均产量每公顷5 425.5千克，比对照草原276增产14.3%；在青海省豌豆品种生产试验中，平均产量每公顷5 238.0千克，比对照草原276增产10.77%。适宜青海省东部农业区水地和柴达木灌区种植及我国西北豌豆区种植。

（7）秦选1号：河北省秦皇岛市农业技术推广站1995年从引自法国半无叶豌豆品系中提纯扩繁而成，2001年通过品种审定。该品种籽粒圆形，种皮白色，种脐淡黄色，百粒重22～24克。株高65～75厘米，每株16～18个荚，每荚4～5粒，双荚率80%以上。中水肥条件下每公顷产干籽粒4 125～5 625千克。

（8）宝峰3号：河北省职业技术师范学院以普通株型豌豆中豌5号为母本，德国半无叶型豌豆90-PE-10为父本，选育出的半无叶型超高产专用豌豆新品种。该品种株型收敛，株高66厘米左右，有效分枝3.8左右，主茎节数18个左右，托叶正常，小叶突变成卷须，属半无叶型，托叶颜色深绿，根系发达，白花，白色荚，单株荚数10个左右，单荚粒数5个左右，双荚率90%以上，圆粒，绿子叶，百粒重22克左右。中晚熟，春播生育期103天。干籽粒粗蛋白含量24.99%，粗脂肪含量2.32%，人体及动物体必需氨基酸含量高。秦皇岛地区大田生产一般每公顷3 750千克左右，高产可达7 500千克，比主栽品种中豌6号增产30%以上。抗倒伏性强，抗旱性良好，成熟时不裂荚，抗猝倒病、根腐病、白粉病。适于辽宁、河北及周边地区种植。

2. 普通株型硬荚品种

（1）中豌2号：中国农业科学院畜牧研究所经有性杂交选育成。该品种为宽荚、大粒、成熟的干豌豆，浅绿色。株高55厘米左右，茎叶深绿色，白花，硬荚。单株荚果6～8个，多至20个，荚长8～11厘米，荚宽1.5厘米，单荚6～8粒，百粒重28克左右。春播区从出苗至成熟70～80天，冬播区约90～110天；

以幼苗越冬的约150天。干豌豆每公顷产量2 250～3 000千克，高的达3 375千克以上。青豌豆荚每公顷产10 500～12 000千克，干豌豆风干物中含粗蛋白质26%左右。该品种以品质优良为优势，荚大、粒多粒大，丰产性好；食味鲜美易熟，商品性好，尤适菜用。耐肥性强，肥沃土壤种植产量尤高。在光照充足地区栽培，产量潜力更大。适于华北、西北、东北等地种植。

(2) 中豌4号：中国农业科学院畜牧研究所经有性杂交选育成。窄荚、中粒，成熟的干豌豆黄白色。茎叶浅绿色，单株荚果6～10个，冬播有分枝的单株荚果可达10～20个，荚长7～8厘米，荚宽1.2厘米，单荚6～7粒。百粒重22克。该品种盛花早，花期集中，青豌豆荚上市早。耐寒、抗旱、较耐瘠、抗白粉病。干豌豆风干物中含粗蛋白质23%左右，品质中上，口感好。在南方冬播，虽光照时间短，但灌浆鼓粒快，优于宽荚品种。春播地区生育期90～100天。干豌豆每公顷产2250～3000千克。青豌豆荚每公顷产量9 000～12 000千克。四川、浙江、江西、广东、湖北、河南、河北、安徽等地已较大面积推广。

(3) 中豌5号：中国农业科学院畜牧研究所经有性杂交选育成。窄荚、中粒，成熟的干豌豆深绿色。茎叶深绿色，株高40～50厘米，单株荚果7～10个，冬播有分枝的单株荚果在10个以上，荚长6～8厘米，荚宽1.2厘米，单荚6～7粒，百粒重23克左右。荚果节间距离为4～5厘米，荚果鼓粒快而集中，因而前期青荚产量高，约占总产量45%左右。上市早，效益好。干豌豆风干物中含粗蛋白质25%左右。品质较好，食味鲜美，皮薄易熟。青豌豆深绿色，尤适合速冻和加工制罐，出口创汇。生育期春播地区90～100天。干豌豆每公顷产2 250～3 000千克。青豌豆荚每公顷产9 000～12 000千克。在华北、华东、华中、东北、西北，西南各地及江苏、山东、四川等省已较大面积推广种植。

(4) 中豌6号：中国农业科学院畜牧研究所经有性杂交选育

成。窄荚、中粒，成熟的干豌豆浅绿色。茎叶深绿色，株高40～50厘米，单株荚果7～10个，冬播有分枝的单株荚果10个以上。荚长7～8厘米，荚宽1.2厘米，单荚6～8粒。百粒重25克左右。具有节间短、灌浆鼓粒快的优点，前期青荚产量高，约占总产量50%左右。上市早，效益好。干豌豆风干物中含粗蛋白25%左右，品质较好，食味鲜美，皮薄易熟。该品种与中豌5号相比，荚果和籽粒均略大，产量略高。生育期春播地区90～100天。干豌豆每公顷产2 250～3 000千克。青豌豆荚每公顷产9 000～12 000千克。四川、湖北、浙江、江西、安徽、河南、河北等省已较大面积推广。

（5）团结2号：四川省农业科学院经有性杂交选育而成。株高100厘米左右，白花，硬荚。在四川省冬播，生育期180多天。单株荚果5～6个，多的10个以上，双荚率高。干豌豆白色，圆形，百粒重16克。干豌豆含粗蛋白质27.9%。干豌豆每公顷产1875千克左右。耐旱、耐瘠性较好，较耐菌核病，适应性广，适于四川、福建、湖北、云南、贵州、广东等地种植。

（6）成豌6号：四川省农业科学院经有性杂交选育而成。株高100厘米，茎粗节短。白花，硬荚，结荚部位较低，双荚率很高。干豌豆白色，近圆形，百粒重17克左右。干豌豆含粗蛋白质26.1%。籽粒品质和烹调风味好。耐菌核病，适应性较广。株型较紧凑，生育期和团结2号近似。该品种宜选肥力中等偏下地块种植，其余栽培技术同团结2号。

（7）白玉豌豆：江苏省南通市地方品种。该品种株高100～120厘米，分枝性强，白花，硬荚。始花10～12节，荚长5～10厘米，荚宽1.2厘米，单荚5～10粒。种子圆球形，嫩时浅绿色，成熟后黄白色，光滑。可采嫩梢或鲜青豆食用，也可速冻和制罐，干豌豆可加工食品。耐寒性强，不易受冻害。适于江苏省及华东部分地区种植。

（8）草原224：青海省农林科学院经有性杂交选育而成。

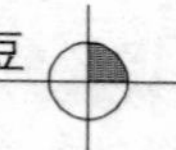

1994年通过青海省品种审定。该品种籽粒扁圆，种皮绿色，上有紫色斑点，百粒重22～23克。株高140厘米，每株6～8个荚，每荚5～6粒。籽粒蛋白质含量23.1%，淀粉含量43.74%。田间鉴定根腐病和褐斑病极轻，耐渍性好。区域试验平均每公顷产3 262千克，生产试验平均每公顷产2 958千克。高水肥条件下每公顷3 750～4 500千克，中水肥条件下每公顷3 000～3 750千克，旱作条件下每公顷2 250～3 000千克。适于山旱地、沟岔水地栽培。西宁地区种植时，全生育期100～110天。适于在青海、甘肃、宁夏等省、自治区种植。（彩图3）

（9）草原3号：青海省农林科学院经有性杂交选育而成。株高45厘米左右，茎叶深绿色，白花，硬荚。单株5～6荚，单荚4～5粒。干豌豆浅灰绿色，近圆形，百粒重18克左右。西宁地区从出苗至成熟90多天。干豌豆每公顷产3 750千克左右。干豌豆含蛋白质24.9%，熟性好，品味佳。青嫩豆含糖量较高，适于烹制菜肴。对短日照反应不敏感，也适于南方冬播，直立型较耐水肥，易感染白粉病。适于西北、华南、华东等地种植。

（10）草原7号：青海省农林科学院经有性杂交选育而成。株高50～70厘米，直立，茎节短，分枝较少。叶色深绿、白花、硬荚。单株7～8荚，单荚5～7粒。干豌豆淡黄色，光滑，圆形。百粒重19～23克。春播区生育期90～100天，为中早熟品种；南方冬播区生育期150～160天，反季节栽培80～90天。对短日照不敏感，生长速度均匀，株型紧凑，抗倒伏，耐根腐病，轻感白粉病，适应性广。干豌豆每公顷产3 750千克，青嫩豆糖分较高、品质好。适于西北、西南、华南等地种植。

（11）草原9号：青海省农林科学院从草原7号品种中系统选择育成。株高90～110厘米，半匍匐，分枝较少。白花，硬荚。单株荚果5～7个，单荚5～6粒。干豌豆淡黄色，光滑，圆形，百粒重18～22克，在西宁春播，生育期105～107天。干豌豆每公顷产2 250～3 750千克，含蛋白质21.7%，青嫩豆含糖分高，食用品味好。对短日照反应不敏感，南方秋冬播也生长良好。耐瘠、耐旱，较耐根腐病。适于西北、西南、华北、华中等地种植。

（12）阿极克斯：原产新西兰，多年前自国外引入，经选择育成。株高80厘米左右，有效分枝2～3个。叶色深绿，花色白，双花双荚多。嫩荚深绿色，鲜籽粒绿色，甜度高，品质品位佳。干籽粒皱缩，淡绿色或绿色，百粒重20克左右，单株平均15～18个荚，每荚粒数5～6粒。干籽粒含粗蛋白质24.98%，淀粉40.41%。西宁地区种植生育期105～110天。该品种生产试验平均每公顷产2 384千克，在中等以上肥力地块种植，可收干籽粒3 000～3 750千克或青荚15 000～18 750千克，可供速冻用的豌豆粒7 500～9 000千克。适于青海及类似气候条件地区浅山或平原单作，也适于果园间作。（彩图4）

（13）草原20：青海省农林科学院作物育种栽培研究所于1990年从美国引进的高代品系，经多年系统选育而成，2005年1月通过青海省农作物品种审定委员会审定。春性、中熟品种，生育期102天。株高50～60厘米，有效分枝2.0～3.0个。花白色。干籽粒绿色，圆形，种脐淡黄色。单株荚数15～20个，单株粒重15.2～23.2克，百粒重24.0～28.0克。干籽粒淀粉含量47.4%，粗蛋白含量20.82%；鲜籽粒粗蛋白含量7.69%，可溶性糖分含量2.74%，含维生素C 31.4毫克/100克。在青海省豌豆品种比较试验中，平均产量每公顷3 684.9千克，比对照中豌4号增产58.48%；在青海省豌豆品种生产试验中，平均产量每公顷3 102.9千克，比对照中豌6号增产38.18%。适宜在青海省川水地，低、中位山旱地及柴达木灌区种植。（彩图5）

（14）草原21：青海省农林科学院作物育种栽培研究所于1995年对新西兰进口商品豆经多年系统选育而成，2004年2月通过青海省农作物品种审定委员会审定。春性、中熟品种，生育期103天。株高60～75厘米，有效分枝1.0～2.0个。花白色。

干籽粒绿色，近圆形，粒径 0.8～0.9 厘米，种脐淡黄。单株荚数 30～35 个，单株粒重 18.2～26.2 克，百粒重 31.0～33.1 克。干籽粒淀粉含量 47.63%，粗蛋白含量 24.28%，可溶性糖分含量 6.41%。在青海省豌豆品种区域试验中，平均产量每公顷 5080.5 千克，比对照草原 276 增产 9.8%；在品种生产试验中，平均产量每公顷 4 686.0 千克，比对照草原 276 增产 10.1%。适宜在青海省川水地，低、中位山旱地及柴达木灌区种植。（彩图 6）

（15）草原 22：青海省农林科学院作物育种栽培研究所于 1998 年从台湾引进的高代品系，经多年系统选育而成，原名荷仁豆。2005 年 12 月通过青海省农作物品种审定委员会审定。春性、中晚熟品种，生育期 113 天。株高 70～90 厘米，有效分枝 1.0～2.0 个。花白色。籽粒绿色，近圆形，粒径 0.61～0.73 厘米，种脐淡黄色。单株荚数 11～20 个，单株粒重 11.3～22.3 克，百粒重 19.62～22.32 克。干籽粒淀粉含量 47.72%，粗蛋白含量 23.87%，粗脂肪含量 0.878%；鲜籽粒粗蛋白含量 7.12%，可溶性糖分含量 2.32%，维生素 C 含量 36.9 毫克/100 克。在青海省豌豆品种区域试验中，平均产量每公顷 2912.55 千克，比对照中豌 6 号增产 29.17%；在品种生产试验中，平均产量每公顷 2744.25 千克，比对照中豌 6 号增产 18.54%。适宜在青海省水地、中位山旱地种植。（彩图 7）

（16）草原 25：青海省农林科学院作物育种栽培研究所于 1990 年以 78007 为母本，1341 为父本，经有性杂交选育而成，2006 年 7 月通过全国小宗粮豆品种鉴定委员会鉴定。春性、中熟品种，生育期 98 天。株高 100～120 厘米，有效分枝 1.0～3.0 个。花白色。干籽粒白色，圆形，粒径 0.41～0.52 厘米，种脐淡黄色。单株荚数 17～31 个，单株粒重 16.1～36.1 克，百粒重 22.0～25.0 克。籽粒淀粉含量 50.98%，粗蛋白含量 24.09%，粗脂肪 1.25%。在全国豌豆品种区域试验中，平均产量每公顷 2554.5 千克，比对照草原 224 增产 11.6%；在品种生产试验中，平均产量每公顷 1 933.5 千克，比对照草原 224 增产 18.8%。适宜在我国西北地区的春播区和华北地区的部分春播区种植。

(17) 草原 26：青海省农林科学院作物育种栽培研究所于 1990 年以 78007 为母本，1360 为父本，经有性杂交选育而成，2006 年 7 月通过全国小宗粮豆品种鉴定委员会鉴定。春性、中早熟品种，生育期 93 天。株高 58～70 厘米，有效分枝 1.0～3.0 个。花白色。干籽粒白色，圆形，粒径 0.63～0.78 厘米，种脐淡黄色。单株荚数 17～27 个，双荚率 52.3%～76.1%，单株粒重 15.6～23.9 克，百粒重 20.0～25.0 克。籽粒淀粉含量 53.14%，粗蛋白含量 23.34%，粗脂肪 1.45%。在全国豌豆品种区域试验中，平均产量每公顷 2 401.5 千克，比对照草原 224 增产 4.8%；在品种生产试验中，平均产量每公顷 1969.5 千克，比对照草原 224 增产 0.7%。适宜我国西北地区的春播区和华北地区的部分春播区种植。

(18) 无须豌 171：青海省农林科学院作物育种栽培研究所于 1990 年以无须豌为母本，Ay55 为父本经有性杂交选育而成，2001 年 12 月通过青海省农作物品种审定委员会审定。春性、中熟品种，生育期 109 天。株高 130～150 厘米，有效分枝 1.0～3.0 个。复叶由 3～4 对小叶组成，无卷须。花白色。籽粒白色，圆形，粒径 0.36～0.44 厘米，种脐淡黄色。单株荚数 22～26 个，单株粒重 20.5～26.7 克，百粒重 18.32～21.78 克。籽粒淀粉含量 51.38%，粗蛋白含量 22.66%；鲜苗粗蛋白含量 5.06%，可溶性糖分含量 3.53%，维生素 C 含量 190 毫克/100 克。在青海省豌豆品种比较试验中，平均干籽粒产量每公顷 3 793.5千克，比对照草原 7 号增产 43.45%，平均青苗产量每公顷 12 408.0 千克，比对照草原 7 号增产 25.0%；在青海省豌豆品种生产试验中，平均干籽粒产量每公顷 3 691.5 千克，比对照

草原7号增产22.42%，平均青苗产量每公顷19 120.5千克，比对照草原7号增产37.2%。适宜青海省东部农业区水浇地种植。(彩图8)

(19) 小青荚：原名阿拉斯加。早年从美国引入。株高1米左右，生长势中等，分枝性强。花白色，单生或双生。第一花序着生在第10～11节。硬荚种，嫩荚绿色，单荚重约4克，荚长6厘米，宽1.5厘米。每荚有种子4～6粒。老熟种子黄绿色，圆形微皱，千粒重180克。其青豆粒既可鲜食又可加工制罐，在上海、江苏、浙江广为栽培。上海地区10月中、下旬秋播，5月中旬收获，抗寒力较强。

(20) 绿珠：1962年自国外引入，在北京郊区推广多年。植株矮生，高40～50厘米，有2～3个分枝。叶片深绿较大。花白色。嫩荚色绿，硬荚种，荚长8厘米左右，宽1.3厘米。每荚有种子5～7粒。嫩豆粒色绿、味甜，煮后较糯。干豆粒大、光滑、色绿，千粒重220克左右。早熟，北京地区自播种到收青荚约70天。适应性较强。

(21) 上农4号大青豆：上海农学院由新西兰引进选育。在黑龙江、新疆、云南、四川、江苏、浙江普遍栽培。株高70～80厘米，分枝2～3个。花白色，每节双花双荚，可连续结荚12个以上。嫩荚深绿色，长8.5厘米左右，每荚6～8粒，硬荚种。鲜豆粒碧绿、味甜、粒大。成熟种子绿白色、皱粒，千粒重230克左右。是鲜食、速冻、制罐的优良品种，为上海外贸出口大青豆升级换代的品种。江南地区10月下旬至11月初秋播，5月上旬收青荚。亦可在2月上旬春播，5月中旬收青荚。

3. 软荚品种（荷兰豆、甜脆豌豆）

(1) 食荚大菜豌1号：四川省农业科学院作物研究所用有性复合杂交选育而成。株高70厘米左右，株型紧凑，茎粗、节密，叶深绿色，白花。单株荚果11～20个，嫩荚翠绿色，扁长形。鲜荚长12～16厘米，荚宽3厘米，扁形，单荚重8～20克。每荚6粒种子，种子白黄色，椭圆形，千粒重330克。早中熟种。华北3月上旬至4月上旬播种，播后70～90天采收青荚。华中和西南部分地区10月中下旬播种，播后150～200天采收青荚。华南、云南地区9月中旬至10月中旬种，90～120天可收青荚。每公顷产10 500～15 000千克。嫩荚品质优良，味美可口。目前已在全国各地推广，江苏、安徽、河南、四川等地区栽培较多。（彩图9）

（2）*云豌10号*：云南省农业科学院粮食作物研究所采用常规系统选育的育种程序育成，2007年完成生产中试。中熟品种，昆明种植，全生育期180天，株型直立，株高60.4厘米，半无叶株型。平均单株分枝数5.0个，花白色，多花多荚，软荚，荚长6.17厘米，荚宽1.24厘米，种皮白色，种脐灰白色，子叶浅黄色，粒形长圆球形，单株16.4荚，单荚6.37粒，百粒重23.0克，单株粒重14.8克。品比试验平均干籽粒产量每公顷3 774千克，比中豌6号减产5.5%；大田生产试验平均干籽粒产量每公顷2 322千克，比同类地方品种增产11.3%～22.1%。鲜荚产量高于每公顷13 209千克。适宜云南省海拔1 100～2 400米的蔬菜产区及近似生境区域栽培，生产菜用鲜荚。

（3）*草原31*：青海省农林科学院经有性杂交选育而成。株高140～150厘米，蔓生，分枝较少，苗期生长快，叶和托叶大。第一花着生于第11～12节，白花，花大。单株荚果10个左右，鲜荚长14厘米，荚宽3厘米，单荚4～5粒。从出苗至成熟，在西北、华北地区春播100天左右，秋冬播150天左右，南方反季节栽培65～70天，为中早熟品种，鲜荚每公顷产7 500～13 500千克。适应性强，较抗根腐病、褐斑病，中感白粉病。对日照长度反应不敏感，全国大部分地区均可栽培，以黑龙江、北京、广东和青海等地种植较多。

（4）*白花小荚*：上海市农业科学院园艺研究所从日本引进。株高130厘米，蔓生，白花。嫩荚绿色，荚长7厘米左右，荚宽

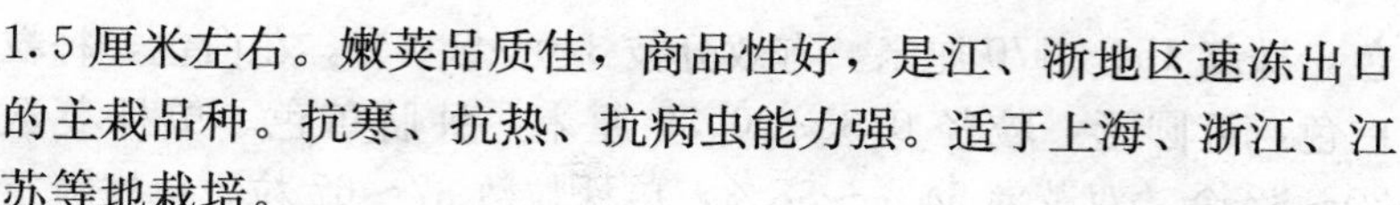

1.5厘米左右。嫩荚品质佳，商品性好，是江、浙地区速冻出口的主栽品种。抗寒、抗热、抗病虫能力强。适于上海、浙江、江苏等地栽培。

（5）甜脆豌豆（87-7） 中国农业科学院蔬菜花卉研究所从国外引进的品种。株高约42厘米，矮生直立，分枝1～2个，白花，嫩荚淡绿色，圆棍形。单株荚果8～10个，荚长7～8厘米，荚宽1.2厘米。早熟，从出苗到采收嫩荚51～53天，从播种到收嫩荚70天。丰产性好，嫩荚每公顷产11 250千克。嫩荚脆甜，品质优良。适于华北、东北、华东、西南等地种植。

（6）台中11 福建省农业优良品种开发公司从亚洲蔬菜研究发展中心引进。株高120～160厘米，蔓生，节间短，分枝多，花淡红色。荚形平直，荚长7.5厘米，荚宽1.3～1.6厘米，单荚重约1.6克。晚秋播每公顷产嫩荚4 500～6 000千克，高产栽培可达9 000千克以上。嫩荚肥厚多汁，口感清脆香甜，别具风味。是福建省速冻软荚豌豆出口的主栽品种。适于福建、华南沿海等地种植。

（7）青荷1号：大荚荷兰豆。青海省农林科学院作物所经有性杂交选育而成。1996年通过青海省品种审定。矮茎，直立生长，株高80厘米左右。甜荚，剑形，绿色，长12厘米，宽2厘米。单株平均15个荚，每荚5粒。在西宁种植，生育期99～118天，对日照长度反应不敏感。品比试验每公顷产青荚15 428千克，适于青海及类似气候条件地区露地和保护地种植。露地种植时每公顷保苗30万～37.5万株，大棚种植时每公顷保苗24万～25.5万株。一般宜采取条播，行距30～40厘米，每隔4～5行空50厘米宽行，以便于采摘。（彩图10）

（8）成驹39：青海省农林科学院作物育种栽培研究所于1992年从上海农业科学院引进，经多年混合选育而成。2004年2月通过青海省农作物品种审定委员会审定。春性、中晚熟品种，生育期110天。无限结荚习性，幼苗直立、淡绿，成熟茎黄色，株高 150～170 厘米。有效分枝 3.0～5.0 个。花白色。籽粒白色，近圆形，粒径 0.35～0.39 厘米，种脐黄色。单株荚数 20～32 个，双荚率 54%～58%，单株粒数 37～67 粒，单株粒重 3.8～7.0 克，百粒重 13.7～20.7 克。干籽粒淀粉含量 48.78%，粗蛋白含量 22.79%；鲜荚粗蛋白含量 2.56%，可溶性糖分含量 5.572%，维生素 C 含量 52.36 毫克/100 克。在青海省豌豆品种比较试验中，平均干籽粒产量每公顷 2 577.3 千克，比对照青荷 1 号增产 3.56%，平均青荚产量每公顷 16 492.5 千克，比对照青荷 1 号增产 12.55%；在青海省豌豆品种生产试验中，平均干籽粒产量每公顷 2 259.75 千克，比对照青荷 1 号增产 34.47%。适宜青海省东部农业区水地及柴达木盆地种植。（彩图 11）

（9）甜脆 761：青海省农林科学院作物育种栽培研究所于 1990 年从美国华盛顿州立大学引进的高代品系，经多年系统选育而成，原代号 Ay761。1999 年 11 月通过青海省农作物品种审定委员会审定。春性、中熟品种，生育期 106 天。株高 170～180 厘米，有效分枝 1.0～3.0 个。花白色。软荚，联珠形，长 10～12.2 厘米，宽 1.8～2.4 厘米。籽粒黄绿色，近圆形，粒径 0.7～0.72 厘米，种脐浅黄色。单株荚数 11～19 个，单株粒重 14.1～18.7 克，百粒重 21.65～23.33 克。干籽粒淀粉含量 46.75%，粗蛋白含量 23.97%；鲜荚粗蛋白含量 2.86%，可溶性糖分含量 6.56%，维生素 C 含量 53.14 毫克/100 克。在青海省豌豆品种比较试验中，平均干籽粒产量每公顷 3 360.15 千克，比对照阿极克斯增产 28.89%；平均青荚产量每公顷 17 153.7 千克，比对照阿极克斯增产 55.7%。适宜青海省东部农业区种植。（彩图 12）

（10）奇珍 76：从台湾引进推广的甜豌豆新品种。亩产一般 950～1250 千克，结荚饱满、颜色青绿、外型美观、食味甜脆爽口，深受国际市场欢迎。秋冬播种到翌年 3～4 月收获，是一种较为理想而经济效益较好的冬种作物。具有豆科植物典型的直根

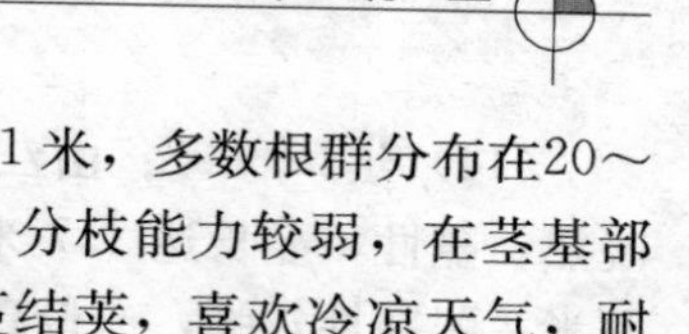

系和根瘤，根系发达，入土深度可达1米，多数根群分布在20～30厘米的土层，根瘤固氮能力较强。分枝能力较弱，在茎基部和中部生出的侧枝较少，主要靠主蔓结荚，喜欢冷凉天气，耐寒，不耐热，适宜生长温度为16～23℃，全生育期120天，播种至始花约60天，始花至收获约60天。植株半蔓生，蔓长1.8～2.5米，分枝力强，结荚多，每株可结荚20～30个，荚大，粒大，花白色，豆荚呈圆长形，属软荚型品种。

（11）小白花豌豆：全生育期220天左右，越冬栽培，于翌年4月中旬采青上市。无限生长习性，植株蔓生或缠绕，需支架栽培。一般株高150厘米，分枝性较强。叶片互生，叶片淡绿色至浓绿色，叶面有蜡质。白花，始花节位10～12节，荚长7厘米，宽1.8厘米左右，每荚4～8粒，鲜荚色绿，成熟籽粒白中带黄，皮光滑。青荚可速冻出口，也可兼收干籽，干籽是多种副食品加工的优质原料，也是发展肉鸽产业的专用饲料。

（12）蜜脆食荚豌豆：上海农学院通过有性杂交育成的圆棍类型食荚豌豆，已在黑龙江、山东、河南、云南、江苏、浙江等地推广。株高80厘米左右，单株可结荚20～30个。白花，双花双荚，果荚长8厘米，宽1.5厘米，厚1.5厘米，呈圆棍形，每荚含豆粒6～8个。软荚厚、多汁、甜脆，含糖12%，嫩豆粒含糖13%，属粒荚兼用型，品质佳。种子绿白色，皱粒，呈短圆柱形，千粒重230克。早熟品种。江苏、浙江地区11月初播种，翌年4月下旬收青荚。春季2月上旬播种，5月上旬收青荚。露地播种每公顷用种90千克左右，冬季设施栽培用种量60～75千克。虽属矮生，但茎秆较柔软，结荚多，需立矮支架。

（13）日本小白花：从日本引进，较早熟，蔓生，蔓长达1.5米以上，开花节位较低，一般在11节左右始花，花白色，双荚率较高，单荚重1～2克，耐寒力中等，抗病性较强，适应性较广，品质优良，一般亩产嫩荚500千克，高产可达750千克。

（14）镇江 8607：由江苏省镇江地区农业科学研究所选育。晚熟，蔓性，蔓长达 1.7 米以上，白花，结荚较多，荚长 6～7 厘米，耐寒性较强，产量高，品质中等。

（15）久留种米丰：由中国农业科学院蔬菜花卉研究所从日本引进。早熟，植株矮生，株高 40 厘米，主茎 12～14 节，2～3 个分枝，单株结荚 5～10 个，花白色，嫩荚绿色，长 8 厘米，宽 1.3 厘米，单荚重 6.5～7.0 克，内含种子 5～7 粒，嫩豆粒鲜绿色，味甜，百粒重约 55 克。成熟种子淡绿色，皱缩，百粒重约 20 克。丰产性好，品质佳，亩产青豆荚 600～700 克。为鲜食加工兼用型品种。

（16）大白花豌豆：植株半蔓生，高 90～100 厘米，分枝2～3 个。叶绿色，花白色。软荚种，荚绿色，每荚有种子 4～6 粒。老熟种子黄白色，圆而光滑，脐淡褐色。生长期间可先收嫩梢，再收嫩荚。

（17）春早豌豆：由中国农业科学院蔬菜花卉研究所从国外引进的豌豆中选出的矮生、极早熟豌豆优良品种。植株矮生直立，株高约 43 厘米，花白色，青荚绿色，为硬荚种，荚长 7～8 厘米，宽 1.1 厘米，厚 1 厘米，完熟种子淡绿色，皱缩。适于华北、华南、西南、华东等广大地区种植。北京地区 3 月上中旬播种，条播，行距 33～35 厘米，每亩用种量 10～12 千克，产青荚 600～700 千克。

（18）食荚小菜豌 3 号：四川省农业科学院作物研究所 1988 年用麦斯爱作母本，食荚大菜豌 3 号作父本进行有性杂交选育而成。该品种抗菌核病强，株高 80～85 厘米，粒粉绿色，节密荚多，百荚重 0.53 千克，果肉率 79.4%，嫩荚蛋白质含量（干基）24.27%，维生素 C 47.3 毫克/100 克。1995—1996 年四川省区域试结果，平均青荚 9574.50 千克/ 公顷，比对照云南中棵增产 44.75%。1997 年省生产试验结果，平均青荚 10 800 千克/公顷，比对照增产 103.29%。上市早，可为淡季蔬菜添花色品

种。食嫩荚香、甜、脆。商品性好。嫩荚长，定型后及时收获以免老化，影响食味品质。适宜在四川全省平坝、丘陵和山区不同台位中等及中等偏下肥力土壤种植。（彩图 13）

4. 苗用品种

（1）无须豆尖 1 号：系四川省农业科学院作物栽培研究所进行有性复合杂交育成的食苗（嫩梢）专用品种。株高 1.5 米左右，白花。5～6 对小叶，无卷须。茎秆粗壮。叶片厚、绿色。种子黄白色，圆粒，千粒重 280 克左右。长江流域 10 月中、下旬播种，每亩用种 20～25 千克。播种后生长迅速，可连续采嫩尖 5 个月左右，产量每亩达 1 000 千克以上，耐寒性稍差，秋冬早播越冬时植株易遭受冻害。（彩图 14）

（2）早豆苗：由上海农学院自农家品种选出的豆苗专用品种。已在上海郊区及江苏、浙江两省推广应用。植株高 1.5 米左右，生长迅速，发枝力强。叶色嫩绿，叶片大，茎粗壮，产量高。种子圆粒，粉红色，千粒重 160～180 克。江苏、浙江两省 8 月下旬播种，可在 10 月初上市。越冬栽培多在 10 月中下旬进行，可陆续采收到翌年 3 月，亩产量 1 200 千克左右。

（二）我国北方地区主要豌豆品种

北方豌豆有不同变种，按茎的生长习性分为蔓生、半蔓生和矮生；按成熟期早晚分为早熟品种、中熟品种和晚熟品种。

1. 早熟品种

（1）蜜脆：上海农学院育成。株高 80 厘米左右，第一花序着生在 7～8 节。叶片绿色，最大托叶长 11.5 厘米，宽 9.5 厘米，小叶 2 对。花白色，每花序双花双荚。荚长 7～8 厘米，宽、厚均为 1～1.5 厘米。属软荚种，荚多汁，味甜，含糖 12%，嫩豆粒含糖 13%。成熟种子青黄色，皱皮，百粒重 23 克左右。早熟，播种后 40～50 天采收嫩荚。露地播种每公顷用种 90 千克左右，冬季设施栽培用种量 60～75 千克。虽属矮生，但茎秆较柔软，结荚多，需立矮支架。

(2) 中豌5号：中国农业科学院畜牧研究所育成。株高40～50厘米，茎叶深绿色，白花，硬荚。单株结荚7～10个，荚长7～8厘米，宽1.2厘米，每荚内有种子6～7粒。荚果及青豆粒均为深绿色，豆粒大小均匀，皮薄易熟，品质较好，青豆含粗蛋白质25.33%。尤适速冻和加工制罐。干豆深绿色，百粒重23克左右。该品种早熟，适应性强，耐寒，抗旱，抗白粉病。适宜在华北地区、华东、东北、西北及西南等地种植。北方春播地区土壤化冻后即可播种，条播行距30厘米，每公顷播种量225千克。苗期勤中耕，开花结荚期浇水2～3次，注意防治潜叶蝇和豌豆象等害虫。

(3) 中豌6号：中国农业科学院畜牧研究所育成。株高40～50厘米，茎叶深绿色，花白色，硬荚。单株结荚7～10个，荚长7～9厘米，荚宽1.2厘米，单荚6～8粒种子。荚果大而饱满，青豆粒浅绿色，食味鲜美，品质好。干种子浅绿色，百粒重25克左右。早熟，适应性强，耐寒，抗旱，抗白粉病。适宜华北、华东、东北、西北、西南等地推广。春播行距30厘米左右，每公顷播种量255千克。

(4) 阿拉斯加（小青荚）：从美国引入。株高约1米左右，生长势中等，叶绿色，花白色。第一花序着生在第6～10节。青荚绿色，平均荚长6厘米，宽1.5厘米，单荚重约4克，每荚有种子5～7粒。成熟种子黄绿色，圆形，百粒重20克左右。青豆粒可鲜食或加工制罐，品质好。抗寒力强，耐热力弱。适宜上海市、吉林省和其他一些地区栽培。较早熟，在吉林出苗后45天左右采收青荚。

(5) 甜脆食荚豌豆（87-7）：中国农业科学院蔬菜花卉研究所引进的品种。植株矮生，株高约42厘米，分枝1～2个，花白色，单株结荚10～12个。嫩荚淡绿色，圆棍形，无革质膜。荚长7～8厘米，宽、厚各1.2厘米，单荚重6～7克。荚脆嫩，荚

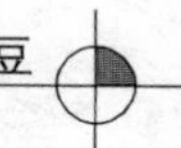

和种子均甜。每荚有种子6～7粒，种子圆柱形，百粒重20克。早熟，从播种至嫩荚采收70天。丰产性好，适宜华北、华东、西南等地种植。北京地区3月上旬露地直播，行距40厘米左右，每公顷用种180～225千克。

(6) 内软1号：呼和浩特市郊区蔬菜研究所育成。株高15～25厘米，每株分枝3～5个。花白色，嫩荚绿色，无纤维，炒食味道鲜美，品质好。荚长5～6厘米，每荚5～6粒种子，每株结荚15～20个。籽粒白色，光滑，百粒重13.5克。耐寒，适应性强，成熟一致。适于在内蒙古各地种植。一般4月上、中旬播种，行距21厘米。株距7厘米，每公顷播种量75～112.5千克。注意防治潜叶蝇、造桥虫和白粉病。及时采收嫩荚。

(7) 脆皮蜜：早熟矮生食荚甜豌豆品种。中国农业科学院原子能利用研究所育成。株高50～80厘米，花白色。每株结荚5～10个，鲜荚肉厚多汁，清脆香甜。每荚5～6粒种子。种子为圆柱形，皮皱，黄绿色，百粒重18克左右。生育期90天，每公顷产青荚约22 500千克。在北京地区一般3月中下旬播种，行距30厘米左右，穴距10厘米，每穴播2～3粒种子，播种深度3～5厘米，每公顷播种量150～225千克。脆皮密，较耐脊薄，土壤pH5.5～5.7为宜。应重施磷、钾肥，生长期间需水较多，注意中耕除草。亦适于温室和大棚栽培。

(8) 春早豌豆：中国农业科学院蔬菜花卉研究所从国外引进的豌豆中选出的矮生、极早熟豌豆优良品种。植株矮生直立，株高约43厘米，花白色，青荚绿色，为硬荚种，荚长7～8厘米，宽1.1厘米，厚1厘米，完熟种子淡绿色，皱缩。适于华北、华南、西南、华东等广大地区种植。北京地区3月上中旬播种，条播，行距33～35厘米，每亩用种量10～12千克。每亩产青荚600～700千克。

(9) 辽选1号豌豆：辽宁省经济作物研究所从美国1号豌豆中筛选而成的早熟、高产、优质的菜、豆两用品种。无限结荚习性，株高 50 厘米左右，株型紧凑，分枝数 2～3 个。叶片为浅灰绿色，附蜡质膜，花白色。节密，结荚多，嫩荚鲜绿色，成熟荚黄白色，成熟一致，不炸荚。荚长 6 厘米，单株荚数 20 个，单荚粒数 7 个左右，百粒重 23 克以上。干籽粒多为绿色皱缩型。生育期 70 天左右。抗逆性强，后期不早衰。正常年份，该品种平均干子实产量 1 500 千克/公顷，青荚 5 000～6 000 千克/公顷。粒大，味清香，口感好，品质优良，商品价值高。辽宁省大部分地区均可种植，一般春播作为上茬，下茬可接马铃薯、大白菜、青玉米等。也可在温室内种植，以常年供应豌豆苗，提高种植效益。（彩图 15）

（10）天山白豌豆：新疆维吾尔自治区昌吉州木垒哈萨克自治县、奇台县、吉木萨尔县和阿勒泰地区富蕴县种植的农家品种。植株半蔓生，无限结荚习性，幼茎绿色，幼苗直立，复叶为普通型，叶片绿色。株高 80～90 厘米，底荚高 30～40 厘米，茎粗 0.2～0.3 厘米，主茎节数 15～20，有效分枝数 2～3，单株荚数 20～30，单株粒数 90～110，百粒重 15～18 克。花白色，荚直形或马刀形，鲜荚绿色，顶端钝，成熟荚为黄白色，硬荚，籽粒球形，表面光滑，粒色黄白色，种脐黄白色。生育期 80～90 天，属早熟品种。一般产量 2 100～2 550 千克/公顷；中上等管理条件，产量 2 700～3 000 千克/公顷；较高管理条件，产量 3 150～3 450 千克/公顷。2006 年新疆木垒县东城乡种植天山白豌豆品种 30 公顷，平均产量 2 750 千克/公顷。适宜新疆北部冷凉地区种植，包括阿勒泰地区、塔城盆地、伊犁河谷西部和昌吉州东三县，以中等肥水为佳。（彩图 16）

（11）定豌 1 号：甘肃省定西地区间旱地农业研究中心用乌龙作母本，5-7-2 作父本，通过有性杂交选育而成的早熟高产新品种，1995 年经甘肃省农作物品种审定委员会审定。该品种植株半匍匐，茎秆粗壮，叶色鲜绿，幼茎绿色，花白色，硬荚，结荚位低。株高 50～70 厘米，主茎分枝数 9.2，单株结荚数

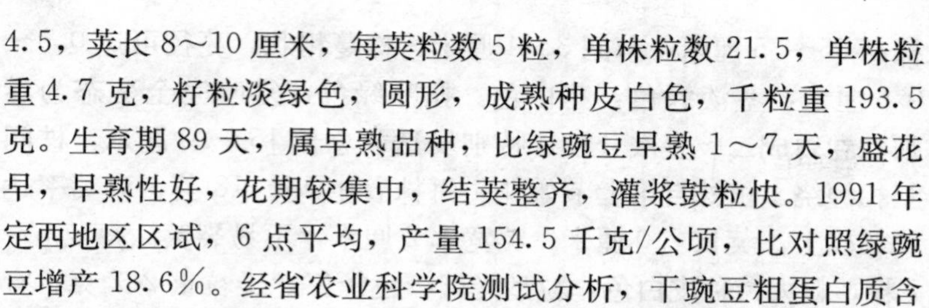

4.5，荚长8～10厘米，每荚粒数5粒，单株粒数21.5，单株粒重4.7克，籽粒淡绿色，圆形，成熟种皮白色，千粒重193.5克。生育期89天，属早熟品种，比绿豌豆早熟1～7天，盛花早，早熟性好，花期较集中，结荚整齐，灌浆鼓粒快。1991年定西地区区试，6点平均，产量154.5千克/公顷，比对照绿豌豆增产18.6%。经省农业科学院测试分析，干豌豆粗蛋白质含量24.56%，赖氨酸1.52%，灰分2.4%，商品性好。适宜种植在降雨量350～450毫米，海拔1 800～2 300米的半干旱上坡梯田和川旱地，甘肃中部豌豆产区均可种植。

（12）半无叶豌MZ-1：2000年甘肃省农业科学院粮食作物研究所从美国引进。半矮茎，直立生长，株高65～75厘米，节间3～4厘米。株蔓粗壮，蔓径可达0.5～0.6厘米，茎淡绿色，花白色。托叶绿色，复叶完全变态为卷须，卷须成二歧多次分枝，特别发达，总长15～20厘米，株间互相缠绕。植株自第七节始花，每株着生14～18荚，双荚率达80%左右，荚长7.0厘米，荚宽1.2厘米，不易裂荚。每荚5～7粒，粒大，种皮白色，粒型光圆，色泽好，千粒重282克。有限结荚习性，成熟时落黄较好，甘肃中部地区种植生育期85～90天。田间鉴定该品种抗倒伏，中度耐寒、耐旱，无白粉病和褐斑病，根腐病极轻。1998—2000年多点试验示范结果表明，在甘肃省河西平川区平均产量4 905千克/公顷，冷凉区平均产量4 740千克/公顷，较当地主栽品种多纳夫豌豆增产82.4%；甘肃中部半干旱区平均产量3 438千克/公顷，较对照品种绿豌豆增产67.3%；甘肃高寒阴湿区平均产量4616千克/公顷，较绿豌豆增产58.2%，表现出较好的丰产性。该品种早熟、抗旱、抗倒伏、抗根腐病，在全省豌豆种植区均可种植。特别适宜在甘肃省高寒阴湿区及中部半干旱区种植，是豌豆根腐病重发区的理想种植品种。

（13）半无叶豌2号：甘肃省农业科学院粮食作物研究所2003年从青海引进的半无叶型豌豆品种。半矮茎，直立生长，株高 65～75 厘米，节间 3～4 厘米。株蔓粗壮，蔓径可达 0.5～0.6 厘米，茎淡绿色，花白色。托叶绿色，复叶完全变态为卷须，卷须成二歧多次分枝，特别发达，总长 15～20 厘米，株间互相缠绕。植株自第七节始花，每株着生 14～18 荚，双荚率达 75%以上，荚长 7.0 厘米，荚宽 1.2 厘米，不易裂荚。每荚 5～7 粒，粒大，种皮白色，粒型光圆，色泽好，千粒重 282 克。有限结荚习性，成熟时落黄较好，甘肃中部地区种植，生育期85～90 天。田间鉴定该品种抗倒伏，中度耐寒、耐旱，无白粉病和褐斑病，根腐病极轻。具有双荚多、籽粒大、直立抗倒、丰产性好等特点。2003—2006 年多点试验示范结果表明，在甘肃省中部灌溉区平均产量 4 500 千克/公顷，在甘肃河西冷凉区平均产量 4 860 千克/公顷，较当地主栽品种中豌 4 号增产 38.4%；中部半干旱区平均产量 3 438 千克/公顷，较对照品种绿豌豆增产 67.3%；甘肃高寒阴湿区平均产量 4 716 千克/公顷，较绿豌豆增产 46.8%，丰产性较好。该品种早熟，抗倒伏，根腐病极轻，在全省豌豆种植区均可种植，特别适宜在甘肃省高寒阴湿区及中部半干旱区种植。（彩图 17）

2. 中熟品种

（1）久留米丰：中国农业科学院蔬菜花卉研究所从日本引进。该品种植株矮生，高约 40 厘米，主茎 12～34 节，2～3 个侧枝，单株结荚 8～10 个。花白色，青荚绿色，为硬荚种。荚长 8～9 厘米，宽 1.3 厘米，厚 1.1 厘米，单荚重 6.5～7.0 克，每荚有种子 5～7 粒。青豆粒深绿色，味甜，百粒重约 55 克。成熟种子淡绿色，微皱，百粒重约 20 克。丰产性好，品质佳。从播种至采收青荚 80 余天，为鲜食加工兼用型品种。华北地区露地春播在 3 月上旬，重施底肥。采用条播，行距 40 厘米，每公顷用种量 180～225 千克。开花结荚期注意加强肥水管理。

（2）中山青食荚豌豆：江苏省植物研究所选育。植株蔓生，株高 1.3～2 米。荚弯月形，长 6～8 厘米，宽 1.3～1.5 厘米，

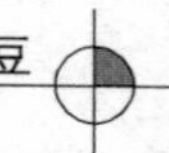

厚0.8～1厘米。嫩荚色深，质脆，味甜。成熟种子绿色，皱缩，百粒重20克。适应性强，对土壤要求不严。苏北、山东等地宜春播，适播期3月初。条播行距50～60厘米，株距3～4厘米；穴播穴距30～40厘米，每穴播5～6粒种子。每公顷用种量75～120千克。开花结荚期加强肥水管理，及时搭架，注意防治蚜虫、潜叶蝇和豌豆象。

（3）食荚大菜豌1号：四川省农业科学院作物研究所选育。株高70～80厘米，茎叶绿色，花白色。荚翠绿，扁长形，荚皮无筋，脆甜可口。荚长12～16厘米，平均单荚重7～8克。种子圆形，暗白色，百粒重18克左右。适应性强，商品性好，中早熟。在吉林省从幼苗出土至嫩荚采收45～50天。抗病毒和炭疽病能力较强。北方地区春播可在3月下旬至4月上旬，行距50～60厘米，株距20厘米左右，每穴2～3粒种子。施足底肥，开花时适当追肥。忌连作。

（4）延引软荚：吉林省延吉市种子公司从日本引入，并经系统选育而成。植株半蔓生，株高1.4～1.6米，侧枝1～2个，茎叶绿色，从植株中部开始连续结荚。花白色，荚果绿色，短圆棍形，嫩荚无筋无隔膜，肉厚、味甜。种子绿色，椭圆形，表面皱缩。每荚有种子5～7粒，百粒重23克。适于吉林省各地栽培。4月末5月初播种，行距60厘米，株距25厘米，每穴3～4粒种子。出苗后及时铲镗，灌水1～2次。从出苗到嫩荚采收55～60天。

（5）台中11号：福建省农业优良品种开发公司从亚洲蔬菜研究发展中心引入。株高2米，节间短，分枝多。花白中带紫，大部分花序只结一荚。荚青绿色，扁形稍弯，长6～7厘米，宽1.5厘米，厚0.3～0.6厘米。种子黄白色，稍带浅红色。软荚脆嫩，味甜可口。耐寒不耐热。从播种到初收70～80天。需支架。

（6）定豌2号：甘肃省定西地区间旱地农业研究中心以晚熟

抗根腐病的 77-441 为母体，中早熟的青-64 为父本，杂交，经多代选育而成。1998 年 6 月通过甘肃省科技厅鉴定。该品系植株深绿，茎上有紫纹，叶绿，紫花，株高 80 厘米左右，第一结荚位适中，籽粒大而饱满，单株有效荚数 4～6 个，单荚粒数4～8 个，千粒重 207.0 克，种皮麻，子叶为黄色，粒形亚圆，种脐白色。抗根腐病。生育期 91 天，与对照品种绿豌豆接近，属中熟品种，产量性状和抗旱性明显超过当地主栽品种绿豌豆，对地点及年际间气候变化适应性均很强，是一个丰产、稳产的优良品系。经过多年多点田间观察测定，该品种对根腐病表现为高抗，根腐病重发区，在生育期内地上部分未表现出根腐病症状，发病率和发病指数均为零，经对根部观察，仅发现有少量病斑，表明该品系高抗根腐病。在 1996 年全区的生产示范中，6 点平均产量为 2 166.0 千克/公顷，较对照品种绿豌豆增产 10.3%。籽粒蛋白质含量 23.96%，赖氨酸 1.87%，淀粉 54.13%，粗脂肪 0.67%，商品性较好。该品系适宜在年降水量 350～450 毫米、海拔 1 800～300 米的半干旱山坡地、梯田地和川旱地种植，水地种植产量更高。在甘肃定西地区大部分区域可作为主栽品种，特别是在根腐病重发区可取代当地种植的绿豌豆。

（7）定豌 3 号：甘肃省定西地区间旱地农业研究中心以75-131 作母本，80-3-1 作父本进行杂交，经多年南繁北育选育而成。1998 年 6 月通过甘肃省科技厅技术鉴定，1999 年通过甘肃省品种审定。叶色深绿，幼茎绿色，白花，第一结荚位低。株高 58.6 厘米，单株有效荚数 4.6 个，单荚，荚中等大小，单荚粒数 4.3 粒，单株粒数 19.8 粒，千粒重 224 克。种皮白色，子叶黄色，粒型光圆。生育期 91 天，属中熟品种。1996 年在定西全区 6 个点按统一方案进行的生产试验中，平均产量为 2 167.5 千克/公顷，比对照品种绿豌豆增产 10.4%。经甘肃省农业科学院测试中心测定，籽粒粗蛋白 23.61%、赖氨酸 1.84%、淀粉 53.29%、粗脂肪 0.75%、灰分 3.30%。抗病性经多年多点田间观察测定，对根腐病表现高抗。在根腐病重发区，生育期内地上部分未表现出根腐病症状，根部观察仅有少量病斑，表明该品系属高抗（耐）根腐病品种，生产利用价值高。适宜在年降水量350～450毫米、海拔1 800～2 300米的半干旱坡地、梯田地、川旱地种植。在甘肃中部大部分豌豆产区可作为主栽品种，特别是在根腐病重发区可以作为绿豌豆的替换品种推广种植。

（8）定豌4号：甘肃省定西间旱地农业研究中心于1991年南繁时以8729－5－1作母本、北京5号作父本，通过有性杂交选育而成。于2004年7月通过甘肃省科技厅组织的技术鉴定，于2005年12月通过甘肃省品种审定委员会审定定名。该品系叶色绿、茎绿、白花，第一结荚位适中，株高41厘米，单株有效荚数3.3个，千粒重227.4克，单荚粒数2.7个，单荚、荚中等大小，硬荚，种皮白色，子叶黄色，粒型光圆，丰产、稳产性好，生育期86天，属中早熟品种。区试和示范，经田间观察鉴定，与当地绿豌豆毗邻种植，在绿豌豆发病率30%～100%、发病指数15%～60%的情况下，该品种在生育期地上部分未表现出根腐病症状，发病率和发病指数均为零，仅在根部观察到有少量病斑，表明该品系属耐根腐病材料。具有耐瘠薄、抗旱、产量高、品质好、综合农艺性状好等优点。2003年5月经甘肃省农业科学院测试中心分析，S9107籽粒含粗蛋白29.19%、赖氨酸2.41%、粗脂肪1.52%、灰分2.98%、水分10.70%，属高蛋白、高赖氨酸品种，鲜食甜嫩爽口，品质佳，商品性好。适宜在年降水量350～450毫米，海拔1 800～2 300米的半干旱山坡地、梯田和川旱地种植，水地及二阴地区种植产量更高，但要注意后期防治白粉病。在甘肃省定西地区及其同类豌豆产区均可推广种植，特别在根腐病重发区，可作为抗病品种推广种植。

3. 晚熟品种

（1）食荚甜脆豌1号：四川省农业科学院作物研究所选育。株高70～75厘米，生长势强。叶色深绿，白花，始荚节位低，节密荚多。鲜荚翠绿，一般长 8 厘米，荚形美观、肉厚。鲜豆粒近圆形，百粒重 53 克。干种子绿色，扁圆形，百粒重 29.9 克。鲜荚清香，味甜，品质佳。北方春播宜早，可采用地膜覆盖。一般行距 50～60 厘米，穴距 25 厘米，每穴播 3～4 粒种子，每公顷用种 60～75 千克。底肥应施过磷酸钙，可采用矮支架栽培。(彩图 18)

(2) 大荚荷兰豆：自国外引进。植株蔓生，株高 2.1～2.5 米，侧枝 3～5 个，叶绿色，叶与茎相接部分呈紫红色。花紫红色，单生。荚淡绿色，长 12～14 厘米，宽 3 厘米。荚稍弯，表面凹凸不平，单荚重 12.5 克。荚脆嫩，清甜，纤维少，品质优。种子深褐色，种皮略皱，百粒重 46 克。不抗白粉病。生长期长，适合秋冬季栽培。2 米宽的畦栽 2 行，株距 7～10 厘米。需支架。

(3) 晋软 3 号：山西农业大学选育而成。株高 1.5～2 米，叶浅绿，节间长，分枝性强。每株结荚 9～11 个，花白色，荚黄绿色，长 8～10 厘米，宽 2～2.5 厘米。荚稍弯曲，凹凸不平，无革质膜。荚豆兼用，嫩荚脆甜，品质极佳。晚熟。

三、豌豆高产高效栽培技术

（一）我国南方地区豌豆高产高效栽培

1. 播种育苗

豌豆较耐寒而不耐热，适时播种是夺取高产的关键。长江流域地区多为秋播，播种季节因地区而不同，长江中下游地区一般在 10 月下旬至 11 月上旬播种为宜，华南及西南南部在 9 月中下旬至 10 月中下旬均可播种。

播种量 80～120 千克/公顷，播种密度，矮生种穴播行距 30～40 厘米，穴距 15～20 厘米，每穴 4～5 粒种子，条播株距5～8 厘米，蔓生种穴播行距 50～60 厘米，穴距 20～30 厘

米，每穴4～5粒种子，条播株距10～15厘米，覆土3～4厘米。

播种前精选粒大、饱满、整齐和无病虫害的种子，可直接播种，也可先进行低温春化处理。春化处理可以促进花芽分化，降低花序着生节位，提早开花，提早采收，增加产量。春化处理的方法是：在播种前先用15℃温水浸种，水量为种子容积的一半，浸2小时后，上下翻动一次，使种子充分湿润，种皮发胀后捞出，放在泥盆中催芽，每隔2小时用井水清洗一次，约经20小时，种子开始萌动，胚芽露出，然后在0～2℃低温水中处理10天，便可取出播种。播种时采用根瘤菌拌种，可增产24.1%～68.3%。

当株高为25厘米时应搭棚，使其攀援生长，也可播种于棉花行间，以棉花秸秆为攀援物。可在春节前收割1～2次嫩头供食用，采摘嫩头后喷施适量尿素，不影响豌豆的产量。前茬选择棉秆作支架，穴播于双行棉花的根旁，播量45千克/公顷，每穴3～4粒，密度45 000～52 500穴/公顷。

在江苏淮安、泰州等地区，近几年兴起了一种新型的利用地膜覆盖进行豌豆栽培的新方法，该方法在不改变原有种植密度的前提下，在播后苗前采用地膜对豌豆进行覆盖，由于地膜的保水、控草、防病、早熟等综合效果，一般亩产增加30%以上，由于提早成熟，亩效益增加50%左右。

2. 整地施基肥

豌豆忌连作，须实行3～4年轮作。整地时将土壤深耕深翻，充分晒垡风化，再细碎表土，开沟作畦，施足基肥，地力差的田块和生长期短的早熟品种，基肥中应增施10千克尿素，以满足幼苗生长的需要。播前施基肥（三元复合肥）600千克/公顷，进入分枝期时，追肥一次，可施粪肥45吨/公顷或尿素225千克/公顷，盛花结荚期开始采收青荚时，每隔10天施催荚肥或叶面喷施尿素15千克/公顷。

3. 田间管理

春播豌豆出苗后，宜浅松土数次，并堆灰护苗防冻，以提高地温促根生长，使叶片肥厚，同时清墒理沟，确保灌排畅通，多雨年份注意排水防涝。秋冬播种豌豆，越冬前须进行一次培土，以保温防冻，次年春雨松土除草。

现蕾开花时开始浇小水，干旱时可提前浇水。同时结合浇水亩追施速效氮肥 10 千克或浇人粪尿 500～1 000 千克，加速营养生长，促进分枝，随后松土保墒，待基部荚果已坐住，浇水量可稍大，并追施磷、钾肥。亩可用 20～30 千克复合肥和过磷酸钙 10～15 千克浇施或沟施。结荚期可在叶面喷施 0.3%磷酸二氢钾。这样，可增加花数、荚数和种籽粒数。结荚盛期保持土壤湿润，促使荚果发育。待结荚数目稳定、植株生长减缓时，减少水量，防止植株倒伏。蔓生和半蔓生性豌豆，株高 30 厘米左右时需立支架，豌豆茎蔓嫩而密集，宜用矮棚或立架，保持田间通风透光，以利爬蔓。

4. 采收留种

豌豆属于完全自花授粉作物。但豌豆仍有一定的天然杂交率，特别在炎热、干燥条件下，雌雄蕊有可能露出瓣外，所以为保证品种纯度，应使不同品种间有 100～120 米隔离空间。一般生产用种只要注意不同的种间适当隔离即可保留种性，紫花类型的异交率较高，因此白花类型留种田中特别要注意拔除紫花豌豆。试验证明，豌豆中、下部荚大及多粒、大粒型种子具有强遗传性，因此留种应选具本品种特征植株的中、下部大荚多粒类型品种。豌豆籽粒成熟时，绿熟期较黄熟期发芽率及发芽势均强，尤其含糖量高的皱粒型种子应在绿熟期采收。待后熟后收取种子，半个月内药物熏蒸保存，以防豌豆象危害。

（二）我国北方地区豌豆高产高效栽培

在北方，豌豆的栽培方式有露地栽培和设施栽培。露地栽培

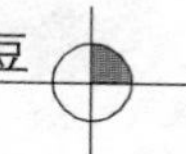

一般分春、秋两季栽培，因豌豆的耐寒性较强，一般土壤化冻后即可播种，秋季栽培面积相对较小；设施栽培的季节较长，从秋末到春初，有早春茬栽培、秋延后栽培、深冬栽培和冬春茬栽培。栽培形式也多种多样，有改良阳畦栽培、小拱棚栽培、大棚栽培、简易日光温室栽培和日光温室栽培等。其播种时期与茬口安排因不同栽培方式、不同品种而异。

1. 露地栽培

（1）春季露地栽培：

①适时播种。豌豆喜冷凉湿润气候，不耐干旱高温，所以各地应在不受冻的前提下适期早播。一般当土壤解冻 6 厘米时即可播种。京、津地区一般于 3 月中旬播种，河北南部、河南及山东等地 3 月上旬播种。适当早播，可促进根系发育，植株健壮，并增加花数和分枝；如过晚播种，不但采收晚，而且节间长、荚稀、结荚数少。如采用地膜覆盖，还可提前 5、6 天播种。

②整地施肥。豌豆最好实施 2～3 年以上的轮作。早春播种时应在头年冬天深耕并灌冬水，第二年春每公顷施有机肥 37 500～45 000 千克、过磷酸钙 300～375 千克、草木灰 1 500 千克。翻地耙平，一般作平畦，畦的大小、宽窄依品种而定。如未浇上冬水，次年 2 月底一定要浇水后播种。

③播种方式及密度。早春栽培一般采用干籽直播。为提早开花，增加分枝，可进行种子处理。方法是：先在室温下浸种 2 小时，待种子吸足水分后，放在温暖的地方催芽；待种子露白后，再放在 0～2℃低温下处理 5～7 天，取出种子进行播种。

一般春季生长期短，密度可大些；矮生品种的密度应大于蔓生品种。点播时蔓生种行距 40 厘米，株距 10～15 厘米，每穴 2～3 粒种子；矮生种行距 30 厘米，每公顷大约播种 120～150 千克。播后覆土 3～4 厘米。入冬前已灌水，则播种前不必润畦，播种后踏实保墒。

④田间管理。

中耕除草：齐苗后及时中耕松土，以提高地温。现蕾前再中耕一次，并适当培土。中耕时植株根部要浅，行间、穴间应深些。开花或抽蔓后不再中耕，但要注意除草。

及时插架：对于半蔓生和蔓生品种，当植株长到30厘米时要及时插架，防止倒伏。增加通风透光性。

肥水管理：豌豆的水分管理原则也是“浇荚不浇花”。如土壤不旱，豆荚发育前一般不浇水，进行中耕蹲苗。干旱时可在现蕾开花前浇一次小水。并施入过磷酸钙150～225千克/公顷、草木灰1 500千克/公顷。当小荚坐住后浇一次大水，随水施入尿素150～225千克/公顷。整个结荚期要保持土壤湿润，约需浇水2～3次。

⑤适时采收。采收嫩荚的，在谢花后8～10天豆荚停止发育、开始鼓粒时采收；食用豆粒的，应在豆荚充分膨大而未开始变干之前收获。

（2）秋季露地栽培：

①种子处理。秋季种植和春季种植有很大不同，必须经过特殊处理，完成种子的春化阶段及前期苗安全越夏。处理方法是：播种前浸种20小时，沥干后放入0～5℃的环境中，2小时翻动1次，10天后种子即可通过春化阶段。

②整地播种。播种时间一般在7月底至8月初。如前茬未拉秧，可摘除下部老叶，在其株间挖穴直播，播种深度4厘米左右。播种时不翻地施基肥，前作拉秧后，在行内开沟补施基肥，并深锄一遍；也可先在其他地块育苗，待前茬拉秧后整地，每公顷施有机肥37 500～45 000千克、过磷酸钙300～375千克。秋季露地栽培生长期较短，播种密度应比春季加大。

③田间管理。秋季露地栽培豌豆，其田间管理重在前期。播种时白天温度还很高，所以播种或育苗时可采用遮阳网浮动覆盖，以遮光降温，增加湿度，利于出苗。雨后应及时排水。待最高气温低于25℃时撤掉遮阳网。

秋豌豆因前期温度较高，植株易徒长，所以现蕾前更应严格

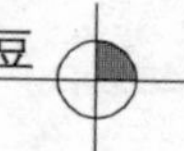

控制肥、水，并应加强中耕培土，勤锄，深锄，一般每隔7～10天锄地培土一次。结荚后开始浇水、施肥，每隔10～15天一次。10月中旬以后，气温降低，应停止施肥、浇水。其余管理同春季栽培。

2. 塑料大棚栽培

近几年，北方地区保护地栽培豌豆特别是荷兰豆，已有一定面积。一方面可以提早或延后上市，另一方面保护条件下栽培更适合荷兰豆生长发育，豆荚更鲜嫩脆甜，品质好，收获期延长，产量也高。

（1）春早熟栽培：

塑料大棚春早熟栽培一般选用蔓生或半蔓生长品种，有时也栽培甜豌豆。以抗病、优质、丰产为首选，同时配合不同熟性的品种，以便分期分批采收上市。

①培育壮苗。早春温度低，大棚一般在2月中下旬适合豌豆生长。所以，为提早采收上市，可采用先在加温温室或节能型日光温室中提前育苗的方法，待大棚中的温度适宜时再定栽。

播种时期，早春育苗的，苗龄需30～35天，当幼苗具有4～6片真叶时定植。豌豆的根再生能力较弱，不易发新根，而且随苗龄增大，再生能力减弱。所以，根据苗龄和定植期来推算，育苗时间大约在1月上中旬。

育苗方法可采用塑料钵育苗，也可采用营养土方育苗。营养土的配制包括腐熟马粪、鲜牛粪、园土、锯末或炉灰，按3∶2∶2∶3的比例混匀，每1 000千克再加入硝酸铵0.5千克、过磷酸钙10千克、草木灰15～29千克。将营养土装入营养钵或铺在苗床上，播种前打足底水，苗床按10厘米×10厘米见方划格做成土方。一般采用干籽直播，在塑料钵或营养土方中间挖孔播种，每孔3～4粒，播后覆3厘米的细土保墒。为提高地温、利于出苗，播种后苗床上再覆盖塑料薄膜。

苗期管理，播种后正处于最寒冷的季节，苗期管理应重在防寒保温。以10～18℃最适于出苗，低于5℃时出苗缓慢且不整齐，高于25℃发芽太快，苗瘦弱。出苗后适当降温，白天保持10℃左右即可。2片真叶后，提高温度至白天10～15℃，夜间5℃以上即可。定植前一周降温炼苗，以夜间不低于2℃为宜。

苗期一般不浇水，也不间苗、中耕。但温室前后排的要倒换位置1～2次，即前排倒后排，后排到前排，以使苗生长一致。

②定植。

整地、施肥、扣棚、作畦：春大棚栽培一般应在秋冬茬收获后就深翻，每公顷施入有机肥37 500千克、过磷酸钙450千克、草木灰750千克、硝酸铵225千克。一般作成宽80厘米的畦，中间栽1行，或1.2米宽的畦栽2行，穴距以15～20厘米为宜。

定植：当棚内最低气温在4℃左右时即可定植。先按行距开沟灌水，再按株距放苗，水渗下后封沟。也可开沟后先放苗，覆土后灌明水或按穴浇水。早春温度低，灌水不要太大。为提高棚温，定植后可加盖小拱棚或二层保温幕。

③定植后的管理。

开花前的管理：定植后一般密闭大棚，当棚内温度超过25℃时，中午可进行短时间通风适当降温。缓苗后可加大通风，使棚内温度保持在白天15～22℃、夜间10～15℃为宜。如定植水充足，定植后至现蕾前一般不需浇水施肥。比较干旱时，可在适当时候浇一小水。缓苗后及时中耕培土，进行适当蹲苗。直至现蕾前结束蹲苗，其间中耕培土2～3次。现蕾后浇头水，并随水施入粪稀、麻酱渣等有机肥。蔓生品种浇水后要及时插架引蔓。

开花结荚期的管理：进入开花期应控制浇水，以免落花。待初花结荚后开始浇水施肥，促进荚果膨大。之后每隔10～15天浇水施肥一次。进入结荚期，气温逐渐升高，要注意通风换气降温，保持白天15～20℃、夜间12～15℃。当白天外界气温达15℃以上时可放底风，当夜间最低气温不低于15℃时，可昼夜

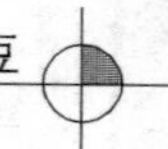

放风。气温再高时，可去掉大棚四周薄膜，但不可去掉顶棚，否则处于露地条件下，植株迅速衰老，豆荚品质下降。

其他管理：蔓生和半蔓生品种均需搭架，并需人工绑蔓、引蔓。发现侧枝过多，可适当打掉一些，以防营养过旺。而对于分枝能力弱的品种，可在适当高度打掉顶端生长点，促进侧枝萌发。

④采收。食荚品种在开花后 8～10 天即可采收嫩荚，也可根据市场情况适当提前或延后。

（2）秋延后栽培：大棚豌豆秋延后栽培，是利用豌豆幼苗适应性强的特点，在夏秋播种育苗，生长中后期加以保护，使采收期延长到深秋的栽培方式。

①栽培时期。华北地区一般 7 月份直播或育苗，9 月份开始采收，11 月上中旬拉秧。秋延后栽培也以蔓生和半蔓生品种为主，根据前茬作物拉秧早晚，选择不同熟性的品种。

②直播方法及苗期管理。

施肥、作畦：前茬作物拉秧早时，每公顷施入有机肥 75 000 千克，后深翻、作畦。将分枝多的、蔓生种作成 1.5 米宽的畦，播 1 行；分枝弱的、半蔓生种作成 1 米宽的畦，播 1 行。播种时沟施过磷酸钙 50 千克/公顷；前茬作物拉秧较晚时，可在其行间就地直播，前茬拉秧后再开沟补施基肥。

种子处理及播种密度：夏季高温期播种的，一般花芽分化节位较高，所以常采用种子处理方法来促进提早进行花芽分化，而且节位低（种子处理方法见秋季露地栽培）。直播时应先浇水，待湿度适宜时播种。穴距 20～30 厘米，每穴 3～4 粒种子。也可采用条播，但应控制好播种量，防止过密。

播后管理：播种时大棚只保留顶膜防雨。出苗后立即中耕，促进根系生长，并严格控制肥、水。整个苗期一般要中耕培土 2～3 次，进行适当蹲苗。植株开始现蕾时浇水管理。

③育苗方法及苗期管理。前茬拉秧较晚时可采取育苗移栽的

方法，通常在7月中下旬育苗。选择通风排水良好的地块作成苗床，浇足底水，施足底肥，一般苗期不再浇水施肥。按10厘米×10厘米的穴距进行播种，每穴3、4粒种子。为遮光降温、防止雨淋，应搭设荫棚。8月份定植，苗期20～25天。

④田间管理。定植后2～3天浇缓苗水，然后中耕蹲苗，以后管理与直播相同。现蕾时浇一次水，每公顷施入硫酸铵225千克，中耕培土并及时插架。当部分幼荚坐住并伸长时，开始加强肥水管理，隔7～10天浇水一次，隔一水追施粪稀或化肥一次。10月上旬后减少浇水并停止施肥。

大棚的温度管理，前期以降温为主。9月中旬以后，当夜间温度降到15℃以下时，可缩小通风口，并不再放夜风，白天超过25℃才放风。10月中旬以后，只在中午进行适当放风，当外界气温降到10℃以下时，不再放风。早霜来临后，应加强防寒保温，大棚四周围上草帘等，尽量延长豌豆的生长期和采收期。

⑤采收。前期温度较高，应适当早采，促进其余花坐荚及小荚发育；后期温度低，豆荚生长慢，应适当晚采，市场价格更好。

3. 日光温室栽培

（1）早春茬栽培：

①播种期的确定。日光温室早春茬豌豆栽培的供应期应在大棚春早熟之前。所以播种期的确定应根据供应期、所用品种的嫩荚采收期长短来推算，当然也要视前茬作物拉秧早晚而定。前茬一般为秋冬茬茄果类、瓜类或其他蔬菜，拉秧时间大约在12月上中旬至翌年2月初，那么，日光温室早春茬的播种期应在11月中旬至12月下旬。12月下旬至2月上旬定植，收获期则在2月初至4月下旬。因苗期正处于最寒冷季节，育苗应在加温温室或日光温室加多层覆盖条件下进行。

②育苗及苗期管理。育苗方法基本同大棚早春熟栽培，采用塑料钵或营养土方育苗，每钵2～4粒种子。4～6天后出苗，每

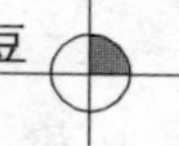

穴留2株。培育适龄壮苗是栽培成功的重要环节之一，苗龄过小，影响早熟；苗龄过大，植株容易早衰或倒伏，影响产量。适龄壮苗的标准是4～6片真叶，茎粗节短，无倒伏现象。苗龄一般为25～30天。

③定植。

整地施肥：温室栽培植株高大，根系分布较深，应深翻25厘米以上。每公顷施入优质农家肥75 000千克、过磷酸钙750千克、草木灰750千克。混匀耙平之后作成1米宽的畦，栽1行，或1.5米宽的畦栽2行。

定植方法：营养土方育苗时，应在定植前3～5天起坨屯苗，塑料钵育苗时可随栽随将苗子倒出。定植时先在畦内开12～14厘米深的沟，边浇水边将带坨的苗栽入沟内，水渗下后封沟覆土、耙平畦面。一般单行定植时穴距15～20厘米；双行定植时20～25厘米。

④定植后的管理。

温度管理：缓苗期间温度应略高，从定植至现蕾开花前，白天保持在20℃左右，超过25℃开始放风。夜间保持在10℃以上即可。进入结荚期，白天温度以15～18℃、夜间温度12～16℃为宜。随外界温度升高，主要掌握放风的时间和放风量的大小，维持正常的温度。

肥水管理：定植时浇足底水，现蕾前一般不再浇水，靠中耕培土来保墒。现蕾后浇一次水，并施入复合肥225～300千克/公顷，然后进行浅中耕。开花期控制浇水，第一批荚坐住并开始伸长时肥水齐放。结荚盛期一般10～15天浇一次肥水，每次施入复合肥225～300千克/公顷。直到拉秧前15天停止施肥，拉秧前7天停止浇水。

另外，在苗期、初花、盛花、初采期各叶喷一次0.2%磷酸二氢钾和0.3%钼酸铵混合液。蔓生品种在蔓长20～30厘米时及时插架，并绑缚引蔓。阴雨天较长时，落花落荚严重，可用5

毫克/千克浓度的防落素喷花。必要时进行适当整枝。

(2) 秋延后栽培:

①品种选择。日光温室的秋延后栽培以选择早熟矮秧品种为宜，高秧晚熟品种结荚晚，采收期短，而且易倒伏，病害较重。另外，以既耐寒又耐热的品种为首选。

②播种期的确定。根据所选品种的生育期和豌豆对生长温度的要求，一般播种期在 8 月初为宜，10 月上旬至翌年 1 月收获。这茬豌豆可比露地延后 50～70 天。

③种子处理及播种。低温处理方法见露地秋季栽培。为预防病毒病，可在催芽前用 10%磷酸三钠浸种 20～30 分钟，用清水洗净后再催芽。所选地块每公顷施入有机肥 60 000 千克、过磷酸钙 300 千克、适量钾肥。一般采用直播，行距 50 厘米，株距 30 厘米，每穴 3 粒种子。

④田间管理。

温度管理：在温室内最低气温不低于 9℃时应全天大放风，防止因温度高而徒长或病毒病发生。进入 10 月以后，气温逐渐下降，要逐步减少通风，使温度维持在 9～25℃，并保持 80%～90%的空气相对湿度。11 月以后应密闭温室，夜间加盖草苫，加强保温。

土、肥、水管理：播种后应多次进行中耕松土，促进通气，防止土壤板结和沤根。现蕾前浇小水，并追施尿素 2 次，每次 225 千克/公顷，浇水后松土保墒。从现蕾至第三个荚果采收，停止浇水，进行蹲苗。蹲苗后加强肥水管理，并增施磷钾肥。结荚盛期温度较低，适当减少浇水次数和浇水量，保持土壤湿润，切忌大水漫灌。另外，在开花前和花后 20 天各喷一次喷施宝，可提高产量。

(3) 冬茬栽培

①播种时期。日光温室豌豆冬茬栽培以供应元旦至春节以及早春一段时间为目的，所以播种期应早于早春茬、晚于秋冬茬。

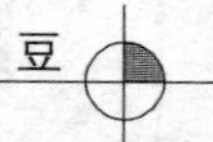

一般在10月上中旬播种育苗或直播，11月上旬定植，12月下旬至翌年3月下旬收获。

②育苗。育苗方法基本同大棚春早熟栽培。因育苗时温度比较高，所以苗期管理以低温管理为主，白天保持10～18℃。定植前降低到2～5℃，保持3～5天时间，使其通过春化阶段，提早进行花芽分化。

③定植。每公顷施入优质农家肥75 000千克，深翻耙平。作畦时每公顷再沟施过磷酸钙750～1 125千克、硫酸钾300～375千克。按1.5米宽、南北向作畦。定植时在畦中间开10～15厘米深的沟，按穴距20～22厘米栽苗，每穴3～4棵。栽后浇水覆土。

④定植后的管理。

温度管理：定植后至现蕾前，白天温度不宜超过30℃，夜间不低于10℃。整个结荚期以白天15～18℃，夜间12～16℃为宜。

中耕、支架蔓生：豌豆苗高20厘米时出现卷须应立即支架。一般搭单排支架，并用塑料绳绑缚帮助攀援。中耕只在搭架前进行，搭架后不再中耕。一般浇缓苗水后划锄松土，搭架前再中耕一次即可。

肥水管理：定植时温度较低，一般浇水较少，所以应浇缓苗水，水的大小视墒情而定。现蕾前不浇水施肥，当第一花已结荚、第二花刚谢时适时浇水施肥。冬茬栽培用水量不大，大约15天左右浇一水，并随水施入复合肥225～300千克/公顷。浇水量不宜过大，否则会引起落花落荚。

⑤防止落花落荚。进入开花盛期，如落花严重，可用5毫克/千克浓度的防落素喷花，同时注意放风，调节好温湿度。

四、豌豆早期冻害症状及防治措施

豌豆属冷季豆类，要求温暖而湿润的气候环境，耐寒能力不及小麦、大麦。豌豆冻害常发生于在植株生长早期或花荚期间，生长点死亡并且叶片会出现不规则的坏死斑，一般豌豆品种在苗期能耐－4℃的低温，在－5℃以下即会受冻害。不同生育阶段生物学起始温度为：发芽出苗为2～4℃（最适温度为9～12℃，最高为32～35℃），营养器官形成为7～8℃（最适温度为14～16℃），生殖器官发育为6℃（最适温度16～20℃），结荚温度为6.5℃（最适温度为16～22℃）。低于起始温度时，豌豆会出现不同程度冻害。对于用于速冻加工、生育期短的中豌系列遇寒流冻害更加严重。在南方地区，豌豆在三种情况下易受冻害：①冬季比较干旱，水分不足，形成干冻，寒潮来临时易受冻害。②豌豆进入越冬，因气温高，生长旺盛，寒流袭击时气温骤降而受冻。③强寒潮连续袭击，温度低，时间长而受冻。冻害的机理是细胞结冰引起原生质过度脱水，破坏原生质蛋白质分子的空间构型。同时，结冰最易伤害膜结构，使膜蛋白凝聚，脂类层破坏。膜破坏，代谢就紊乱，最后导致细胞死亡。（彩图19）

豌豆遇冻害后的主要补救措施，一是及时松土和根际培土，破除土壤表层冰块，提高土壤温度，促进豌豆生长。二是苗期受冻应增施肥料以促进多分枝，靠分枝形成产量；在花期受冻，要适时摘顶，调节营养，提高分枝结荚数。

具体来说，遭遇寒潮后主要做好以下几方面的预防工作：①清沟排水，防止积水结冰。豌豆目前最主要的措施是开沟排渍，确保“三沟”（围沟、腰沟、畦沟）畅通，田间无积水，避免渍水过多妨碍根系生长，做到冰冻或雪融化后生成的水能及时排掉，从而有利于冬作物生产的快速恢复。②可采用覆盖技术预防冻害。可采用稻草或麦秆等覆盖于豌豆田。但一般寒潮结束后要及时掀开，以防各种病虫害。

如果已经发生了冻害，主要补救措施如下：①冻后管理。寒流过后及时查苗，及时摘除冻死叶，拔除冻死苗，对由于表土层冻融时根部拱起土层、根部露出、幼苗歪倒等造成的“根拔”

苗，要尽早培土壅根；解冻时，及时撒施一次草木灰或对叶片喷洒一次清水，对防止冻害和失水死苗有较好效果，可有效减轻冻害损失。②增施速效氮、磷、钾肥。灾后适当追施一些速效氮、磷、钾肥，以增强豌豆对冻伤的修复。豌豆受冻后，叶片和根系受到损伤，必须及时补充养分。要普遍追肥，每亩追施 3～5 千克尿素，长势较差的田块可适当增加用量，使其尽快恢复生长。在追施氮肥的基础上，要适量补施钾肥，每亩施氯化钾 3～4 千克或根外喷施磷酸二氢钾 1～2 千克，以增加细胞质浓度，增强植株的抗寒能力，促灌浆壮籽。③加强测报，防治病虫害。豌豆受冻后，较正常植株更容易感病，要加强病虫害预测预报，密切注意发生发展动态。

五、豌豆常见病虫害及防治

（一）豌豆常见病害与防治

1. 豌豆白粉病

白粉病是由子囊菌亚门的豌豆白粉菌引起的真菌病害，在日暖夜凉多湿的环境下易发生。病菌以闭囊壳遗落地表的病残体上越冬，翌年子囊孢子借气流和雨水传播。广泛发生在我国各豌豆种植区，是豌豆生产中发生最普遍的病害。在适宜的气候条件下，可造成较重的生产损失。地上部各部位均可受害，保护地栽培发生更为严重。发病初期叶正面呈白粉状淡黄色小点，后扩大成不规则粉斑，以至连成一片，并使叶正、背面覆盖一层白色粉末。发病后期粉斑上产生大量黑色小粒点，进而全叶枯黄，茎蔓干缩。（彩图 20）

白粉病在白日温暖、干燥，夜间冷凉、结露的气候条件下发病最重。分生孢子萌发的最适温度为 20℃，萌发和侵染不需要自由水，但空气潮湿能够刺激萌发。如果土壤干旱或氮肥施用过多，植株抗病力降低时，也容易发病。

防治方法：

（1）种植抗病品种。

（2）收获后及时清除病残体，集中烧毁或深埋，减少初次侵染源。

（3）加强栽培管理，合理密植，多施磷钾肥，以增强植株抗性。

（4）药剂防治。病害始发期前后可用25%粉锈宁可湿性粉剂2 000倍液或50%苯菌灵可湿性粉剂1 500倍液等，重病田隔7～10天再喷一次。

2. 豌豆霜霉病

在我国南方及西北豌豆种植区有发生，在局部地区造成危害。一般在气温20～24℃的雨季阶段易引起该病流行。（彩图21）

防治方法：

（1）选用抗病品种。

（2）使用无病种子。

（3）栽培防治：与非寄主作物实行轮作，减少初侵染源；收获后及时清除病残体，集中烧毁，耕翻土地；加强栽培管理，合理密植，降低田间湿度。

（4）药剂防治：用25%甲霜灵可湿性粉剂以种子重量的0.3%进行拌种；发病初期90%乙磷铝可湿性粉剂500倍液、72%克露可湿性粉剂800～1 000倍液、72%普力克水剂700～1 000倍液、69%安克锰锌可湿性粉剂1 000倍液等。

3. 豌豆褐斑病

发生在我国各豌豆种植区，是豌豆生产中普遍发生的病害，可以造成一定的产量损失。温暖、潮湿多雨的天气有利于病害的发生与蔓延。（彩图22）

防治方法：

（1）使用健康无病种子，可用杀菌剂处理种子。

（2）种植抗病品种。

（3）实行轮作。

（4）收获后及时清除病残体。

（5）药剂防治：发病初期喷施75%百菌清可湿性粉剂600倍液或50%多菌灵可湿性粉剂600倍液、70%代森锰锌可湿性粉剂500倍液、53.8%可杀得2 000干悬浮剂1 000倍液、45%晶体石硫合剂250倍液，隔10天左右一次，连续2～3次。

4. 豌豆褐纹病

豌豆褐纹病广泛发生在我国豌豆豆种植区，是豌豆生产中重要病害之一，一般造成15%～20%的产量损失，严重时减产高达50%。田间湿度大、倒春寒、低温环境、田间管理差常常导致发病重。由子囊菌亚门的豌豆球腔菌引起的真菌病害。病菌以菌丝体附着种子越冬，随种子发芽侵入幼苗发病。开花结荚期多雨，发病重，低洼地、黏重地、氮肥过多、幼苗受冻易发病。叶、茎、荚均可发病。叶上病斑圆形，周围淡褐色，中央黑褐色至紫黑色，并产生轮纹；近地部茎发病产生椭圆形黑褐色斑，中部稍凹陷，斑上产生小黑粒点；豆荚症状与茎部相似。荚上病斑侵染种子，使其表面产生不规则形斑纹。（彩图23）

防治方法：同褐斑病。

5. 豌豆链格孢叶斑病

普遍发生在我国各豌豆种植区，是豌豆常见病害之一，对生产有一定影响。（彩图24）

防治方法：收获后及时清除田间病残体，深翻土壤促使病残体腐烂，消灭菌源；合理密植，使植株间通风透光，提高抗病性；实行3年轮作。

6. 豌豆丝囊菌根腐病

主要发生在南方的福建和江苏、西北的甘肃和青海，对局部豌豆生产有一定影响。豌豆全生育期都能被侵染，如果土壤中病菌数量大和土壤潮湿，播后10天豌豆地上部可出现症状，在

22～28℃时症状发展迅速。病部产生的卵孢子存于土中，得水后释放游动孢子，从幼茎或根部侵染。幼苗期遇多雨、低温、土壤水分高，易发病，重茬、低洼地发病重。

主要在幼苗期发病。初期在茎基部呈水浸状，不久病部缢缩、倒伏。下部叶变黄干枯，主根变褐腐朽。病较轻时虽可继续生长，但生长缓慢。（彩图 25）

防治方法：

（1）选用抗病、耐病品种。

（2）栽培防治：与禾本科等非寄主作物轮作，可减轻病害的严重程度；适时播种，控制植株密度，雨后及时排水以降低土壤湿度。

（3）药剂防治：用种子重量 0.3％的 25％甲霜灵拌种或种子包衣。

7. 豌豆病毒病

种类较多，而且发生重，导致减产、降质，受害重时结荚少，褐斑粒多，不但影响产量，而且常因褐斑粒而降质、降价，出口也受到限制。我国已经发现并报道的蚕豆病毒病已有 7 种，以豌豆种传花叶病毒病（PSbMV）为例，该病毒极易通过豌豆种子传播，随着育种材料的广泛交换，该病已成为世界性分布的病害之一。豌豆种传花叶病毒病可引起高达 100％的植株发病，常造成严重减产，如美国报道引起减产 70％，澳大利亚减产达 86％。因此，豌豆种传花叶病对豌豆生产具有很大的威胁。（彩图 26）

症状的严重程度受到豌豆品种、温度等环境条件、病毒株系或致病型的影响。主要表现为叶片背卷，植株畸形，叶片褪绿斑驳、明脉、花叶，并常常发生植株矮缩；如果是种子带毒引起的幼苗发病，症状则比较严重，导致节间缩短、果荚变短或不结荚；病株所结籽粒的种皮常常发生破裂或有坏死的条纹，植株晚熟；有时一些品种被侵染后不表现症状。一般情况下，中熟品种

较早熟品种发病程度重。

病毒通过机械摩擦、蚜虫和种子传播。在一些豌豆品种的种传率高达100%，种皮开裂型豌豆品种的种传率（33%）明显高于正常种皮品种（4%）。在一些豌品种上病毒还可以通过花粉传播（传播率0.85%）。病害在田间通过蚜虫传播（19种蚜虫），非持久或半持久性传毒。种子带毒和来自其他越冬带毒寄主的蚜虫是最主要的田间发病初侵染源。带毒种子形成病苗，经过蚜虫传播，能够引起大量植株发病。20～25℃和一般湿度环境下，病害发展迅速，温度略高、气候干旱，有助于蚜虫种群快速增长和蚜虫在田间的迁飞，利于病毒病扩散。

防治方法：

（1）栽培防治：种植无病毒侵染的健康种子，可以有效控制初侵染源。

（2）种植抗病品种：目前仅有少量豌豆生产品种具有抗病性，但在资源中存在抗病材料，甚至一些是呈现完全免疫的类型。

（1）防治蚜虫：在田间出现蚜虫后，及时喷施杀虫剂控制蚜虫种群和迁飞，但对病害的稳定控制效果不显著。

（二）豌豆常见害虫与防治

1. 蚜虫类

常见的蚜虫有豆蚜（苜蓿蚜、花生蚜）、豌豆蚜、桃蚜（烟蚜、桃赤蚜、菜蚜、腻虫）等，广泛分布于全国各蚕、豌豆产区。（彩图27）

防治方法：

（1）药剂防治：喷施50%辟蚜雾可湿性粉剂2 000倍液或10%吡虫啉可湿性粉剂2 500倍液、绿浪1 500倍液。

（2）栽培防治：保护地可采用高温闷棚法，在5、6月份作物收获以后，用塑料膜将棚室密闭4～5天，消灭其中虫源。

2. 潜叶蝇类

豌豆潜叶蝇又称叶蛆、夹叶虫、豌豆植潜蝇等，属双翅目、潜蝇科。以幼虫潜叶内曲折穿行食叶肉，只留上、下表皮。造成叶片枯萎，影响产量和品质。常见的有南美斑潜蝇（拉美斑潜蝇）、美洲斑潜蝇（蔬菜斑潜蝇）、豌豆潜叶蝇（油菜潜叶蝇、豌豆彩潜蝇、叶蛆、夹叶虫）等。

成虫体长2～3毫米，暗灰色，翅1对，半透明，具紫色闪光；卵0.3毫米，长椭圆形，乳白色；幼虫蛆状，体长2.9～3.5毫米；蛹长2.5毫米，长椭圆形略扁，黑褐色。在北方一年发生4～5代，以蛹越冬。

应重视农业防治，早春清除菜田杂草和带虫的老叶；诱杀成虫；药剂防治在菜叶开始见隧道时第一次用药，以后每隔7～10天一次，2～3次即可。

防治方法：

（1）药剂防治：①在成虫盛发期或幼虫潜蛀时，选择兼具内吸和触杀作用的杀虫剂如90％晶体敌百虫1 000倍液或2.5％功夫乳油4 000倍液、25％斑潜净乳油1 500倍液，任选一种进行喷雾。②受害作物单叶片有幼虫3～5头时，在幼虫2龄前，上午8～11时露水干后幼虫开始到叶面活动，或者老熟幼虫多从虫道中钻出时，喷施25％斑潜净乳油1 500倍液或1.8％爱福丁乳油3 000倍液。

（2）生物防治：释放姬小蜂、反颚茧蜂、潜蝇茧蜂，对斑潜蝇寄生率都较高。

3. 螨类

常见的有朱砂叶螨（棉花红蜘蛛、红叶螨）、茶黄螨。

防治方法：

（1）农业防治：消灭越冬虫源，即铲除田边杂草、清除残株败叶。

（2）药剂防治：喷药重点主要是植株上部嫩叶、嫩茎、花器和嫩果，注意轮换用药。可选用35％杀螨特乳油1 000倍液或

48%乐斯本乳油 1 500 倍液、0.9%爱福丁乳油 3 500～4 000 倍液、20%螨卵脂 800 倍液喷雾防治；兼防白粉虱可选用 2.5%天王星乳油喷雾。

4. 夜蛾科害虫

常见的有豆银纹夜蛾（豌豆造桥虫、豌豆黏虫、豆步曲）、斜纹夜蛾、甘蓝夜蛾、甜菜夜蛾（贪夜蛾）、苜蓿夜蛾（大豆夜蛾、亚麻夜蛾）以及棉铃虫等。

防治方法：

（1）栽培防治：秋末初冬耕翻田地，可杀灭部分越冬蛹；结合田间操作摘除卵块，捕杀低龄幼虫。

（2）药剂防治：幼虫 3 龄前为点片发生阶段，进行挑治，不必全田喷药；4 龄后夜出活动，施药应在傍晚前后进行。可喷施 90%晶体敌百虫 1 000 倍液或 20%杀灭菊酯乳油 2 000 倍液、5%抑太保乳油 2 500 倍液、5%锐劲特悬浮剂 2 500 倍液、15%菜虫净乳油 1 500 倍液等，10 天喷施一次，连用 2～3 次。

（3）生物防治：喷施含量为 100×10^8 孢子/克的杀螟杆菌或青虫菌粉 500～700 倍液。

5. 蝽类害虫

常见的有红背安缘蝽、点蜂缘蝽、苜蓿盲蝽、牧草盲蝽、三点盲蝽和拟方红长蝽等。

防治方法：

（1）冬季结合积肥清除田间枯枝落叶及杂草，及时堆沤或焚烧，可消灭部分越冬成虫。

（2）在成虫、若虫为害盛期，选用 20%杀灭菊酯 2 000 倍液或 21%增效氰马乳油 4 000 倍液、2.5%溴氰菊酯 3 000 倍液、10%吡虫啉可湿性粉剂、20%灭多威乳油 2 000 倍液、5%抑太保乳油、25%广克威乳油 2 000 倍液、2.5%功夫乳油 2 500 倍液、43%新百灵乳油（辛氟氯氰乳油）1 500 倍液等药剂喷雾 1～2 次。

6. 地老虎

防治方法：

（1）栽培防治：早春铲除田边杂草，消灭卵和初孵幼虫；春耕多耙或夏秋实行土壤翻耕，可消灭部分卵和幼虫；当发现地老虎为害根部时，可在清晨拨开断苗的表土，捕杀幼虫。

（2）物理防治：用黑光灯诱杀成虫。

（3）药剂防治：在幼虫3龄以前防治，选用90%晶体敌百虫或2.5%功夫乳油、20%杀灭菊酯乳油3 000倍液喷雾。

7. 豌豆象

豌豆象俗称豆牛，属鞘翅目豆象科。幼虫蛀食豆粒，造成中心空，品质下降，种子发芽受影响。

成虫体长4.5～5毫米，椭圆形，棕黑色，被有黑色、黄褐色、灰白色细毛；卵长椭圆形，淡黄色；幼虫长4.5～6毫米，黄白色，分节明显，多皱纹，胸足退化；蛹长5.5毫米，淡黄色，前胸两侧的齿状突起极明显。一年发生一代，以成虫在仓库、包装物或野外树皮、杂草等处潜伏越冬。4～5月开始活动，5月中旬产卵，7月份又羽化为成虫。

防治方法：选用早熟品种，避开成虫产卵盛期；进行种子处理，种子脱粒后暴晒几天，可杀死种子内豌豆象害虫；在豌豆开花前期进行田间防治，可选用90%晶体敌百虫或2.5%功夫乳油、20%杀灭菊酯乳油3 000倍液、2.5%天王星乳油3 000倍液喷雾，7天后再防治一次，最好连续3次；在豌豆收获后半个月内，将脱粒晒干的籽粒置入密闭容器内，用溴化烷熏蒸，温度在15℃以上时，35克/立方米，处理72小时。

六、鲜食豌豆保鲜贮藏及加工

（一）贮藏

食用鲜豆粒的豌豆可带荚贮藏，在贮藏期间荚中的糖分可向

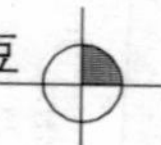

豆粒转移，豆粒品质较好。也可去荚贮藏，不过豌豆粒很易失水，而且在贮温高于6℃的情况下，24小时后豆粒内的糖分就迅速转化合成淀粉，氨基酸的含量也显著降低。所以，豌豆采收后必须立即预冷，并在0℃左右温度下贮藏，保持95%～98%的相对湿度。最好用塑料膜包装，减少萎蔫。

食荚豌豆用塑料薄膜密封，在0～3℃下可保存25天。如在5%～7%二氧化碳的自发气调中贮藏比在空气中效果更好。

（二）加工

豌豆用作速冻的有荷兰豆和鲜豆粒，制罐用含量较高、淀粉较少的新鲜豆粒，制品称青豆。

1. 荷兰豆速冻工艺

原料选择→去柄→清洗→烫漂冷却→甩干→速冻包装→冻罐→成品

（1）原料选用大小适中的食荚品种，在豆荚已长大而豆粒未发育时采摘，并在6～8小时内加工。

（2）去柄、清洗摘除果柄、萼片，拣去杂质，在清水中洗净，捞出。

（3）烫漂冷却在沸水中烫漂1～1.5分钟捞出，迅速放冷水中冷透。

（4）用甩干机甩去豆荚表面水分，转20秒即可。

（5）速冻包装用－35℃低温，流化冷却法速冻，然后包装，贮于－18℃低温中保存。

2. 豌豆粒（青豆）速冻工艺

原料选择→去荚分级→预冷冷却→甩干→速冻包装→冻藏→成品

（1）选择含糖量高而淀粉含量少的白花品种，要求豆粒鲜绿色、饱满、成熟度适中，具有本品种应有的滋味及气味，无异味，组织鲜嫩，无杂质存在，产品符合食品卫生标准。产品中心

温度低于－15℃，冷藏温度不超过－18℃。

（2）用脱粒剥壳机去除豆荚壳，以能除去豆壳又不打破豆粒表皮为度。剥壳后的豆粒，按豆粒直径大小用滚筒式分级机进行分级。盐水浮选豆粒比重随成熟度增加而增大，用不同浓度食盐水溶液进行浮选，将豆粒按成熟度分开。一般将青豆放入约16波美度的盐水中，先捞取上浮豌豆，下沉的老熟豆做次品处理。

（3）按豆粒大小、成熟度掌握预煮温度和时间，一般温度95～100℃，时间1～1.5分钟，以食之无生味为宜，主要目的是破坏酶类。预煮后迅速将豆粒浸入冷水中冷却10分钟，然后去除变色、碎粒等不合格豆粒。

（4）用中速甩干机匀速20秒钟，甩去表面水分。

（5）采用流化速冻装置，用－38℃低温进行速冻。按不同规格包装，于－38℃低温库中保存。

3. 青豆罐头

我国多以新鲜豌豆为加工制罐原料，故味道鲜美。加工的青豆罐头为我国外贸出口的拳头产品之一。青豆罐藏工艺流程：

原料验收→去荚分级→盐水浮选→预煮冷却→分选装罐→排气密封→杀菌冷却→揩罐→入库

（1）原料验收与速冻豌豆相同。

（2）用脱粒剥壳机除去豆壳，以除去豆壳又不打破豆粒表皮为度。用滚筒式分级机按豆粒直径大小分级。

（3）盐水浮选利用豆粒成熟度不同、比重不同，用5.5%～9.5%的盐水分级浮选。浮在3%盐水上的豆粒，不能用于制罐。

（4）按豆粒大小、成熟度掌握预煮时间和温度，一般控制温度90～100℃，预煮3～5分钟。煮后立即用冷水冷透。也有用叶绿素铜钠盐素或铜离子或碱性缓冲剂来进行浸泡处理，能保持豌豆绿色不变。

（5）将不合格的豆粒选出后，用清水淘洗，按规定重量装罐。注意同一罐豆粒应大小、成熟度、色泽一致。装好后注入

2.3%的沸食盐水，也可加入2%的白糖，并保持罐内温度不低于80℃。

（6）加热，保持罐头中心温度不低于65℃，抽气、密封，真空度在39.9千帕。

（7）杀菌温度为118℃，杀菌后迅速冷到38～40℃。

（8）擦干罐头表面水分，抹油，贴标，装箱，入库。

主要参考文献

程须珍，王述民，等.2009.中国食用豆类品种志.北京：中国农业科学技术出版社.

王晓鸣，朱振东，段灿星，宗绪晓.2007.蚕豆豌豆病虫害鉴别与控制技术.北京：中国农业科学技术出版社.

运广荣.2004.中国蔬菜实用新技术大全（北方蔬菜卷）.北京：北京科学技术出版社.

邹学校.2004.中国蔬菜实用新技术大全（南方蔬菜卷）.北京：北京科学技术出版社.

陈新，袁星星，顾和平，张红梅，陈华涛.2009.江苏省食用豆生产现状及发展前景.江苏农业科学（5）：4-8.

杨晓明，任瑞玉.2005.国内外豌豆生产和育种研究进展.甘肃农业科技（8）：3-5.

袁星星，陈新，陈华涛，张红梅，崔晓艳，顾和平.2010.中国南方菜用豌豆新品种及高产栽培技术.作物研究，24（3）：192-194.

袁星星，崔晓艳，顾和平，陈华涛，张红梅，陈新.2011.菜用荷兰豆新品种苏豌1号及高产栽培技术.金陵科技学院学报，27（1）：48-50.

宗绪晓.1989.国内外豌豆育种概况及国内育种展望.农牧情报研究（10）：6-12.

第六章

蚕　豆

蚕豆，又称胡豆、佛豆、川豆、倭豆、罗汉豆等。系豆科蚕豆属，一年生或二年生草本，以其豆粒（种子）供食用。蚕豆蛋白质含量高，是人体必需的各种氨基酸的主要来源之一，历来为人们所喜爱和珍视，同时还具有食用加工、饲用、药用、培肥地力、外贸出口等多种用途，在中国南方的食用豆产业中具有举足轻重的作用。

蚕豆原产亚洲西南到非洲北部一带，第二起源中心为阿富汗和埃塞俄比亚。汉代（公元前 2 世纪）张骞通西域期间传入我国，已有二千多年栽培历史。以四川最多，其次为云南、湖南、湖北、江苏、浙江、青海等省。

蚕豆广泛分布于世界各地，以亚洲的栽培面积最大，非洲和欧洲次之。大多数国家以栽培饲用蚕豆为主，其次是粮用蚕豆，菜用蚕豆栽培较少。我国是世界上栽培蚕豆面积最大的国家，种植地域极为广阔，从北边的内蒙古到南边的海南岛；自西北的新疆到东南的福建、广东，均有种植。为适应蚕豆生长发育的需要，长期以来，不同地区在蚕豆播种时间上形成了两种不同的播种时期，即秋播区和春播区。秋播蚕豆种植面积占全国总面积的 90％，主要分布在云南、四川和长江流域一带。春播蚕豆种植面积占全国总面积的 10％，种植面积较大的省、区有甘肃、青海、内蒙古、新疆、西藏、河北、东北等。近年来我国蚕豆的种植面积发展较快，尤其在南方地区，如浙江省播种面积近 4 年每年以 15％～49％速率递增，1998 年种植面积 1.33 万公顷，1999 年种

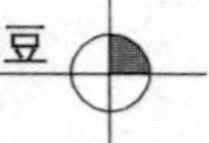

植面积突破 1.67 万公顷。

一、蚕豆生物学特性

蚕豆株高 30～180 厘米，根系较发达，具有根瘤菌共生，能固定氮素。茎直立，四棱，中空，四角上的维管束较大，羽状复叶，自叶腋中抽生花序，总状花序，花蝶形，荚果，种子扁平，略呈矩圆形或近于球形。蚕豆一般于秋季萌芽生长，第二年春夏抽序开花和结出荚果，蚕豆性喜冷凉，发芽和生长适温 16～20℃，在 5～6℃时可缓慢发芽，25℃以上高温发芽率显著降低。幼苗能忍受短期－4℃低温，－6℃时死亡。开花结果适温 12～20℃，8℃以下、15℃以上开的花往往不结荚。花芽开始分化时，若遇高温，尤其是高夜温，开花节位上升。

蚕豆为长日照作物，在长日照下能促进生长发育，成熟和收获期提前，从南向北引种时，生育期逐渐变短，反之则延长。但也有对日照反应不敏感的中间型品种。蚕豆整个生长期间都需要充足的阳光，尤其是开花结荚期和鼓粒灌浆期。一般向光透风面的分枝健壮，花多、荚多，若种植密度过大，株间互相遮光，会导致蚕豆花荚大量脱落。因此，栽培上要合理密植，使其有一个合理的群体结构，对提高产量有明显的效果。

蚕豆喜温暖湿润气候和 pH6.2～8 的黏壤土，不耐旱、涝，对水分要求适中，但土壤过湿易生立枯病和锈病。蚕豆对土壤的适应性比较强，能在各种土壤中生长，最适宜的是土层深厚、有机质丰富、排水条件好、保水保肥能力较强的黏质土壤。沙土、沙壤土、冷沙土、漏沙土因肥力不足，保水力差，植株生长瘦小，分枝少，产量低。如果在这些土壤上增施农家肥料，提高土壤肥力，保持土壤湿润，也能使蚕豆生长良好。蚕豆适应土壤酸碱度的范围为 pH6.2～8.0，耐碱性较强，沿海一带盐碱地也能种植蚕豆。过酸土壤抑制根瘤菌繁殖和根际微生物活动，因此蚕豆在酸性土壤中生长不良，容易感病。在酸性土壤种植蚕豆，需施用石灰，中和酸性。而北方地区多是石灰性钙质土壤，种植蚕豆有优势。

蚕豆可单作或间、套作，忌连作，可点播、条播或撒播，以有机肥和磷、钾肥为主。蚕豆根系较发达，根瘤菌能与其共生固氮。主要病害有锈病、赤斑病、立枯病。主要害虫是蚕豆象。蚕豆籽粒蛋白质含量约25%～28%，含8种必需氨基酸。碳水化合物含量47%～60%。可食用，也可制酱、酱油、粉丝、粉皮和作蔬菜。还可作饲料、绿肥和蜜源植物种植。

二、蚕豆主要品种类型

（一）我国南方地区主要蚕豆品种

我国南方蚕豆品种资源丰富，多年来一直就有冬季种植蚕豆的习惯，其中江苏地区蚕豆属秋播蚕豆生态区，10月中下旬播种，来年6月上旬成熟收获，全生育期210天左右。种植方式以套种、间作为主，其中套种面积占70%，间种面积占30%；其轮作制度主要有蚕豆+油菜、蚕豆/棉花、蚕豆/玉米、蚕豆/水稻等多种形式。主要为饲用和菜用两种类型，其中菜用比例占20%；生产产品出口用比例占30%、加工用比例占50%、自销比例占20%，全地区常年蚕豆种植面积在600万亩左右，多元多熟、间作套种和复种指数高，是当地种植业的一大特色。近年随着农业种植结构的调整，加工企业的迅速发展，鲜食蚕豆发展迅猛，已经成为中国南方出口创汇农业中的一个支柱产业。

随着农村产业结构的调整，市场经济的发展，鲜食蚕豆发展势头加快。包括江苏省在内的长江下游地区是我国经济最发达地区之一，拥有上海、杭州、南京以及南通、常州、苏州、无锡等大中城市，鲜食蚕豆城市消费和加工出口需求量极大，也是鲜食蚕豆出口创汇的重要口岸。特别是近年来，随着国际市场竞争的

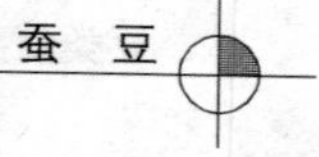

激烈，许多台商把鲜食蚕豆生产、加工基地转向我国东部沿海地区，造成国际鲜食蚕豆供给基地开始向我国东部沿海地区转移。因而中国南方地区近年来鲜食蚕豆种植面积发展十分迅速，已逐渐形成了东部沿海鲜食蚕豆种植带。

该地区蚕豆主要依豆粒大小分为大粒、中粒和小粒 3 个变种：①大粒种种子长，宽而扁，长约 2～2.5 厘米，千粒重 1 250～2 500 克。叶片较大，早熟性好，品质佳，但是抗干旱能力比较差，生长期内需要肥水较多，可作蔬菜和粮食两用，以菜用为主，干种子供食，品质也较好。②中粒种种子扁椭圆形，种子比大粒种子小，可作粮用或副食品，优良品种有香珠豆和阔板青。③小粒种种子小，长 1.5～1.8 厘米，对气候条件的适应性较强，产量高，但食用品质差，主要作饲料和绿肥。优良品种有小粒青和白胡豆等。

1. 苏蚕 2 号

主茎青绿色，茎秆粗壮，叶片较大，株高中等，110 厘米。结荚部位较高，无限生长类型。分枝性强，单株有效分枝 4 个以上，单枝结荚 5 个左右，豆荚长 10.3 厘米、宽 1.8 厘米，平均每荚 2 粒以上，粒长 1.98 厘米，粒宽 1.53 厘米，籽粒较大，粒形中厚，平均百粒重 118 克以上。紫花、种皮白皮、种脐黑脐；全生育期 225 天左右。抗赤斑病。（彩图 28）

2. 通研 1 号

江苏沿江地区农业科学研究所 1981 年从浙江蚕豆地方品种肖山长荚中经系统选育而成（原品系代号：青皮 281）。冬性、中熟品种，秋播生育期 220 天。茎秆粗壮，株高 108.3 厘米，单株有效分枝 3.8 个，紫花。单枝结荚 12.7 个，豆荚长 8.3 厘米，宽 1.8～2 厘米，平均每荚 1.8 粒，粒形中厚，种皮绿色，种脐黑色，百粒重 98.4 克左右。干籽粗蛋白含量 28.27%、单宁含量 3.99%。耐肥抗倒，耐寒性较强，中抗赤斑病，中感褐斑病，轻感轮纹病。适宜与棉花、玉米等作物套间种，在中高肥力的田

块种植有利于产量潜力的发挥。一般大田干豆产量在 2 800 千克/公顷左右。适应性广，可在江苏沿江、沿海蚕豆生态区，苏南、通扬二熟制地区及长江中下游蚕豆生态区秋播种植。

3. 南通大蚕豆

江苏沿江地区农业科学研究所 1987 年以地方品种牛踏扁作母本，以启豆 2 号作父本，经回交选育而成。冬性、中熟品种，秋播生育期 223 天。无限生长类型，茎青绿色，茎秆粗壮，株高 103 厘米。单株有效分枝 3.6 个，叶片较大，花紫色。单株结荚 10.8 个，豆荚长 8.9 厘米、宽 1.9 厘米，平均每荚 2.02 粒，粒长 2.1 厘米，粒宽 1.48 厘米，籽粒较大，粒形中厚，粒色乳白，黑脐，平均百粒重 115.7 克。干籽粗蛋白含量 27.02%，粗脂肪含量 1.18%，单宁含量 3.80%。抗逆性强，苗期病害轻，中感赤斑病、锈病，中后期根系活力较强。不裂荚，秸青籽熟，熟相好，稳产性能好。大田一般产量 2 625 千克/公顷，高产田块产量可达 3 750 千克/公顷。适宜江苏蚕豆生态区及长江中下游蚕豆生态区秋播种植。

4. 通蚕 3 号

江苏沿江地区农业科学研究所 1993 年以优质大粒蚕豆地方品种牛踏扁作母本，以高产多荚优异种质启豆 2 号作父本，通过有性杂交获得杂交后代，再以其 F2 为母本，以特大粒品种日本大白皮为父本，通过复合杂交和定向选育而成。冬性、中熟品种，秋播生育期 221 天。茎秆粗壮，株高 102 厘米。单株分枝 3.7 个，叶片较大，花紫色。单株结荚 11 个，粒大，种皮浅绿有光泽，白皮，黑脐，百粒重 133.6 克。干籽粗蛋白含量 28.6%，粗脂肪含量 0.71%，属高蛋白品种。抗逆性强，抗病性好，较抗赤斑病、锈病。中后期根系活力较强。结荚高度适中，不裂荚，秸青籽熟，熟相好，稳产性能好。一般产量 3 300 千克/公顷，高产田块产量可达 4 500 千克/公顷。2001—2006 年在江苏蚕豆主产区累计推广种植 1 万公顷。可在江苏蚕豆生态区

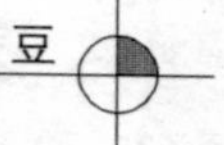

及长江中下游蚕豆生态区秋播种植。

5. 通蚕4号

江苏沿江地区农业科学研究所1989年以启豆2号为母本，日本大白皮为父本，通过对杂交后代定向选择，采用系谱法选育而成。冬性、中熟品种，全生育期219天。茎秆粗壮，株高80.4厘米。单株分枝4.1个，叶片较大，花紫色。单株平均结荚14.6个，每荚2粒，种皮绿色有光泽，黑脐，百粒重103.3克。干籽粗蛋白含量28.3%，粗脂肪含量0.55%。耐寒、抗倒，较抗赤斑病、锈病。中后期根系活力较强。结荚高度适中，不裂荚，秸青籽熟，熟相好，稳产性能好。在长江中下游地区一般产量3 000千克/公顷，高产田块产量可达3 750千克/公顷。可在江苏蚕豆生态区及长江中下游蚕豆生态区秋播种植。

6. 通蚕5号

江苏沿江地区农业科学研究所1994年以日本大白皮为母本、海门大青皮为父本通过杂交获得杂交种子，对杂交后代经连续5年的定向选育而成。冬性、中熟品种，全生育期220天，鲜荚上市在4月下旬至5月上旬，比日本大白皮早熟2～3天。茎秆粗壮，株高95厘米。单株有效分枝5.7个，叶片较大，花紫色。单株结荚11个，平均每荚2粒，其中一粒荚占26.7%，二粒以上荚占73.3%，鲜荚长10.6厘米，宽2.7厘米，平均百荚鲜重2 205克，鲜籽长2.9厘米，宽2.3厘米，鲜籽百粒重392克；干籽百粒重183克，种皮绿色，黑脐。中后期根系活力强，耐寒、耐肥、抗倒，较抗赤斑病、锈病。不裂荚，结荚高度中等，成熟时秸青籽熟，熟相好。一般纯作田块鲜荚产量15 550～17 180千克/公顷，较日本大白皮增产10%左右，鲜籽产量5 400千克/公顷，干籽产量2 700千克/公顷，高产栽培具有3 450千克/公顷的生产潜力，较日本大白皮增产10.6%～12.2%。目前该品种在南通城郊等地逐步推广。可在江、浙、沪及福建蚕豆生态区秋播种植，尤其适合城郊作鲜食蚕豆栽培。

7. 通蚕（鲜）6号

冬性、中熟品种，全生育期220天，沿海地区鲜荚上市在4月下旬至5月上中旬，比日本大白皮早熟2～3天。苗期长势旺，株高85厘米，花紫色。单株有效分枝3.9个，单株结荚9个，其中一粒荚占33.6%，二粒以上荚占66.4%；鲜荚长10.4厘米，宽2.8厘米，平均百荚鲜重2 241.5克。鲜籽长3.0厘米，宽2.2厘米，鲜籽百粒重429.6克；干籽百粒重200克左右，粗蛋白含量27.9%。黑脐、种皮浅紫，可作纯度鉴定用。青豆籽速冻加工可周年供应，青荚可直接上市或保鲜出口。

8. 陵西一寸

日本引进品种。该品种根系发达，主根粗壮，入土深45～65厘米，侧根数达35～52条，单株有根瘤40～46粒，茎方形，直立中空，粗0.9～1.4厘米，分枝直接由根际部抽出，株高109～110厘米，有效分枝5～8个，单株结荚数13～16个，荚长9.3～12.7厘米，最长荚15～17厘米，荚宽3～3.5厘米，荚呈圆筒形，鲜籽淡绿色，单株粒数13.5～15.1，干籽淡棕色，种子长×宽为30×25毫米，指数1.14～1.20，百粒重250克以上，最重达280克以上。该品种喜湿润怕干旱，苗期尤怕水渍、淹、涝，播时忌施种肥。该品种是鲜食和加工罐头的优质品种，质地细腻糯性好，富含营养，煮烧松软，水溢后油煎，松脆鲜美。对土壤适应性较广，病虫害发生较少，耐肥，但耐寒性较弱，栽培上要注意防冻。

9. 日本大白皮

冬性、中熟品种，全生育期223天左右。茎秆粗壮，株高105厘米，花紫色。单株有效分枝3个左右，单株结荚10个左右，荚长荚大，其中一粒荚占26.7%，二粒以上荚占73.3%，鲜荚长10.6厘米，宽2.7厘米，平均百荚鲜重2 205克。福建、浙江南部4月中旬左右鲜荚上市，浙江北部、上海、江苏4月下旬至5月上旬鲜荚上市。单荚粒数1.8粒，鲜籽长2.9厘米，宽

2.3厘米，鲜籽百粒重395克；干籽百粒重175克，白皮、黑脐。鲜荚可直接上市或保鲜出口，青豆籽可作速冻加工。

10. 海门大青皮

冬性、中熟品种，全生育期221天。株形紧凑，直立生长，茎秆粗壮，株高中等，一般株高90厘米，花紫色。分枝较多，单株分枝4.5个，单株结荚12.2个，每荚1.6粒，豆荚长8.0厘米。籽粒较大，扁平，粒形阔、薄，粒长2.03厘米，粒宽1.52厘米，种皮碧绿有光泽，种脐黑色，基部略隆起，一般百粒重115～120克。干籽蛋白质含量25%～30%，粗脂肪1.68%～1.98%，耐寒、抗病、抗倒，熟相好。可纯作，也可与玉米、棉花、蔬菜、药材等间、套种。青籽适于鲜食，干籽可加工出口，年出口量在10 000吨以上。

11. 慈溪大白蚕豆

秋播品种，原产于浙江慈溪，是浙江著名的地方品种，常年种植面积为10 000公顷。分枝性强，结荚多，茎秆粗，百粒重120克左右，是秋播蚕豆中较好的大粒种。种皮薄，乳白色，单宁含量低，品种褪色慢，食味佳美，又是全年菜用的优良品种。一般每公顷产量2 250～3 000千克，籽粒主要供外销。缺点是不抗病，易倒伏。该品种耐湿性差，对耕作条件要求严格，宜安排在滨海棉区与棉花套种及旱地种植。旱地增产潜力大于水田。慈溪大白蚕豆属晚熟型，生育期210天左右，在浙江一般霜降前后播种，次年5月底成熟。播种量一般每公顷112.5～150千克。

12. 白胡豆

近年来从日本引进，粒大，皮白、肉白、质佳，在江苏和浙江省一带广为栽培。

13. 大白胡豆

四川地方品种，栽培历史悠久，成都、乐山等地较多。株高80厘米左右，开展度约25厘米，茎叶灰绿色。小叶椭圆形，花浅紫色，第一花序着生于2～5节，每花序结荚1～3个，单株有

3～4 节花结荚，单荚重 15 克，青荚黄绿，长约 7.7 厘米，宽约 1.7 厘米，厚约 1.5 厘米，指形，每荚有种子 2～3 粒。嫩豆粒白色，豆粒大，豆粗，味香，品质好，老熟荚皮黑褐色，种子白绿色，近椭圆形。播后 180 天左右采收嫩荚，200 天左右收获老荚，每亩收豆粒约 200 千克，在四川 10 月上旬到下旬播种，4 月上旬到中旬收青荚，5 月收老荚。

14. 嘉定白皮蚕豆

上海市嘉定区著名特产，因种皮、种脐、子叶三者均为绿白色，故又有三白蚕豆之称，或称大白蚕豆。植株长势强，高 1～1.3 米，根粗壮发达，茎中空，方形，4～6 个分枝，主侧枝区别不明显，主茎节位 21～30 节，始花 3～4 节，2～14 节可连续着生花序，每花序结荚 1～3 个，花紫白色，荚长 8.7 厘米，宽 2 厘米，厚 1.5 厘米，绿色扁筒形，每荚有种子 2～3 粒，结荚率高，每株有效荚 25～40 个，亩产青荚约 600 千克。上海地区 10 月上、中旬播种，翌年 5 月上旬收嫩荚。

15. 下灶牛角扁

原产江苏东台县安丰镇，株高 80～90 厘米，分枝性较强，生长旺盛，结荚较多，每荚含种子 2～3 粒，粒大，皮色青白，豆粒肉质细腻，适口性好，千粒重 1 500～1 600 克，对土壤适应性较广，根瘤发达，固氮能力较强。

16. 大青扁

我国南北都有栽培。株高 60～70 厘米，开展度小，分枝 1～3 个，主茎 5～6 处着生第一花序，以后连续生长 4～5 节，每一花序结荚 1～3 个，全株结荚 10 多个，豆荚大，平均长 7.5 厘米，宽 2 厘米，浅绿色，每荚有种子 2～3 粒，嫩豆粒肥大，肉质软糯，味道鲜美，种皮浅绿色，适宜菜用。

17. 牛踏扁

江苏、浙江一带的地方品种。株高，茎粗，分枝多，叶大，结荚较稀，荚大，每荚有种子 3～5 粒，豆粒大，外皮青白色，

粉质细糯，鲜美沙甜，适宜煮青豆，干豆粒炒食，质脆且酥，是加工各种蚕豆制品的上等原料，生长期较长，成熟晚。

18. 襄阳大脚板

种子形似脚板而得名。株高115厘米左右，分枝性强，单株结荚20个左右，每荚有3粒种子，种子平均长1.87厘米，宽1.3厘米。

19. 云豆324

云南省农业科学院粮食作物研究所以昆明蚕豆经系统选育而成，1999年8月通过云南省农作物品种审定委员会审定（审定编号：滇蚕豆11号），当地农民称“甜脆绿蚕豆”，属秋播型中熟大粒型品种，2002年获云南省政府颁发的科技进步一等奖。全生育期193天，无限开花习性，幼苗分枝半直立，分枝力强，平均分枝数3.7个/株；株高80～100厘米，株型紧凑，幼茎淡紫红色，成熟茎褐黄色，小叶叶形卵圆、叶色黄绿，花淡紫色，荚质硬，荚形扁圆筒形；鲜荚绿色，成熟荚浅褐色；种皮绿色，种脐绿色；粒形阔厚，子叶黄白色；单株9.92荚，单荚2.39粒，百粒重132克，单株粒重31.4克，干籽粒淀粉含量45.88%，粗蛋白含量25.59%，单宁含量0.06%，鲜籽粒可溶性粒糖分含量13.6%。属优质鲜销型菜用品种。抗冻力强、耐旱力中等。多点区域试验平均干籽粒产量每公顷3 800千克，比对照种“K0729系”增产26.2%。大田生产试验干籽粒产量每公顷3 723～4 596千克，平均产量每公顷4 159千克，增产率7.5%～42.1%，鲜荚产量每公顷20 535～33 000千克。1999—2002年在昆明、曲靖等地示范推广累计面积5.87万公顷，成为第一个鲜销型蚕豆当家品种。适宜云南、四川和贵州一带海拔1 100～2 400米的秋播区域、海拔1 800～3 100米的春播和夏播区生产鲜荚；在江浙、华中一带秋播和甘肃、青海一带春播栽培，较当地品种早上市20～30天。

20. 云豆315

云南省农业科学院粮食作物研究所采用常规杂交育种程序育成，2001 年 9 月通过云南省农作物品种审定委员会审定，属秋播型中熟大粒型品种。全生育期 188 天，无限开花习性，幼苗分枝匍匐，株高 100.3 厘米；幼茎红绿，成熟茎褐黄色，株型松散度中等；分枝力中等，平均分枝数 3.7 枝/株，小叶叶形卵圆，叶色深绿；花淡紫色，荚质硬，荚形长筒形，鲜荚绿黄色，成熟荚为浅褐色；种皮绿色，种脐黑色，子叶黄白色，粒形阔厚；单株 12.4 荚，单荚 1.72 粒，百粒重 128 克，单株粒重 19.45 克，干籽粒淀粉含量 45.91%、粗蛋白含量 28.59%，属高蛋白类型；赤斑病抗性较强。云南省区域试验平均干籽粒产量每公顷 3 115 千克，比对照种 8010 增产 4.3%。大田生产试验干籽粒产量每公顷 2 719～5 518 千克，平均每公顷 4 118 千克，增产率 1.7%～37.2%，最高鲜荚产量每公顷 25 200 千克。2003—2005 年在昆明、曲靖等地示范推广累计面积 9 100 公顷。适于云南省海拔 1 100～2 400 米的秋播区，1 900～3 100 米的夏播区，及近似生境的区域种植。

21. 云豆 147

云南省农业科学院粮食作物研究所常规杂交育成，2003 年 12 月通过云南省农作物品种审定委员会审定，属秋播型中熟大粒型品种。全生育期 190 天，无限开花习性，幼苗分枝匍匐，株高 79.08 厘米，株型紧凑；分枝力强，平均分枝数 3.64 枝/株，幼茎绿，成熟茎红绿色，叶色深绿。小叶叶形长圆，花色白，荚质硬，荚形扁圆筒形，鲜荚绿黄色，成熟荚为浅褐色，种皮白色，种脐黑色，子叶黄白色，粒形阔厚，单株 11.4 荚，单荚 1.93 粒，百粒重 127.38 克，单株粒重 23.68 克，干籽粒淀粉含量 47.69%、粗蛋白含量 26.21%；耐冻力强，耐旱中等。云南省区域试验平均产量每公顷 3475.5 千克，比对照种 8 010 增产 21.7%。大田生产试验每公顷 3 028～4 812.5 千克，平均单产每公顷 3 920 千克，增产率 11.2%～41.5%，2003—2005 年在昆

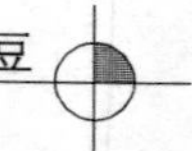

明、曲靖、楚雄等地示范推广累计面积 2.57 万公顷。适于云南省海拔 1 100～2 400 米秋播区和 1 800～3 100 米夏播区，及近似生境的区域种植。

22. 云豆早 7

云南省农业科学院粮食作物研究所通过系统选育程序育成，2005 年通过云南省品种委员会审定，属秋播型早熟大粒型品种。全生育期 160～188 天，无限开花习性，幼苗分枝直立，株高 80.0 厘米；幼茎绿色，成熟茎褐黄色，分枝力强，平均分枝数 4.85 枝/株，株型松散度中等，小叶叶形长圆，叶色绿，花色浅紫，荚质硬，荚形扁圆筒形，鲜荚绿黄色，成熟荚浅褐色，种皮白色，种脐白色，子叶黄白色，粒形阔厚，单株 10.2 荚，单荚 1.49 粒，百粒重 130.6 克，单株粒重 16.2 克，干籽粒淀粉含量 41.67%、粗蛋白含量 26.8%；对锈病、潜叶蝇有较好的避性。夏播多点区域试验平均干籽粒产量每公顷 4 226.7 千克，比对照种 83 324 增产 6.1%。大田生产试验干籽粒产量每公顷4 200～6 600千克；平均单产每公顷 4 400 千克，增产率 0.3%～72.9%，最高鲜荚产量每公顷 32 100 千克；2002—2005 年在昆明、红河、保山等地示范推广累计面积 1.66 万公顷。适于云南省海拔低于 1 600 米的正季，或海拔 1 100～2 400 米的反季蚕豆产区栽培，及近似生境的区域种植。注意根据当地气候，特别是温度条件，严格选择播期。

23. 云豆 825

云南省农业科学院粮食作物研究所通过常规杂交育种程序育成，2005 年通过专家鉴定，属秋播型中熟大粒型品种。全生育期 188～202 天，无限开花习性，幼苗分枝直立，株高 101.5 厘米；株型紧凑，幼茎绿色，成熟茎褐黄色，分枝力中等，平均分枝数 2.95 枝/株；小叶叶形卵圆，叶色黄绿，花色白，荚质硬，荚形扁圆筒形，鲜荚绿黄色，成熟荚为浅褐色，种皮白色，种脐白色，子叶黄白色，粒形阔厚，单株 9.9 荚，单荚 1.30 粒，百粒重 144.9 克，单株粒重 20.2 克，干籽粒淀粉含量 49.74%、粗蛋白含量 24.12%、总糖含量 61.2%、单宁含量 0.025%；由于总糖含量高，单宁含量低，加工品质极其优异。多点区域试验平均干籽粒产量每公顷 3 892.1 千克，比对照种地方品种玉溪大白豆等增产 10.76%。大田生产试验干籽粒产量 3 430～5 910 千克；平均产量每公顷 4 670 千克，增产率 10.1%～15.3%；2003—2005 年在昆明、玉溪、曲靖等地示范推广累计面积 3 700 公顷。适宜云南省海拔 1 100～2 300 米的蚕豆产区及近似生境的区域种植。

24. 云豆 690

云南省农业科学院粮食作物研究所通过常规杂交育种程序育成，2006 年通过云南省品种审定委员会审定，属秋播型中熟中粒型品种。全生育期 186～206 天，无限开花习性，幼苗分枝半匍匐，株高 100～120 厘米；株型紧凑，幼茎绿色，成熟茎褐黄色，分枝力中等，平均分枝数 3.68 枝/株，小叶叶形卵圆，叶色黄绿，花色白，荚质硬，荚形扁筒形，鲜荚绿黄色，成熟荚为浅褐色，种皮白色，种脐白色，子叶黄白色，粒形中厚，单株 11.9 荚，单荚 1.92 粒，百粒重 116.3 克，单株粒重 28.9 克，干籽粒淀粉含量 40.04%、粗蛋白含量 28.9%；属高蛋白品种。抗冻力中等。云南省区域试验平均干籽粒产量每公顷 4 195.9 千克，比对照种 8010 增产 9.8%。大田生产试验干籽粒产量每公顷 3 671～6 910 千克；平均单产每公顷 4 290 千克，增产率 13.2%～21.3%。2004—2006 年在昆明、曲靖、丽江等地示范推广累计面积 2 300 公顷。适于云南省海拔 1 600～2 400 米的蚕豆产区及近似生境的区域种植。

25. 云豆 1290

云南省农业科学院粮食作物研究所采用常规杂交育种程序育成，属秋播型中熟大粒型品种，2007 年完成多点鉴定试验。全生育期 183 天，无限开花习性，幼苗分枝半匍匐，株高 90.8 厘米；株型紧凑，幼茎绿色，成熟茎褐黄色，分枝力中等，平均分枝数 3.7 枝/株；小叶叶形卵圆，叶色绿，花色白，荚质硬，荚形扁筒形，荚长 10.5 厘米，鲜荚绿黄色，成熟荚为浅褐色，种皮白色，种脐黑色，子叶黄白色，粒形阔厚，单株 11.1 荚，单荚 1.96 粒，百粒重 135.4 克，单株粒重 25.2 克，属长荚鲜销型菜用品种。小区多点试验平均干籽粒产量每公顷 5 061 千克，比对照种 8 363 增产 7.4%。大田生产试验干籽粒平均产量每公顷 4 575 千克，增产率 11.7%。2006 年开始投入大田生产示范。适于云南省海拔 1 100～2 400 米的蚕豆产区，及近似生境区域栽培种植。

26. 德国特大蚕豆

株高 80 厘米左右，单株有效分枝 4～5 个，每枝结荚 4～6 个，单株结荚 20～30 个，第三、四节开花，荚长扁形，每荚有种子 3～5 粒，鲜豆粒特大，宽而厚，肉质细嫩，适口性好，干豆粒黄白色，近方形，抗寒、抗病，生长期 120 天左右。

27. 白皮蚕豆

江苏省南通地方品种，1985 年通过江苏省品种审定委员会认定。该品种皮白、肉白、脐白，又名三白蚕豆。皮较薄，且粉质含量为主，易煮熟，酥香可口，适宜作青蚕豆、五香豆、奶油豆等佳品。在江苏省生育期为 230～240 天，株高 90～100 厘米，单枝结荚 2～3 个，每荚 2～3 粒，粒大。在江苏省和浙江省广泛种植。

28. 杭州青皮

又名田鸡青，浙江省地方品种，栽培历史悠久，杭州各地均有栽培。株高约 1 米，开展度约 60 厘米，分枝 3～4 个，茎四棱形，浅绿色，叶椭圆形，4～6 节着生第一花序，花紫白色，荚多对生，呈刀形，长 7～8 厘米，宽 2.2 厘米，厚 1.5 厘米，绿色。每荚含种子 2～3 粒，种皮较厚，浅绿色，嫩豆质软糯，品质好。当地 10月下旬播种，5 月上旬收嫩荚。

29. 启豆1号

属中粒型秋播蚕豆品种，百粒重90克左右。分枝性强，结荚多，茎秆粗，耐肥抗倒；耐寒性强，对锈病、轮纹病和赤斑病具有一定的抗性。该品种种皮绿色，种子中厚，成熟较迟，生育期为200～210天，在江苏、上海等地种植面积较大。适应于长江流域大面积种植。

30. 启豆2号

冬性、迟熟品种，全生育期226天。株形紧凑，直立生长，茎秆粗壮，叶片繁茂。株高106.2厘米，花色白中带淡红，偶有红花。单株有效分枝3.2个，单株结荚14.2个，荚长9.76厘米，每荚平均3.0粒。豆荚上举，荚壳薄，豆粒鼓凸于豆荚间。豆粒种皮绿色，种脐黑色，粒形中厚、椭圆，粒长1.72厘米，粒宽1.22厘米，百粒重78～80克。蛋白质含量27.12%。丰产性好，成熟时具有秆青籽熟特点。高抗锈病，中感褐斑病，感赤斑病，熟相好。耐寒、耐肥、抗倒伏，适于间作、套种，粮、饲兼用蚕豆。

31. 启豆3号

江苏省启东市农业技术推广中心1983年以启豆2号作母本，日本大白皮作父本，经杂交选育而成。冬性、中晚熟品种，全生育期232天，比对照通研1号略迟。茎秆粗壮，长势较旺，株高95～100厘米，花色白中带红。单株有效分枝3.1个，单株结荚8.3个，豆荚长9.3厘米，荚宽1.8厘米，成熟时豆荚皱壳、下垂，熟相不佳。单荚粒数2.3粒，粒形中厚、长椭圆，种皮白色，种脐黑色，百粒重125克左右，商品性好。粗蛋白含量25.9%、粗脂肪含量1.38%。对锈病、黄花叶病毒病抗性较好，耐赤斑病，蚕豆象危害轻。生长后期易早衰。1990—1993年南通市蚕豆区域试验和生产试验，平均产量分别为2 581.5千克/公顷、2157.9千克/公顷，比对照品种通研1号分别增产5.36%、2.06%。间、套种稀植产干豆3 000千克/公顷，高产

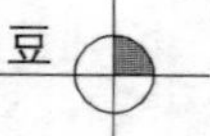

纯作密植田块产干豆 3 300～3 500 千克/公顷。在江苏省累计推广种植 2 万公顷。适应性广，可在江苏蚕豆生态区及长江中下游蚕豆生态区种植。

32. 启豆 5 号

江苏省启东市绿源豆类研究所 1994 年从推广品种启豆 4 号的田间自然变异株中经系统选育而成。冬性、晚熟品种，全生育期 230 天。茎秆粗壮，株高 100～105 厘米。花色紫红。单株有效分枝 3 个，分枝结荚 2～3 个。豆荚粗大，着生下垂，每荚平均 1.8 粒，粒形椭圆，种皮绿色，种脐黑色，百粒重 185 克左右，商品性好。抗倒性能力强，需肥多。高抗锈病，不抗赤斑病。成熟时表现秆青籽熟特点，可与棉花、玉米、蔬菜等间套种。纯作密植产干豆 2 250～2 850 千克/公顷，产青豆荚 13.5～17.1 吨/公顷，产鲜籽 4 450 千克/公顷。近年该品种在江苏、浙江、上海推广面积 6 670 公顷。适应性广，可在江苏蚕豆生态区及长江中下游蚕豆生态区种植。

33. 启豆 6 号

江苏省启东市绿源豆类研究所 1994 年在审定品种启豆 3 号中经单株系统选育而成。冬性、晚熟品种，全生育期 230 天。茎秆粗壮，株高 100～105 厘米。花色紫红。单株有效分枝 4 个左右，分枝结荚 3～4 个，豆荚粗大，每荚三粒。商品性好，种皮淡绿色，种脐黑色，粒形椭圆，饱满，豆粒大，百粒重 225 克左右。植株抗倒好，需肥多，增产潜力大。高抗锈病，轻感赤斑病。可纯作，也可与棉花、玉米蔬菜等作物间套种。间、套种产干豆 2 625 千克/公顷左右，产青豆荚 15 750 千克/公顷；纯作密植产干豆 3 375～3 750 千克/公顷，青豆荚 16 500～18 750 千克/公顷。适应性广，可在江苏蚕豆生态区及长江中下游蚕豆生态区种植。

34. 成胡 10 号

四川省农业科学院作物研究所以浙江省引进的地方品种建

德青皮作母本，平阳青作父本进行有性杂交，于1983年选育而成，1985年经四川省农作物品种审定委员会审定推广。冬、春均可种植，根系发达，茎秆粗壮，长势旺，属中熟品种，生育期185～200天，春前豆苗生长快，长势旺，分枝力强，植株高大，株高120厘米左右，较农家种约高10～20厘米，茎秆粗壮，叶片呈椭圆形，叶肉较厚，叶色浓绿，每荚一般2～3粒，最多4粒，平均每荚粒数2粒以上，属硬荚型。百粒重80～90克，种皮浅绿色，含粗蛋白26.8%，淀粉含量42.02%，脐黑色，耐赤斑病力较强。种皮薄浅绿色，种皮薄，易化渣，食味较好。百粒重80～90克。一般每公顷产量2 250～3 000千克，最高为4050千克。适应性广，抗病性强，抗倒伏，高产稳产，适宜中等以上肥力土壤种植，是粮、菜、饲兼用的中粒高产品种。（彩图29）

35. 成胡11号

四川省农业科学院作物研究所1974年用遵义小青豆作母本，浙江省优良单系69-1作父本，经有性杂交，于1983年选育而成，1985年四川省农作物品种审定委员会审定推广。幼苗长势旺，分枝力强，株型紧凑，株高90厘米左右（留种胡豆），叶色浓绿，叶片窄小，叶片呈椭圆形。叶姿上举，分布均匀，个体光合率较高，单株荚、粒数多，每荚一般2～3粒，平均2粒以上，百粒重70克左右，种皮浅绿色，属硬荚型。耐旱、耐瘠、耐赤斑病力较强。生育期约190天。干种子经四川省农业科学院中心试验室分析，含淀粉42.9%，脂肪1.05%，粗蛋白25.8%，单宁78.8毫克/千克。是一个粮食、饲料兼用的中粒偏小型高产稳产胡豆品种。种皮薄、食味好，除粮、饲用种外，还适宜综合加工利用。适宜在四川全省平坝、丘陵种植。适合与棉花、小麦等多种作物间作套种、净种。（彩图30）

36. 成胡12号

四川省农业科学院作物研究所1990年杂交选育而成，1992

年四川省农作物品种审定委员会审定推广。耐赤斑病，生长势旺，株高 110～125 厘米。紫色花，叶色浓绿，叶片呈椭圆形。结荚部位集中，单株荚粒数多，双荚数多，种皮多为乳白色，少数浅绿色，百粒重 68～75 克。耐旱、耐瘠力较强。适宜间套作种植，干种子蛋白质含量 36.2%，生育期较各地方种长 3～6 天。种皮薄，食味好，可粮用、菜用。适宜在四川全省秋播区的平坝、丘陵、坡土、台土、漕土等地区均可种植。适与棉花、小麦等多种作物间作套种、净种。（彩图 31）

37. 成胡 13 号

四川省农业科学院作物研究所 1990 年杂交选育而成，1996 年四川省农作物品种审定委员会审定推广。耐赤斑病力强，生长势旺，株高 110～130 厘米，花多数浅紫色，少数深紫色，叶色浓绿，叶片呈椭圆形。单株结荚数较多，部位集中，荚长（每荚平均 2 粒以上），种皮多数乳白色，少数浅绿色，百粒重 70～80 克，品质好，干种子含蛋白质 36.6%（去皮），种皮含单宁 3.0%（干基），产量稳定性较好，适应性广，生育期 199 天，较各地方种长 2～5 天。种皮薄、食味好，可粮、菜兼用。适宜在四川全省秋播区的平坝、丘陵、坡土、台土、漕土等不同土壤、不同台位、不同耕作制度种植。可用于江苏省秋播地区净作或间套作栽培。（彩图 32）

38. 成胡 14 号

四川省农业科学院作物研究所 1998 年杂交选育而成，1999 年四川省农作物品种审定委员会审定推广。耐病力强，生长势旺，分枝多，株高 110～130 厘米，花紫色，叶色浓绿，叶片呈椭圆形。单株粒数在 20 粒以上，荚长，平均每荚粒数在 2 粒以上，种皮乳白色，粒大，百粒重 92.1 克，较对照重 10 克左右，品质好，干种子含粗蛋白 30.6%（一般蚕豆蛋白质含量为 26%～28%），产量高，每公顷可达 3 000 千克以上，稳定性好，适应性广，全生育期 192 天。种皮薄、食味好，可粮、菜兼用。

适宜在四川全省秋播区的平坝、丘陵、坡土、台土、漕土等不同台位，不同耕作制度种植。（彩图 33）

39. 成胡 15 号

四川省农业科学院作物研究所 1986—1998 年选育而成，1999 年四川省农作物品种审定委员会审定推广。耐病力强，生长势旺，茎秆粗壮，分枝力强，株高 120 厘米左右，花紫色，叶色浓绿，叶片呈椭圆形。单株粒数 20 粒以上，荚长、每荚粒数平均 2～3 粒，种皮浅绿色，粒较大，百粒重 90.7 克，品质好，干种子含粗蛋白 30.7%，高产、稳产、适应性广，全生育期 191 天。种皮薄、食味好，可粮、菜兼用。适宜在四川全省秋播区及长江以南部分地区各种不同土壤、地势、耕作制度种植。（彩图 34）

40. 成胡 16 号

四川省农业科学院作物研究所 1991—2003 年选育而成，2003 年四川省农作物品种审定委员会审定推广。耐病力强，生长势旺，茎秆粗壮，分枝力强，株高 110～130 厘米，花紫色，叶色浓绿，叶片呈椭圆形。单株粒数在 20 粒以上，荚长、每荚粒数平均 2～3 粒，种皮浅绿色，粒较大，百粒重 97.7 克，品质好，干种子含粗蛋白 29.4%，高产、稳产、适应性广，全生育期 180 天。种皮薄、食味好，可粮、菜兼用。适宜在四川全省秋播区的平坝、丘陵、坡土、台土、漕土等不同台位，不同耕全制度种植。（彩图 35）

41. 成胡 17 号

四川省农业科学院作物研究所 1993—2003 年选育而成，2003 年四川省农作物品种审定委员会审定推广。耐病力强，生长势旺，茎秆粗壮，分枝力强，株高 130 厘米左右，花紫色，叶色浓绿，叶片呈椭圆形。单株粒数在 20 粒以上，荚长、每荚粒数平均 2 粒以是，种皮浅绿色，粒大，百粒重 97.3 克，品质好，干种子含粗蛋白 28.4%，高产、稳产、适应性广，全生育期 180

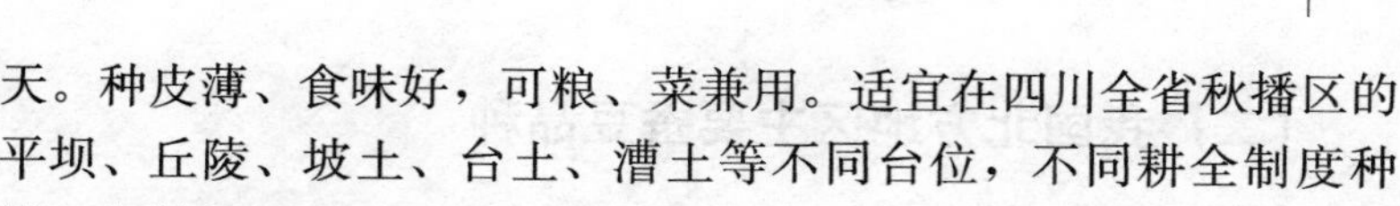

天。种皮薄、食味好，可粮、菜兼用。适宜在四川全省秋播区的平坝、丘陵、坡土、台土、漕土等不同台位，不同耕全制度种植。（彩图36）

42. 成都大白

成都市郊区青龙乡新华农业生产队地方品种，豆粒大，色白，植株比较高大，成熟期较一般蚕豆早。籽粒大，百粒重106.9克。该品种最高产量1 875.0千克/公顷，一般产量1 500千克/公顷，最低1 275千克/公顷。籽粒大，种皮厚，不易化渣，作菜用。播种地宜选择丘陵地区的山坡地，土质以潮沙地、黄垉地为最好，这样既能滤水，也不易霜冻。平坝地区亦可播种，但因霜冻较丘陵地区大，成熟期较迟，产量也较丘陵地区低。（彩图37）

43. 上虞田鸡青

秋播品种。原产于浙江省上虞市，有名的地方品种。种皮绿色，百粒重80克左右，属中粒型，是浙江省地方品种中品质最佳的一个。田鸡青具有耐湿、耐迟播、抗赤斑病等优点，适应性较强，水、旱两地均可种植。在浙江省一般于10月下旬播种，次年5月下旬成熟，全生育期205～209天，属中熟型。田鸡青平均产量每公顷2 250千克，高者达3 600千克。

44. 利丰蚕豆

秋播品种，属中熟偏早类型。种皮绿色，百粒重85克以上。主要特点是丰产稳产，耐蚕豆赤斑病，品质优，食味好。平均产量每公顷2 250～3 000千克。适于在浙江及邻近省区推广种植。

45. 平阳早豆子

主要产于浙江温州地区，特早熟。秋播，全生育期196天，也适宜春播。一般每公顷采收青荚10 500千克左右，鲜茎叶3 000千克。6月上旬成熟，全生育期80天左右，每公顷产干籽粒1 750千克。小粒，百粒重70克以下，是菜、肥兼用品种。

(二) 我国北方地区主要蚕豆品种

我国蚕豆品种类型丰富，分布广泛，根据气候特点，蚕豆有春播和秋播两大类，长江流域及西南一带气候较温和，一般为秋播，黄河以北、青藏高原为春播。现将适合北方地区种植的主要春播品种简介如下：

1. 戴韦

中国农业科学院作物科学研究所自法国引进，青海省农林科学院作物所与中国农业科学院作物科学所合作经系统选育而成，2007年通过青海省农作物品种审定委员会审定。该品种春播、秋播都有良好表现，生育期125天左右。具有高产、优质、小粒、耐旱、耐瘠的特点。分枝一般2～3个，单株荚数18～29个，单荚粒数2～3个，百粒重50～60克，种皮乳白色，种子蛋白质含量29%～30%，单宁含量少，不含蚕豆苷等生物碱。株高115～156厘米，一般每公顷产量4 500千克，高者达5 250～6 000千克，是一个粮、饲兼用的品种。适于北方蚕豆主产区推广种植。

2. 临夏马牙

甘肃省临夏地区的地方品种。因籽粒大、形似马齿而得名。该品种春性较强，具有适应性强、高产稳产的特点。平均每公顷产量5 250～7 500千克。株高170厘米左右，茎粗壮，单株有效分枝1～2个，花淡紫色，单株荚数10～20个，每荚平均种子数1.8粒，种子阔厚，大粒种，百粒重170克左右。种皮乳白色，脐黑色，全生育期150～170天，晚熟种。籽粒蛋白质含量25.6%。全生育期155～170天，属晚熟种。适宜肥力较高的土地上种植。是我国重要蚕豆出口品种。

3. 湟源马牙

青海省湟源地方品种。春播类型。株高120～150厘米，茎粗壮，单株有效分枝2～3个，花浅紫色，单株荚数10～20个，

每荚1～3粒种子。种子阔厚，大粒种，百粒重160克左右，属大粒种，是青海省优良地方品种。种皮乳白色，脐黑色。全生育期140～150天。喜水耐肥，抗性强。栽培历史悠久，具有较强的适应性，产量高而稳。分布在海拔1 800～3 000米的地区。一般水地每公顷产量3 750～5 250千克，山地2 250～3 000千克。是我国主要蚕豆出口品种。适于北方蚕豆主产区种植。

4. 崇礼蚕豆

河北省张家口坝上地方品种。强春性，全生育期100～110天，属早熟品种。幼苗绿色，有效分枝2～3个，株高80～100厘米，节间短，单株荚数一般8～10个，单荚粒数3～4粒，百粒重120克左右。籽粒窄圆形，种皮乳白色。籽粒含蛋白质24.0%，脂肪1.5%，赖氨酸1.55%。该品种生育期较短，植株较矮，株型紧凑，适宜密植。喜肥喜水，适应性强，丰产性好，一般每公顷产2 250～3 000千克。该品种适于张家口坝上、山西北部及内蒙古种植。

5. 阿坝大金白

四川阿坝州金川县地方品种。株高107厘米左右，单株有效分枝1～2个，花浅紫色，单株荚数5～11个，每荚种子1～2粒。种子中厚，种皮乳白色，脐黑色，中粒种，百粒重100～110克。全生育期173天，中熟种。该品种适应性广，抗逆性强，是一个优良的地方品种。

6. 青海3号

青海省农业科学院育成。株高120～150厘米，有效分枝2～3个，株形紧凑，结荚集中于中下部，荚长而厚，略呈弯曲状。单株结荚10～12个，每荚2～3粒种子，种子宽厚，种皮乳白色，种脐黑色，籽粒饱满整齐，大粒种，百粒重153克左右。

7. 青海10号

青海省农林科学院以青海3号为母本，马牙为父本杂交选育而成，1998年通过青海省农作物品种审定委员会审定。该品种属大粒高产旱地蚕豆品种，叶姿上举，株型紧凑，花白色，春性，全生育期 155～165 天。主茎有效荚 6.8±0.52 个，单株有效荚 11.3±0.97 个，籽粒白色，百粒重 168.7±3.1 克，籽粒粗蛋白质含量 27.5%，淀粉 49.6%，粗脂肪 1.53%。水地种植一般每公顷产量 4 500～5 250 千克，在低、中位山旱地种植一般每公顷产 3 750 千克。适于青海及其他省相似气候条件下种植。

8. 青海 11 号

青海省农林科学院作物所于 1990 年以 72 - 45 为母本，新西兰为父本有性杂交，经多年选育而成，2003 年通过青海省农作物品种审定委员会审定。春性、中晚熟品种，株高 146.00±1.42 厘米，全生育期 152±2。一般每公顷产量 5 250～6 000 千克。该品种籽粒粗蛋白含量 25.66%，淀粉 45.35%，脂肪 1.38%，粗纤维 6.20%，灰分 3.73%。中抗褐斑病、轮纹病、赤斑病。适于青海海拔 2 000～2 700 米川水地种植，以及其他省区相似气候条件下试种。

9. 青海 12 号

青海省农林科学院作物所于 1990 年以（青海 3 号×马牙）为母本，（72 - 45×英国 176）为父本有性杂交，经多年选育而成，2005 年通过青海省农作物品种审定委员会审定。该品种属春性、中晚熟品种，在西宁地区全生育期 143±2 天，株高 104.40±1.93 厘米。在水地条件下，一般每公顷产量 4 500～6 000千克。中抗褐斑病、轮纹病、赤斑病。该品种籽粒粗蛋白含量 26.50%，淀粉 47.58%，脂肪 1.47%，粗纤维 7.37%。适于青海海拔 2 000～2 600 米的川水及中位山旱地种植，以及其他省区相似气候条件下试种。

10. 胜利蚕豆

青海省农业科学院育成。株高 70～80 厘米，有效分枝 2～3 个，单株荚数 35 个左右，每荚平均 2 粒种子。种皮乳白色，种脐黑色，种子中厚，饱满，中粒种，百粒重 90～105 克。全生育

期144天。中熟，矮秆，高产稳产，适应性广。

11. 临夏大蚕豆

甘肃省临夏州农业科学研究所育成。春播类型。株高140厘米左右，有效分枝1～3个，单株结荚数15～22个，每荚1～3粒种子。种子宽厚，种皮乳白色，种脐黑色，籽粒饱满，硬实少。百粒重170克左右，大粒种。全生育期160天左右，属中熟品种。籽粒蛋白质含量27.9%，平均产量每公顷3 750～4 500千克。喜水耐肥，丰产性好，抗逆性强，适应性强，在海拔1 700～2 600米的川水地区和山阴地区均能种植，1981年开始在甘肃省大面积推广。适于北方蚕豆主产区种植。

12. 临蚕2号

甘肃省临夏州农业科学研究所从法国引进品种法娃长荚中选育而成，1989年通过甘肃省品种审定委员会审定。株高约160厘米，株形紧凑，生长健壮，有效分枝1～3个，单株荚数10～15个。种皮乳白色，粒大饱满，百粒重约180克，属大粒品种。全生育期160天左右，属中熟品种。适应性广，抗逆性强。籽粒蛋白质含量26.23%，粗纤维1.54%，淀粉41.17%，氨基酸2.67%。适宜在山区半干旱地区和阴湿区旱地以及其他地区水地种植，目前已在甘肃、宁夏大面积推广。

13. 临蚕3号

甘肃省临夏州农业科学研究所从国外引进品种英175的变异单株中选育而成，1993年通过甘肃省品种审定委员会审定。幼苗直立，叶色深绿，幼茎绿色。株高100～150厘米，有效分枝1.5个左右，株型紧凑。茎粗1.0厘米，叶阔椭圆形，花淡紫色。始荚节位第七节左右，始荚高30厘米左右，每株结荚18个左右，结荚上举。荚长10.5厘米，宽2厘米，每荚2～4粒，黑荚。籽粒白色，黑脐，粒长2.0厘米，宽1.8厘米，厚1.4厘米，单株结籽30粒，千粒重1 530克。生育期123天，属中早熟春性品种。1987—1992年在甘肃省生产示范，亩产量198.8～

465.0 千克；1992 年参加全国蚕豆优异品系鉴定试验名列第二。较抗轮纹病、褐斑病、根腐病等，对年度变化适宜性强。籽粒含淀粉 48.92%，粗脂肪 0.75%，粗蛋白质 29.92%，赖氨酸 1.97%，品质优良，商品性好。适宜甘肃、宁夏、青海等蚕豆春播区种植。

14. 临蚕 4 号

甘肃省临夏州农业科学研究所 1986 年从张掖农校提供的加拿大 321 蚕豆中选择获得的稳定变异群体，1998 年 11 月经省农作物品种审定委员会审定。幼苗直立，花淡紫色，茎紫色。叶片浅绿，长卵形。株型紧凑，有效分枝 1.7 个左右，株型紧凑，茎粗 0.9 厘米，株高 65～130 厘米，始荚高 20 厘米左右，生育期 110 天，抗旱，抗倒，不裂荚。荚长 11.0 厘米，每荚 3～4 粒，大粒型，色鲜白，黑脐，千粒重 1 500 克。经抗病性鉴定，根腐病、轮纹病、褐斑病发病率分别为 5%、40%、35%，较对照临夏马牙（发病率 9%、50%、48%）表现抗病，抗锈病、赤斑病。籽粒含淀粉 48.18%，粗脂肪 1.36%，粗蛋白质 26.04%，赖氨酸 2.04%，商品性较好，可作为早上市蔬菜品种。适宜于海拔 2 000～2 400 米高旱阴湿蚕豆春播区种植，在川塬灌区可作间套带种植的当家品种。

15. 临蚕 5 号

甘肃省临夏州农业科学研究所选育的高产、稳产、大粒、抗逆力强的春蚕豆新品种，1998 年甘肃省农作物品种审定委员会审定。春播，生育期 125 天左右，分枝少，一般为 2～3 个，具有高产、优质、粒大，抗逆性强等特点，百粒重 180 克左右，种皮乳白色，粒大饱满，籽粒含粗蛋白 23.44%、赖氨酸 1.64%、淀粉 50.83%、粗脂肪 0.83%、灰分 2.8%，商品性好。适于高肥水栽培，根系发达，抗倒伏，一般每公顷产 5 250 千克左右，是粮、菜兼用的优质品种。适于甘肃省、青海省川水地区，张家口坝上、山西北部及内蒙古水浇地种植。

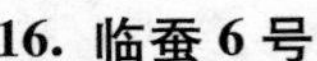

16. 临蚕6号

甘肃省临夏州农业科学研究所以国外引进品种英175作母本，荷兰168作父本，通过有性杂交选育而成，2004年10月通过甘肃省科技厅组织的技术鉴定，2005年12月通过甘肃省农作物品种审定委员会审定。属中熟大粒品种，株型紧凑，春性强，生育期125天左右，株高150厘米，有效分枝1～2个，茎粗1厘米左右，幼茎绿色，叶片椭圆形，叶色浅绿，花浅紫色，始荚高度30厘米，结荚集中在中下部，荚长且较厚，呈半直立型，单株结荚数10～13个、粒数25粒左右，粒长2.1厘米，粒宽1.6厘米，千粒重1 800～2 000克，籽粒饱满整齐，种皮乳白，种脐黑色。经甘肃省农业科学院2004年在田间自然鉴定，病情指数褐斑病为5.4、赤斑病为4.6、轮纹病为1.2，根病发病率2.2%，均低于对照品种临蚕2号，且耐根腐病，高抗叶部病害。经甘肃省农业科学院测试中心测定，籽粒含蛋白质30.41%、赖氨酸1.77%、淀粉47.75%、脂肪2.0%、灰分2.94%，品质较优良。适宜于甘肃、青海、宁夏、内蒙古、新疆、山西、四川阿坝等春蚕豆区种植。

17. 临蚕204

甘肃省临夏州农业科学研究所育成。春播蚕豆品种，生育期120天左右，具有高产、优质、粒大的特点，分枝2～3个，结荚部位低，百粒重160克左右。该品种在春播地区适应性广，抗逆性强，一般每公顷产5 250千克左右，是出口创汇的优质品种。适于甘肃、青海川水地区，河北张家口坝上、山西北部及内蒙古水浇地种植。

18. 拉萨1号

西藏农业科学研究所从地方品种中选育而成。株高110厘米左右，单株结荚数平均13个左右，每荚平均1.6粒种子。种子皮乳白色，脐黑色，种子中厚，百粒重约285克，属大粒形品种。全生育期160天左右，属中熟品种。适应性广，丰产性好。

19. 崇礼 1 号

河北省崇礼县麻地沟试验场杂交选育而成。株高 120 厘米左右，节间较短，结荚部位集中，单株结荚 10～12 个，每荚种子 4 粒左右。种皮白色，百粒重 120 克左右，属大粒形品种。全生育期 87 天左右，属早熟品种。高抗褐斑病。

20. 大青扁

我国南北各地都有栽培。株高 60～70 厘米，分枝 1～3 个。主茎 5～6 节处着生第一花序，以后连续生花 4～5 节，每一花序结荚 1～3 个，全株结荚 10 多个。豆荚大，每荚种子 2～3 粒。嫩豆粒肥大，味鲜美，种子皮浅绿色，适宜菜用。

此外，各地还有很多优良的地方品种，如慈溪大白蚕豆、白花大粒蚕豆、牛踏扁、襄阳大脚板、嘉善香珠豆等，大部分为南方的秋播品种，这些品种在北方也可以春播。

三、蚕豆高产高效栽培技术

（一）我国南方地区蚕豆高产高效栽培技术

1. 鲜食蚕豆高产栽培技术

（1）土地选择：蚕豆对土壤的适应性较广，但为求优质高产，仍应选择土壤含有机质在 1.5％以上，土层深厚、排水良好的黏质壤土或沙质壤土，较能获得理想收成。蚕豆产区应远离污染严重的化工厂、油漆厂或造纸厂，一般不少于 10 千米，以防止空气污染和水资源污染对其质量的影响；未发现有明显农药污染、生物化学物质污染和放射线物质污染；未发现土壤有明显缺素症状，具有农产品优质生产的基本条件。

蚕豆生产地应为前两茬未种过豆科作物的土地，以有效控制豆类作物根腐病和豆类作物化感物质对蚕豆根系生长的障碍。必须与非豆科植物实行 3 年以上轮作，水稻田亦需间隔一年，因为蚕豆根瘤菌分泌的有机酸在土壤中积累，不利于根瘤菌发育。有条件时尽可能实行水旱轮作，以减少病、虫、草害发生基数，减少田间用药次数和剂量。改良土壤理化性状，增强土壤有机养分矿质化、有效化和营养持续化。前茬作物多为水稻、玉米、棉花、白菜、萝卜，后茬多为瓜类，甘薯、包菜、花椰菜等。也可与小麦、油菜、芥菜等间套作，间种于幼龄的果树及桑树空隙地，可以充分利用土地提高地力。合理轮作是节约能源、保护环境、促进农业持续发展的重要举措。

（2）整地作畦：蚕豆根系入土较深，大田收完前茬作物，应深耕20～25厘米，若地力较差，保水弱，可作成平畦，低湿黏质土可作成狭高畦，每畦播种1行，若排水较好，可作成连续沟宽1.3米的高畦，播种数行，行距26厘米，株距16～20厘米。实行宽窄行配置，做到密中有稀，稀中有密，促进群体增产。宽行70～80厘米，窄行50厘米，穴距20厘米，穴播2～3粒种子。高产栽培下的蚕豆水系，应是墒沟、排水沟、纵沟三沟配套，畦宽2.6米，墒沟宽40厘米，深50厘米，排水沟宽60厘米，深70厘米，田间每隔40米开一条纵沟，纵沟宽50厘米，深60厘米，确保雨住田干，不留积水。

整地时，应施足基肥，亩施腐熟堆厩肥1 500～2 000千克、过磷酸钙和草木灰各50千克，或亩施15＋15＋15（％）复合肥50千克，该复合肥可与充分腐熟的农家肥混合后，进行穴施，效果极好。灌水保墒促早发，在中国南方地区，适期播种的蚕豆（10月初至10月20日）多值干旱时节，播后应及时窨水保墒，促进早出苗，早生长，及早利用光能和地力。

（3）播种：蚕豆不耐严寒，长江流域及其以南地区冬季气温一般不低于－5℃，幼苗可在田间安全越冬，多行秋播，长江流域多在10月中旬到11月上旬，当地平均气温降到9～10℃时播种；华南地区冬季气温较高，不存在冻害的问题，9～11月均可播种。秋播适时，春前有效分枝多，分枝健壮，春后荚多、粒多、粒重、高产，过早播种，植株生长过嫩，易受寒害；延迟播种，由于前期生育期短，营养体建成差，也影响产量。播种前进行粒选，选择符合所栽培品种的特征，粒大而宽扁，长度达2厘米左右，皮色淡绿的干粒作种，淘汰皮色发黑，豆粒小和有虫的种子。一般采用穴播，植株高大分枝多，生长旺盛的品种，在较肥沃的土壤上播种时，密度宜小些。一般行距80～100厘米，穴距33～34厘米，留双株或按25厘米株距条播。分枝少的品种，或在肥力较差的田块上，则可适当加大密度，行距40～55厘米，穴距20～30厘米，条播时株距12～15厘米，播种过密，通风透光不良，易落花落荚，导致减产，蚕豆适宜与粮、棉作物或蔬菜间作套种，以提高土地利用率。沙土播种偏深，黏土、壤土偏浅，一般每亩用种量约为10～20千克。

（4）田间管理：蚕豆种子大，吸水力强，在秋冬雨水少，土壤干燥的地区，播种后1～2天要充分供水，可促进早发芽，早齐苗。冬前幼苗生长达3～4片真叶时，豆种所贮养分消耗殆尽，而根瘤尚未形成时，如幼苗生长缓慢，叶色转黄，应及时追肥，促进早分枝，多分枝，使前期生育良好，每亩可追施用人畜粪尿750千克或硫酸铵10千克左右。

蚕豆苗期耐旱力强，中期耐旱力弱，开花期是干旱临界期，干旱地区灌溉增产显著，故秋播，第二年早春的中耕保墒和开花期的浇水，是增产的关键。现蕾开花前，开始浇小水，结合浇水追速效氮肥，加速营养生长，促进分枝，随后松土保墒，待基部荚果已坐住，浇水量可稍大，并追施磷、钾肥，结荚果数目稳定，植株生长减缓时，减少水量，防止倒伏。苗期在未封行前需进行中耕，增强土壤保水和通透性，为根系和根瘤发育创造良好的条件，中耕的同时结合除草、培土、整畦、清沟，以利排灌，若培土时增施钾肥，可提高植株的抗寒能力。

花荚期由于营养生长和生殖生长均很旺盛，施用钾肥可减少落叶、落荚，但应注意氮、磷、钾的全面配合，偏施氮肥，茎叶徒长，影响坐荚；此外，在始花期追施一定的钾肥，或喷施200

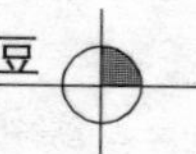

毫克/千克的增产灵，对提高结荚，稳荚率有较好的效果。

蚕豆比豌豆耐湿、耐盐，能在水田畦埂上间种，但如土壤过湿，也易发生立枯病和锈病，在有机质多、保水保肥力强而较湿润肥沃的黏质壤土中生长良好。

秋播蚕豆的植株，主茎开花结荚数少于基部1～2个分枝的结荚数，坐果率也低，因此摘除主茎顶端及其少量花荚，可改善体内营养状况，增加分枝及其花荚数，延长开花期，提高坐果率。

蚕豆植株有近一半的分枝为不显蕾、不开花、不结实的无效分枝，过多的分枝将会使植株营养生长过旺，消耗营养物质多，限制产量提高。合理整枝，可改善田间通风透光条件，减少病虫危害和养分的过多消耗，调节植株内部养分的合理分配，保证蕾、花、荚营养良好，提高坐果率，增加粒重和促进早熟。

根据蚕豆有6～7个小叶组成的复叶出现时（约16节左右），是不孕花开始产生的标志特征，可以在16节左右时摘心，方法是摘去茎顶3～6厘米为宜，摘心要在晴天阳光下进行，以免阴天伤口不易愈合而引起腐烂。

（5）蚕豆落花落荚的原因及防止：蚕豆在花荚期的落蕾、落花、落荚常在90%以上，是目前生产上一大问题，通常认为蚕豆有产生无效蕾、花、荚的特征；另一方面，由于养分供应不足，播期不适当，花期遇低温或高温，空气土壤湿度过低、过高，种植密度过大、光照不足，均是造成落花落荚的原因，除使用正确的农业措施调整外，还可根据蚕豆花序是由茎枝下部向上开放的特点，去除结荚率低的顶尖，保证中、下部的花荚发育。要合理供应充足的肥水，防止干旱、缺肥和病虫害，合理整枝，调节营养分配，保证花荚发育所需养分，减少落花落荚。在植株生长的中后期叶面喷洒0.1%硼酸和10～20毫克/千克的萘乙酸混合液2～3克，可提高植株叶绿素的含量和光合强度，减少落花落荚。春天植株返青后，从现蕾到初花期正是植株旺盛生长时期，每亩施尿素和氯化钾各 5 千克，以满足茎叶生长和蕾、花发育的需要；开花结荚期，植株生长发育较旺盛，花荚大量出现，茎叶继续生长，需要供应充足的肥水，使植株生长健壮，提高光合效率，养根护叶，防止早衰，提高结荚率，增加粒数和粒重；开花结荚初期，每亩施碳铵 15～20 千克；结荚叶后期（1～20 天）叶面喷 0.3%～0.5%磷酸二氢钾和 1%尿素液、0.02%硼酸液，灌水应视降雨情况，经常保持土壤 20%～30%的含水量。

（6）及时采收：蚕豆多为有限结荚习性品种，因为它是典型的长日照作物，春天，日益缩短的黑夜强烈地刺激着它开始生殖生长，因此大多数品种均在 4 月中下旬开花，6 月初成熟，采收鲜荚的最佳时期为盛花后 25 天左右，必须做好采收和鲜荚加工的各项准备工作，以便在最佳采收期集中采收，集中加工。还要根据食用青豆粒和干豆粒而掌握好适宜的采收时期，才能保证优良的品质，食用青豆粒的若采收过迟，豆粒中糖分和维生素 C 明显减少，淀粉增加，品质变劣。青荚在植株下部叶片开始变黄、中下部嫩荚已充分长大、荚面微凸或荚背筋刚明显褐变、豆荚开始增重、种子已肥大但种皮尚未硬化时，分 2～4 次收获。干豆粒在中下部荚果变黑褐色且干燥时采收。

蚕豆采收后余下的豆秆是很好的饲料，可切碎后加盐、加压，制成青贮饲料，加盐比例一般为蚕豆茎秆重量的 0.4%～0.5%。也可整株拔起后切碎，埋入土中，是极好的有机肥料。据分析，亩产 1000 千克鲜豆荚，相应的新鲜茎秆有 2 000～2 500千克，埋入土中产生的肥力相当于 30 千克复合肥，而且是一种很好的平衡肥料。合理利用这种宝贵的绿肥，是试验区农业持续发展的重要手段。

2. 鲜食蚕豆高效栽培模式

近年来，在农业结构战略性调整中，由于蚕豆改收干为收青，不仅增加了经济效益，而且还缩短了生育期。把鲜食蚕豆的生产优势与间套夹种传统优势相结合，形成了以鲜食蚕豆为主的

多元多熟高效种植模式。江苏沿江地区农业科学研究所经多年研究形成如下鲜食蚕豆高效种植模式：

（1）鲜食蚕豆＋经济绿肥/青玉米—秋季青玉米＋秋毛豆①：这种茬口属粮、经、饲、蔬四元三熟间套夹种类型。鲜食蚕豆和春玉米既可作粮食收干，也可作鲜食菜用。经济绿肥和作物鲜品既是经济作物，又是蔬菜。玉米收青后的秸秆可作奶牛、山羊的青饲料。

茬口安排：一般采用 1.33 米组合，秋播时种一行蚕豆和一行苜蓿或豌豆等经济绿肥间作。豌豆头或苜蓿头在元旦至春节可多次收割上市，3 月上旬绿肥埋青作玉米基肥；3 月中旬春玉米地膜覆盖播于蚕豆空幅中，青蚕豆 5 月份上市，其秸秆还田；6 月份青玉米上市后（或 8 月初收干）于 8 月 10 日左右复种秋季青玉米和秋毛豆。

经济效益：这种茬口，全年每亩产青蚕豆荚 700 千克、豌豆头（或苜蓿头）100 千克、春季青玉米穗 750 千克，秋季青玉米 650 千克或秋毛豆 650 千克，全年每亩产品销售额为 2 200～2 500元。

品种选择：蚕豆选用商品性好、产量高的通蚕（鲜）6 号或通蚕 5 号、大白皮蚕豆；经济绿肥一般选用鲜草产量高、适口性好的海门白豌豆（白玉豌豆）或黄花苜蓿；春、秋青玉米宜选择苏玉糯 1 号、2 号，或通玉糯 1 号、紫玉糯、沪玉糯等；秋毛豆选用江苏沿江地区农业科学研究所选育的通豆 5 号或通豆 6 号。

（2）鲜食蚕豆＋冬菜/春玉米（收干）＋赤豆/甘薯或秋季青玉米：这种茬口与第一种茬口相似，仅以花菜、荠菜等冬菜代替经济绿肥，春玉米改为收干，且玉米棵间夹种赤豆，晚秋套种特粮与饲料兼用的甘薯或秋季青玉米。

---

① “＋”为间作，“/”为套作，“—”为复种，下同。

茬口安排：采用 1.4 米组合。秋播时种 1 行蚕豆，行间夹种 1 行花菜、荠菜或青菜等冬菜。冬菜收获后，于 4 月初播种 1 行青玉米，同时每 3 穴玉米中间种 1 穴赤豆。6 月底在玉米行两侧起垄栽种 2 行甘薯，或在 8 月上旬套种秋季青玉米。

经济效益：这种茬口，全年每亩产青蚕豆荚 700 千克，干玉米籽 500 千克，甘薯 2 500～3 000 千克或秋季青玉米棒 650 千克，赤豆 75 千克。冬菜产值 300 元左右，全年每亩产值 2 500 元左右。

豌豆头（或苜蓿头）100 千克、春秋季青玉米穗分别为 750 千克和 650 千克，全年每亩产品销售额为 2 200～2 500 元。

品种选择：蚕豆、春玉米、秋玉米等同前，赤豆选用大红袍良种，甘薯选用鲜食烘烤型的苏薯 8 号或“水梨”甘薯。

（3）秋菠菜—鲜食蚕豆/苋菜—青玉米＋赤豆/花生或芝麻：这种茬口属粮、菜、特用杂粮、时鲜产品四元三熟五种五收间套夹种。其中蚕豆、春玉米和花生既可收干，也可鲜品上市。秋菠菜和苋菜为日本引进品种，其产品经初加工后出口。

茬口安排：采用 1.33 米组合。9 月初每个组合种 6 行秋菠菜。10 月下旬秋菠菜收获后，每个组合复种 1 行鲜食蚕豆，同时间作 2 行春苋菜。3 月中旬苋菜收获后套种 1 行地膜春玉米。5 月中旬青蚕豆上市后，在玉米行间套种 1 行芝麻或花生。

经济效益：该茬口秋菠菜每亩产量 2 000 千克，产值 1 000 元；春苋菜产量 400 千克，产值 320 元；青蚕豆荚 600 千克，产值 420 元；春玉米收干 500 千克，产值 500 元，如收青产量 750 千克，产值 750 元；如套种芝麻，产量 50 千克，产值 300 元。如套种花生，产青荚 250 千克，产值 400 元左右。合计每亩全年产值 2 600～3 000 元。

品种选择：秋菠菜选用日本急先锋等大叶品种，苋菜选用日本春华苋菜品种，芝麻可选用千头黑芝麻品种，其余品种同前。

（4）鲜食蚕豆＋山药—青毛豆：本茬口把山药与鲜食蚕豆、

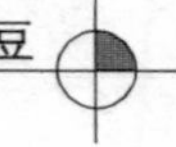

青毛豆合理配茬，在露地栽培的条件下，获得亩产值8 000多元的好收入，效益比较显著，且种植难度不大，产品市场前景好，宜推广种植。

茬口安排：本茬口2.4米一个组合，寒露节后在1.2米内播种2行鲜食蚕豆，翌年5月上中旬上市。第二年立春以后在蚕豆行间1.2米空幅上种植2行山药。鲜食蚕豆上市后，腾茬种植3行收青毛豆，于9月上中旬上市。

经济效益：一般亩青蚕豆籽400千克，产值600元；亩产山药2 500千克，产值7 000多元；亩产青毛豆荚400千克，产值800元。全年三茬合计产值8 400元左右。

品种选择：鲜食蚕豆选用通蚕（鲜）6号；山药选用海门本地山药；青毛豆选用江苏沿江地区农业科学研究所选育的通豆5号、通豆6号。

（二）我国北方地区蚕豆高产高效栽培技术

1. 种植方式

（1）轮作：蚕豆不宜重茬连作，连作常使植株矮小，结荚减少，病害加重，产量降低。蚕豆一般只能种一年，最多只能连作两年。所以，合理轮作是蚕豆高产的关键。北方春播地区，一年一熟为主，其轮作方式有：

小麦→小麦→蚕豆

小麦→玉米→小麦→蚕豆

小麦→蚕豆→马铃薯→玉米

不论哪种轮作方式，其共同的原则是因地制宜，安排好蚕豆与其他作物的种植面积比例，发挥优势，促进各种作物持续稳产、高产。另外，除冬作物之间应轮作外，蚕豆的前作与后作不应为豆科作物，这不但能增产，还能减轻病害。

（2）间、套种：为充分利用土地和光照，蚕豆常与非豆科作物实行间套种。例如蚕豆与小麦、马铃薯间作，与水稻、甘薯、棉花套种。此外，还可在果园中、田埂上种蚕豆，收获青豆，茎叶作绿肥也十分普遍。

2. 栽培技术

（1）整地：蚕豆是深根系作物，在疏松肥沃的土壤中才能发育良好。北方春播蚕豆利用冬闲地，应在冬前深翻地晒垡。秋茬作物收获后要深耕 15～20 厘米，播种前再浅耕 7～10 厘米，并进行耙地，使下层土壤紧密，上层土壤疏松，有利于消灭杂草，减少土壤水分蒸发。

（2）适时播种：选粒大、饱满，色泽鲜明，无病虫害，符合本品种特性的老熟籽粒作种子。播种前将种子曝晒 1～2 天，以提高发芽率，提早出苗。根据春蚕豆生长发育对温度的要求，掌握当地气温回升的快慢，当气温稳定在 0～5℃时，力争适时早播，可提高产量。海拔 1 600～1 800 米的地区，在 3 月上旬气温已稳定通过 0℃，海拔每升高 100 米，稳定通过 0℃的日期推迟 2～3 天。因此，可用此方法推算出本地区蚕豆适宜的播种期。春蚕豆的适宜播种期一般是 3 月上旬至 4 月上旬，8～9 月份收获，全生育期 100～150 天。

播种方法可采用开沟条播和点播。点播的行距 40～50 厘米，株距 30～35 厘米。条播的行距一般 50 厘米，以宽窄行播种为宜。宽行 50～60 厘米，窄行 20～30 厘米，株距 15 厘米。蚕豆子叶大，不出土，一般播深 7～10 厘米。如为间、套种，株行距视作物而定。

（3）中耕除草：当幼苗高达 7～10 厘米时，进行第一次中耕除草，应在行间耕深些，植株周围耕浅些，要耕遍耕细。第二次中耕在开花之后封垄之前进行，注意勿碰落花朵影响结荚。

（4）合理施肥：首先施足底肥，增施磷、钾肥。每公顷施厩肥 22 500～30 000 千克，磷肥 300～375 千克，草木灰 3 750～7 500 千克。春蚕豆幼苗期根瘤尚未形成和固氮时，需从土壤中吸收氮，特别是薄地，一般应施入少量速效氮肥，以促进根系和

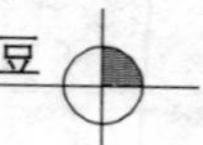

幼苗生长。开花结荚期重施花荚肥，有利于保花、增荚、增粒重，是提高蚕豆产量的一项重要措施。一般以初花期施肥为宜，每公顷施尿素75～150千克，过磷酸钙150～225千克，缺钾地块还要增施钾肥。

开花结荚期还可采用叶面喷肥（根外追肥）的方法，增产效果明显。具体方法是：将过磷酸钙以1∶5的比例浸泡在水中，搅拌均匀，放置一昼夜，再将上部澄清液全部倒出，加水配成1%～2%的水溶液，过滤后即可喷施。喷2～3次。叶面喷施一般在阴天或晴天17时以后进行，此时已避开开花高峰期，水分蒸发也较慢，有利于叶面吸收。如喷肥后降雨，要重新喷施，因雨水冲刷后会丧失肥效。

（5）灌溉：每年11月至翌年5月是北方地区的旱季，这时风大，水分蒸发量大，土壤干旱，即使在6～9月的雨季，有的地区降雨量也很少，因此有无灌溉条件对蚕豆的产量影响很大。蚕豆各生育期要求土壤有不同的水分状况，通常苗期需水较少，开花结荚鼓粒期需水最多，成熟期需水又较少。花期是春蚕豆需水的临界期，此时特别应保持一定的土壤湿度，否则会严重影响花荚正常生长发育，导致大量落花，影响产量。

（6）摘顶：适时摘顶也是春蚕豆的高产措施之一，但操作方法一定要得当。摘顶时间一般在盛花期，以主茎的1～2层花序出现时进行最好，并应注意以下几点：①摘顶要在晴天进行，否则易发生霉烂。②摘蕾不摘花，已开花或快开花的节位处不摘。③叶片展开的部位不宜摘，摘顶尖要看不见茎空心为宜，即只摘去顶尖实心部位，以免雨水灌心，造成不良影响。

（7）采收：适时采收是确保鲜豆商品性、最大限度提高产值的关键。当豆荚饱满、豆粒充实、籽粒皮色呈淡绿色、种脐尚未转黑为最佳采收期。一般自下而上采收3～4次，每次间隔7～8天，至成熟前结束。采收时不要使茎秆受伤，以免影响后期植株生长。采收、运输、上市要做到及时、迅速、轻装卸、薄堆放。

需长途运输的鲜豆荚，宜在下午豆荚水分相对较低时采收。鲜荚最忌在烈日下堆压闷放。雨天采收后更不可高堆重压，否则籽粒水渍斑加重，品质下降。

如果采收老熟豆，当蚕豆中下部豆荚变黑褐色而表现干燥状态时，即应收获。如等全部豆荚变黑再收，则下部荚常因过于自裂，豆粒散出，影响产量。采收后最好连茎秆一起晒干或风干，然后再脱粒，切勿湿荚脱粒、暴晒，以免影响粒色和品质，降低商品等级。

四、蚕豆常见病虫害及防治

（一）蚕豆常见病害与防治

南方地区常见的病害有如下几种：

1. 蚕豆赤斑病

广泛发生于我国各蚕豆种植区，是长江流域和东南沿海地区蚕豆生产中最重要的病害之一。当气候适宜时，病害发生严重，造成植株叶片脱落，甚至早衰和枯死，导致50%～70%的产量损失。（彩图 38）

田间温度和湿度对赤斑病发生影响极大。病菌侵染适温为20℃，饱和的空气湿度或寄主组织表面有水膜是病菌孢子萌发和侵染的必要条件。蚕豆进入开花期后，植株抗病力减弱，易被侵染并发病。秋播过早，常导致冬前发病重。田间植株密度高、排水不良、土壤缺素等都有利于赤斑病发生。连作地块由于土壤中病菌积累而发病重。

防治方法：

（1）种植抗病品种，选用健康种子。

（2）采用高畦深沟栽培方式；适当密植；控制氮肥，增施草木灰和磷钾肥，增强植株抗病力；与禾本科作物轮作 2 年以上；田间收获后及时清除病残体，深埋或烧毁。

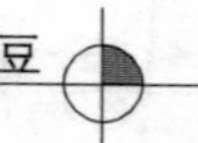

（3）用种子重量0.3%的50%多菌灵可湿性粉剂拌种，可控制早期病害。发病初期喷施50%多菌灵可湿性粉剂1 200～1 500倍液或50%速克灵可湿性粉剂1 500～2 000倍液等。视病情发展情况，隔7～10天再喷施一次药，连续防治2～3次。

2. 蚕豆褐斑病

该病在我国许多蚕豆种植区发生，是蚕豆生产中重要的真菌病害之一。病菌在叶片上引起大片病斑，导致叶片脱落，一般减产达20%～30%，严重地块可减产50%。（彩图39）

气候条件是影响病害流行的主要因素。在蚕豆全生育期中，当田间存在病原菌时，遇雨后或重露后的高湿环境可形成严重的侵染。冷凉、多雨的气候利于病原菌侵染。偏施氮肥、播种过早、田块低洼潮湿等因素能加重病害发生。

防治方法：

（1）与禾本科等非豆科作物轮作；适时播种，高畦栽培，适当密植，合理施肥，增施钾肥，提高植株抗病力；收获后及时清除田间植株病残体，将其深埋或烧毁；播种前，清除田间及地边的自生苗。

（2）选用抗病品种或健康无病种子。精选种子，去除病粒；播种前进行种子处理，如温汤浸种、杀菌剂拌种或进行种子包衣处理。

（3）发病初期喷施50%多菌灵可湿性粉剂1 000～1 200倍液或70%甲基托布津可湿性粉剂500～600倍液、75%百菌清可湿性粉剂500～800倍液等。病情严重时，隔7～10天再喷一次。

3. 蚕豆尾孢叶斑病

该病在我国许多蚕豆种植区发生，是重要的蚕病害之一。局部地区在病害大发生时，可引起严重的经济损失。（彩图40）

长期阴雨、重露，气温18～26℃，有利于病害的发生和发展。低洼潮湿地、种植太密，病害发生较重。

防治方法：

(1) 选用无病种子，并进行种子消毒或包衣。

(2) 收获后及时清除病残体和深耕。

(3) 实行轮作。

(4) 高畦深沟栽培，雨后及时排水，降低田间湿度，合理密植。

(5) 发病初期喷施70%的代森锰锌WP800～1 000倍液或50%多菌灵WP1 000～1 200倍液。病情严重时，隔7～10天再喷一次。

4. 蚕豆镰孢菌根腐病

广泛发生于各蚕豆种植区，田间发病率一般为5%左右，重病田可达10%，对生产有一定影响。(彩图41)

土壤带菌是病害发生的主要原因，病菌可以在种子上存活或传带，种子带菌率1.2%～14.2%，导致病害远距离传播和新区病害发生。在田间，病菌通过雨水或灌溉、农具及人畜活动等传播。地下水位高、土壤湿度大的地块，病害发生严重。

防治方法：

(1) 与其他作物轮作3年以上，以减少土壤病菌的数量；选择排水好的田块或高垄栽培，合理密植；收获后清除田间病残体并深翻土壤；施用充分腐熟的有机肥、磷肥和钾肥，提高植株抗病力。

(2) 用多菌灵、敌克松、苯菌灵等药剂拌种或进行种子包衣。发病初期用50%多菌灵可湿性粉剂600倍液或70%的甲基硫菌灵可湿性粉剂500倍液等药剂喷施植株茎基部或灌根，每株喷、灌250毫升，隔7～10天一次，连续防治2～3次。

5. 蚕豆枯萎病

该病主要发生在南方蚕豆种植区，田间发病率一般小于5%左右，但在长江中下游地区发生较重，对生产有一定影响。(彩图42)

病害发生与土壤含水量、温度、土壤类型、耕作制度和栽培

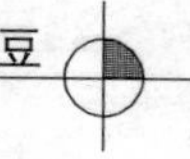

措施等关系密切。土壤含水量低于 65%，病害较重，75%以上时病害发展慢；土温 23～27℃时有利病菌的生长；蚕豆初荚期如遇高温，病害快速发展。土壤偏酸性（pH6.3～6.7）、黏重、贫瘠，地势低洼、排水不良和连作地则枯萎病发生重，线虫或地下害虫为害可以加重病害的发生。

防治方法：种子包衣或药剂拌种，轮作；清除和销毁病残体；增施磷钾肥；高垄栽培；用抗耐病品种，多菌灵、防霉宝、苯菌灵等药剂防治（土壤处理、灌根等）。

6. 蚕豆细菌性茎疫病

该病在云南发生普遍，对生产有较大影响。此外，江苏和青海有蚕豆细菌性茎疫病发生。（彩图 43）

病害的初侵染源来自土壤中或病残体上的病菌及种子带菌。病菌通过风雨传播，从植株气孔或伤口侵入。天气干燥时，病情发展缓慢，高温、多湿有利于发病。早播、连作、平播、过早灌水、田间积水、管理粗放、土壤贫瘠的田块发病重；漫灌易造成病菌随水流传播而导致病害流行。

防治方法：

（1）选用抗病品种，目前已筛选出许多抗病资源和品种。

（2）建立无病留种田，防止种子带菌；轮作、收获后及时清除田间病残体，焚毁或深埋；及时拔除中心病株，减少传播菌源。

（3）发病初期，喷施 72%农用硫酸链霉素可湿性粉剂或新植霉素 4 000 倍液、50%琥胶肥酸铜可湿性粉剂 500 倍液、30%碱式硫酸铜悬浮剂 400 倍液，隔 7～10 天一次，防治 2～3 次。

7. 蚕豆病毒病

该病不但种类多，而且发生重，导致减产、降质，受害重时结荚少，褐斑粒多，不但影响产量，而且常因褐斑粒而降质、降价，出口也收到限制。我国已经发现并报道的蚕豆病毒病有 6 种，其中分布最广、危害较重的为菜豆（BYMV）花叶病毒病。在云南蚕豆田随机采集的标样中，菜豆黄花叶病毒的侵染率高达 96%，在具有病毒症状的样本中，侵染率为 100%。（彩图 44）

植株叶片为系统花叶，在幼叶被侵染初期出现明脉，后表现为轻花叶、膜带以及褪绿。

病毒通过摩擦、蚜虫、种子传播。在蚕豆上种传率 4%～17%；传毒蚜虫有 20 多种，以非持久方式传毒；带病毒种子和来自其他发病作物的带毒蚜虫是最主要的初侵染源。

防治方法：种植抗病品种；用健康种子；药剂防治蚜虫；清洁田园，铲除杂草等。

北方地区蚕豆病害发生相对来讲较南方地区轻，造成损失也不是很大。主要有以下几种：

1. 蚕豆锈病

属真菌型病害。主要危害叶、茎，严重时也危害荚。初期在叶片正反两面产生淡黄色的隆起小斑点，直径 1 毫米左右，是初生的夏孢子堆，夏孢子堆逐渐变为黄褐色，不久外表破裂散出锈褐色粉末的夏孢子。一片叶上夏孢子堆少则几个，多则数十个，布满整个叶片，造成叶片枯萎。茎、叶柄和豆荚也会感病，病斑比叶片上的大。发病的植株往往提早枯死。

可用 65%的代森锌可湿性粉剂 500 倍稀释液或敌锈钠 300 倍稀释液，一般在发病初期开始喷施，每隔 10～15 天喷一次，共 2～3 次。

2. 蚕豆枯萎病

该病为真菌病害。在蚕豆生育期间都能发生，而以嫩荚期发病较重。幼苗期被害后，初期叶片出现黄色病斑，以后逐渐变黑枯焦，茎基部变黑，随病情加重，根尖端变黑，逐渐向主根蔓延，引起整个根部变黑腐烂，地上部显出黄萎，植株矮小，叶片稀少，叶尖向内卷缩枯焦，以至全株死亡。开花结荚期感病，叶

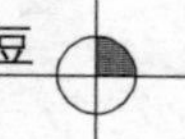

片变淡绿色，逐渐变淡黄色，叶缘尤其是叶尖部分往往变黑枯焦，雨后天晴，全株突然萎蔫，但叶片并不脱落，一般感病后20～30天即枯死。

可用50%多菌灵或70%甲基托布津1 000倍稀释液、65%代森锌可湿性粉剂400～500倍稀释液喷洒或浇根，均有一定防治效果。

3. 蚕豆油壶菌疱疱病

该病属真菌病害。主要危害叶片、茎和豆荚。发病初期，叶片背面或正面产生突起小疱，另一面呈凹陷状。单个病疱连成大病疱，导致叶片卷曲和畸形。后期由于病疱引起组织溃烂变成铁锈色，而个别形成穿孔或脱落。

可选用抗病品种，将病株残体及时销毁，实行轮作。发病初期每隔10～15天喷托布津1 000倍稀释液2～3次，效果明显。

4. 病毒病

该病种类较多，常见的有黄化卷叶病、普通花叶病和萎蔫病等病毒。发生时危害严重。一旦发病，植株矮化，发育差；叶片黄化、皱缩、扭曲或翻卷；有的植株萎蔫，有的嫩茎上有黑色长条斑。病株一般很少有花，尤其是发病早的，多数全株无花，颗粒不收。病毒主要由蚜虫传播，也有接触传播的。

发现病株及早拔除，带出田间销毁。及时防治蚜虫。清除杂草，减少病原。

（二）蚕豆常见虫害与防治

1. 蚜虫类

常见的有豆蚜（苜蓿蚜、花生蚜）、桃蚜（烟蚜、桃赤蚜、菜蚜、腻虫）等，广泛分布于全国各豌豆生产区。（彩图45）

防治方法：

（1）喷施50%辟蚜雾可湿性粉剂2 000倍液或10%吡虫啉可湿性粉剂2 500倍液、绿浪1500倍液。

（2）保护地可采用高温闷棚法，在5、6月份作物收获以后用塑料膜将棚室密闭4～5天，消灭其中虫源。

2. 潜叶蝇类

常见的有南美斑潜蝇（拉美斑潜蝇）、美洲斑潜蝇（蔬菜斑潜蝇）等。

防治方法：

（1）在成虫盛发期或幼虫潜蛀时，选择兼具内吸和触杀作用的杀虫剂，如90%晶体敌百虫1 000倍液或2.5%功夫乳油4 000倍液、25%斑潜净乳油1 500倍液，任选一种喷雾。

（2）在受害作物单叶片有幼虫3～5头时，掌握在幼虫2龄前，在上午8～11时露水干后幼虫开始到叶面活动，或者老熟幼虫多从虫道中钻出时，喷施25%斑潜净乳油1 500倍液或1.8%爱福丁乳油3 000倍液。

（3）释放姬小蜂、反颚茧蜂、潜蝇茧蜂，这三类寄生蜂对斑潜蝇寄生率较高。

3. 螨类

常见的有朱砂叶螨（棉花红蜘蛛、红叶螨）、茶黄螨。

防治方法：

（1）消灭越冬虫源。铲除田边杂草，清除残株败叶。

（2）喷药重点是植株上部嫩叶、嫩茎、花器和嫩果，注意轮换用药。可选用35%杀螨特乳油1 000倍液或48%乐斯本乳油1 500倍液、0.9%爱福丁乳油3 500～4 000倍液喷雾防治；也可用20%的螨卵脂800倍，兼防白粉虱可选用2.5%天王星乳油，喷雾防治。

4. 夜蛾科害虫

常见的有豆银纹夜蛾（豌豆造桥虫、豌豆粘虫、豆步曲）、斜纹夜蛾、甘蓝夜蛾、甜菜夜蛾（贪夜蛾）、苜蓿夜蛾（大豆夜蛾、亚麻夜蛾）以及棉铃虫等。

防治方法：

（1）秋末初冬耕翻田地，可杀灭部分越冬蛹；结合田间操作摘除卵块，捕杀低龄幼虫。

（2）幼虫3龄前为点片发生阶段，进行挑治，不必全田喷药，4龄后夜出活动，因此施药应在傍晚前后进行。可喷施90%晶体敌百虫1 000倍液或20%杀灭菊酯乳油2 000倍液、5%抑太保乳油2 500倍液、5%锐劲特悬浮剂2 500倍液、15%菜虫净乳油1 500倍液等，10天喷施一次，连用2～3次。

（3）喷施含量 100×10^8 孢子/克的杀螟杆菌或青虫菌粉500～700倍液。

5. 蝽类害虫

常见的有红背安缘蝽、点蜂缘蝽、苜蓿盲蝽、牧草盲蝽、三点盲蝽和拟方红长蝽等。

防治方法：

（1）冬季结合积肥清除田间枯枝落叶及杂草，及时堆沤或焚烧，可消灭部分越冬成虫。

（2）在成虫、若虫为害盛期，可选用20%杀灭菊酯2 000倍液或21%增效氰马乳油4 000倍液、2.5%溴氰菊酯3 000倍液、10%吡虫啉可湿性粉剂、20%灭多威乳油2 000倍液、5%抑太保乳油、25%广克威乳油2 000倍液、2.5%功夫乳油2 500倍液、43%新百灵乳油（辛氟氯氰乳油）1 500倍液等药剂喷雾1～2次。

6. 地老虎

（1）早春铲除田边杂草，消灭卵和初孵幼虫；春耕多耙，或夏秋实行土壤翻耕，可消灭一部分卵和幼虫；当发现地老虎为害根部时，可在清晨拨开断苗的表土，捕杀幼虫。

（2）用黑光灯诱杀成虫。

（3）在幼虫3龄以前进行防治，选用90%晶体敌百虫或2.5%功夫乳油、20%杀灭菊酯乳油3 000倍液喷雾。

7. 蚕豆象

对鲜豆粒速冻产品质量影响最大。成虫在豆粒内、仓库屋角、树皮裂缝处等处越冬，翌年春天蚕豆开花时，飞到田间采食花粉、花蜜和花瓣，到结荚时在嫩荚上产卵，变成幼虫后钻入豆荚，进入豆粒内，只在种皮上留一个小黑点。此时因幼虫小对豆粒危害不大，化蛹后顶破已咬薄的种皮，从豆粒中飞出，或于翌年蚕豆花期再从豆粒内破孔而出。

（1）将蚕豆种子置于阳光下暴晒，可杀死种子内豆象害虫。

（2）在蚕豆开花前期进行田间防治，可选用 90%晶体敌百虫或 2.5%功夫乳油、20%杀灭菊酯乳油 3 000 倍液、2.5%天王星乳油 3 000 倍液喷雾，7 天后再防治一次，最好连续 3 次。在蚕豆收获后半个月内，将脱粒晒干的籽粒置入密闭容器内，用溴化烷熏蒸，温度在 15℃以上时，35 克/立方米，处理 72 小时。

8. 蚕豆根瘤象

蚕豆根瘤象是一种在甘肃临夏地区危害较严重的虫害。成虫咬食叶片，花蕾和花瓣，幼虫咬食根瘤和根部表皮。

在成虫活动初期，可喷敌百虫 1 000 倍稀释液或 50%杀螟松 1 000 倍稀释液。

主要参考文献

程须珍，王述民，等 . 2009. 中国食用豆类品种志 . 北京：中国农业科学技术出版社 .

王晓鸣，朱振东，段灿星，宗绪晓 . 2007. 蚕豆豌豆病虫害鉴别与控制技术 . 北京：中国农业科学技术出版社 .

运广荣 . 2004. 中国蔬菜实用新技术大全（北方蔬菜卷）. 北京：北京科学技术出版社 .

邹学校 . 2004. 中国蔬菜实用新技术大全（南方蔬菜卷）. 北京：北京科学技术出版社 .

陈新，袁星星，顾和平，张红梅，陈华涛 . 2009. 江苏省食用豆生产现状及发展前景 . 江苏农业科学（5）：4－8.

汪凯华，王学军，缪亚梅，等.2009.优质大粒鲜食蚕豆通蚕（鲜）6号选育及栽培技术.安徽农业科学，37（14）：6406－6407，6410.

袁星星，陈新，陈华涛，张红梅，顾和平.2010.适合中国南方栽培的蚕豆新品种及其高产栽培技术.江苏农业科学（5）：206－208.

第七章

扁 豆

一、扁豆生物学特性和主要品种类型

（一）生物学特性

扁豆，别名藊豆、南扁豆、沿篱豆、蛾眉豆、鹊豆、面豆、凉衍豆、羊眼豆、膨皮豆、茶豆、南豆、小刀豆、树豆、藤豆、铡刀片。扁豆是多年生或一年生缠绕藤本植物，茎蔓生，小叶披针形，顶生小叶菱状阔卵形，侧生小叶斜菱状阔卵形，长6～10厘米，宽4.5～10.5厘米，顶端短尖或渐尖，基部宽楔形或近截形，两面沿叶脉处有白色短柔毛。总状花序腋生；花2～4朵，丛生于花序轴的节上；花上部2齿几近完全合生，其余3齿近相等；花冠白色或紫红色，旗瓣基部两侧有2个附属体；子房有绢毛，基部有腺体，花柱近顶端有白色髯毛。荚果长椭圆形，扁平，微弯。种子呈扁椭圆形或扁卵圆形，平滑，略有光泽，一侧边缘有隆起的白色眉状种阜，长8～13毫米，宽6～9毫米，厚约7毫米，白色或紫黑，质坚硬，种皮薄而脆，子叶2，肥厚，气微，味淡，嚼之有豆腥气。嫩荚是普通蔬菜，种子可入药。每100克嫩豆荚含水量89～90克，蛋白质2.8～3克，碳水化合物5～6克。豆荚炒食、煮食有特殊的香味，也可腌制、酱制、做泡菜或干制。种子、种皮和花可入药，有消暑除湿，健脾解毒等功效。

扁豆原产亚洲热带地区，我国多在宅旁屋后篱边隙地种植，南方较多，华北、东北次之，高寒地区（如青海）虽可开花但不

结荚。为典型的短日照作物，花果期7～9月份，在南方栽培较多，在华北及北部地区栽培时，越至秋末日照缩短豆荚越多。以鲜豆荚或成熟豆粒供食用，按豆荚颜色分，有白扁豆及青扁豆和紫扁豆；按籽粒颜色分，有白、黑和紫三种；按花的颜色分，有白花扁豆和红花扁豆。其中以白花、白籽的白扁豆品质最佳。在我国各地均有栽培，夏秋采收上市，采收期达数月。北方地区在霜前采收完毕，华南地区可采收到来年的3月至4月份。

（二）主要品种类型

1. 徐泾白扁豆

上海青浦县徐泾乡地方品种。植株蔓生，长4～5米。三出复叶，叶绿色。花白色，多簇生。嫩荚扁平稍弯，绿色，荚长约10厘米，宽约2.5厘米，每荚含籽3～5粒。种子白色，皮薄、糯性、品质佳。一般在4月中、下旬播种，7月至10月下旬采收嫩荚。亩产鲜扁豆100～200千克。

2. 红面豆

广东省地方品种，已栽培70余年。植株蔓生，分枝性强。茎紫红色，小叶深绿色，叶脉及叶柄紫红色。花及花枝均为紫红色。每花序有11～15个花，结3～5个荚。荚紫红色，长9厘米，宽2厘米，稍弯曲。种子扁圆，黑褐色。晚熟。结荚期长，3～4月份播种，9月至翌年4月份收获。

3. 白花面豆

广东省地方品种，已有近百年的栽培历史。植株蔓生，分枝性强。茎青绿色，小叶卵圆形，绿色。花白色，每花序有10～20个花，能结3～7个荚。荚长9厘米，宽2厘米，蜡白色，稍弯曲。种子扁圆形，褐色。早熟。3～4月份播种，9月至翌年4月份收获。

4. 红荚扁豆（猪血扁）

湖北省地方品种，栽培历史悠久，湖北各市、县均有栽培。

植株蔓生，生长势、分枝性强。茎蔓紫红色，具有光泽。叶绿色，心脏形，叶柄及叶脉均为紫红色。主蔓13～15节开始出现花序，以后每节均着生花序，花浅紫色，每个花序有花20朵左右，结荚8～14个。荚短刀形，长7厘米，宽约2.5厘米，紫红色，每荚含种子4～5粒。嫩荚品质尚好，适于炒食。晚熟。抗逆性强。4～5月份育苗或直播，穴施基肥，行株距2米见方，每穴2～3株，7月下旬至10月下旬采收。生长期间重点防治蚜虫和豆荚螟。

5. 白扁豆

四川成都市地方品种，栽培历史悠久。植株蔓生。叶柄、茎浅绿色，叶绿色。花白色，每花序5～10荚。嫩荚浅绿白色，荚长约10厘米，宽约2.5厘米，荚半月形，每荚有种子3～5粒。种子椭圆形，白色。较晚熟。3月下旬至4月上旬播种。9月上旬始收嫩荚，持续到11月末。

6. 红刀豆

重庆市地方品种。植株蔓生。茎、叶柄紫红色，叶绿色。花紫红色，每花序结7～15个荚。荚长约10厘米，宽3厘米，紫红色，老熟荚红褐色，每荚种子3～5粒。种子椭圆形，黑色。较早熟。4月上中旬播种，8月下旬至9月上旬始收嫩荚。

7. 猪血扁（红绣鞋）

我国南方地方品种，在上海、武汉、合肥栽培多年。植株蔓生，分枝性强。叶绿色，茎、叶脉、叶柄均为紫红色。花紫红色。荚短刀形，紫红色，长约8～9厘米，宽2～2.5厘米，每荚含种子4～5粒。品质佳，质地脆嫩、味香。晚熟。抗逆性强。上海地区5月上旬至6月上旬播种，8月中旬至11月中旬收获。

8. 白皮扁豆

河北省地方品种，承德市郊区栽培面积较大。植株蔓生，生长势强，分枝多。茎蔓浅绿色。小叶片心脏形，叶浅绿色。主蔓第6～7节着生第一花序，花冠白色。嫩荚眉形，白绿色，长

11～13 厘米，宽 3～4 厘米，单荚重 6～7 克。嫩荚纤维少，味浓，品质中上等。每荚有种子 4～5 粒，种皮灰黑色，脐白色。中晚熟，河北省承德地区播种后 80～90 天开始采收，耐旱、耐寒、抗病性强。每公顷产嫩荚 12 000～18 000 千克。当地多于 5 月上旬播种，穴距 50～70 厘米，每穴点波种子 3～4 粒，7 月下旬至 10 月中旬收获。

9. 猪耳朵扁豆

河北省地方品种，北京、唐山、承德市郊区均有栽培。植株蔓生，长势较强，分枝性中等。茎蔓紫红色。叶片绿色，阔卵形。主蔓第 6～7 节着生第一花序，花冠紫色。嫩荚猪耳朵形，浅绿色，生长后期嫩荚背腹线部呈紫红色。荚长 7.1 厘米，宽 3.7 厘米，厚 0.5 厘米，单荚重 8～10 克。种子近圆形，种皮黑色，种脐白色。肉质嫩、味鲜美，品质佳。中熟，河北省种植，播种后 75 天左右采收嫩荚。耐热、耐寒、耐旱、抗病性强。每公顷产 11 250 千克嫩荚。河北省北部于 4 月底播种，直播畦宽 1.35～1.40 米，每畦播 2 行，穴距 45～50 厘米。开穴施底肥，每穴播种子 3～4 粒。7 月中下旬采收，采收期可持续至 10 月底。

10. 紫边扁豆（红边扁豆）

河北省地方品种。植株蔓生，蔓长 2.5 米以上。叶绿色，花紫色，荚浅绿有紫晕。边紫红色。荚长 12.1 厘米，宽 3.6 厘米，厚 0.4 厘米，单荚重 10.2 克，嫩荚纤维少，品质中上等。种子扁椭圆形，黑色。晚熟，当地从播种至采收嫩荚约 80 天。适应性强，抗病。每公顷产嫩荚 15 000 千克。当地多于4 月中旬到 5 月中旬露地直播，行距 80～100 厘米，株距 50～60 厘米。播前施足基肥，中后期适当多浇水，并追肥 1～2 次，7 月上中旬开始采收嫩荚。

11. 四季红鹊豆

台湾省由伊朗引入，经凤山热带园艺试验分所纯化，繁殖推广。早熟品种，株形矮小，分枝少，茎、叶柄、叶脉、花梗、花朵、豆荚都呈紫红色，叶片紫绿色。无论何时播种，经 40～50 天即由主蔓第三节叶腋处抽出花梗，长 30～60 厘米。适食时，荚长约 7 厘米，宽约 2.8 厘米，重约 5 克，荚质柔软，品质优良。每荚种子 3～5 粒，成熟种子黑褐色。

12. 常扁豆 1 号

湖南常德市师范学院生物系特种蔬菜研究所经多年系统选育而成。主蔓长 4.1 米，50 厘米以下分支 2.7 个，节间长 12.0～18.5 厘米，第一分枝在立蔓的第三节位上，第一花序一般产生于主蔓第二节上，花序长 18.0～45.5 厘米，花紫红色，每花序结荚 6～10 个，鲜荚长 9.57 厘米，宽 3.0 厘米，厚 0.54 厘米，单荚重 7.15 克，每荚种子 5 粒左右，荚眉形，淡白色。单株总花序 81 个左右。春季 4 月中下旬播种至始收嫩荚约 80 天。每公顷产嫩荚 45 000～52 500 千克。

13. 常扁豆 2 号

湖南常德市师范学院生物系特种蔬菜研究所经多年系统选育而成。主蔓长 3.4 米，主蔓 50 厘米以下分支 3.2 个，节间长 12.1～17.0 厘米，第一次分枝一般于主蔓第三节位上，第一花序一般产生于主蔓的第 2 或第 3 节位上，花序长 15.1～42.2 厘米，花白色，每花序结荚 7～12 个，鲜荚长 9.66 厘米，宽 2.57 厘米、厚 0.57 厘米，单荚重 6.7 克，荚果眉型，淡绿色。每荚种子 6 粒左右，单株总花序 69.5 个。从播种到始收嫩荚约 80 天。每公顷产嫩荚 45 000～52 500 千克。

14. 苏扁 1 号

江苏省农业科学院蔬菜研究所从江苏地方品种盐城紫扁豆中经系统选育而成的早熟扁豆新品种。植株蔓生，长势较强。主蔓 50 厘米以下分枝 2～3 个，第一花序一般着生于主蔓第三节。花冠紫红色，荚镰刀形，嫩白色，荚长 10.5 厘米，宽 3.7 厘米，平均单荚重 6.8 克。单荚籽粒数 5～6 个。早春大棚栽培播种至

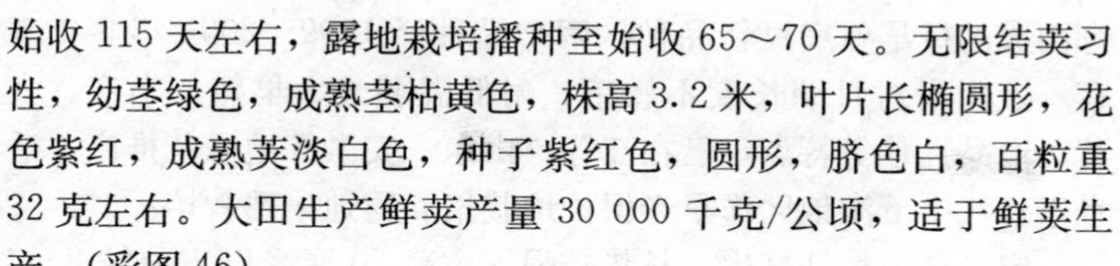

始收115天左右，露地栽培播种至始收65～70天。无限结荚习性，幼茎绿色，成熟茎枯黄色，株高3.2米，叶片长椭圆形，花色紫红，成熟荚淡白色，种子紫红色，圆形，脐色白，百粒重32克左右。大田生产鲜荚产量30 000千克/公顷，适于鲜荚生产。（彩图46）

15. 苏研红扁豆

江苏省农业科学院蔬菜研究所从江苏省地方品种中经系统选育而成的早熟扁豆新品种。植株蔓生，生长势强，分枝能力强。花序高22.5～34.9厘米，花淡紫色，每花序结荚9～19个。荚深紫红色，着色均匀，平均荚长9.4厘米，宽2.5厘米，厚0.98厘米，单荚重10.5克。每荚有种子6～7粒，种子棕黑色。极早熟，4～8节着生第一花序，大棚栽培6月上中旬开始采收鲜荚。较抗枯萎病、霜霉病。该品种无限结荚习性，幼茎绿色，成熟茎枯黄色，株高3.3米，叶片长椭圆形，花色紫红，成熟荚淡白色，种子紫红色，圆形，脐色白，百粒重31克左右。大田生产早期产量（8月份之前的产量）占总产量的50%以上，大田生产鲜荚产量40 000千克/公顷。（彩图47）

16. 苏扁2号

江苏省农业科学院蔬菜研究所从江苏省地方品种中经系统选育而成的早熟扁豆新品种，2001年育成。植株蔓生，节间较短，生长势较强。特早熟，播种出苗后65天左右即可采收，可连续采收3～4个月。花紫红色，嫩荚眉形，白绿色，荚长9.5厘米，荚宽2.6厘米，单荚重6.5克，种子黑色。前期产量占总产的65%左右。无限结荚习性，幼茎绿色，成熟茎枯黄色，株高3.5米，叶片长椭圆形，花白色，成熟荚淡白色，种子黑色，圆形，脐色白，百粒重36克左右。大田生产，平均产青豆荚40 000千克/公顷以上，适于鲜荚生产。（彩图48）

17. 银月亮、红月亮

江苏省农业科学院蔬菜研究所从江苏省地方品种中经系统选

育而成的极早熟扁豆新品种。两个品种经1999—2001年3年观察，表现出对日照长度不敏感、耐低温弱光、早熟、丰产、大荚、商品性佳等特点，已在江苏、山东、安徽等地示范推广，适宜于长江中下游地区作早春保护地栽培和露地早熟栽培。

银月亮：植株蔓生，长势较强。主蔓50厘米以下分枝2～4个，第一花序一般着生于主蔓第2节。花冠紫红色，商品荚镰刀形，嫩白色，荚长9.5厘米，宽3.0厘米，平均单荚重6.5克。单荚种粒数4～5个。早春大棚栽培播种至始收110天左右，露地栽培播种至始收60～65天。

红月亮：植株蔓生，长势健旺。主蔓50厘米以下分枝2～4个，第一花序一般着生于主蔓第3节。花冠紫红色，商品荚镰刀形，荚面青绿色，边缘淡紫红色，荚长11.0厘米，宽2.9厘米，平均单荚重9.0克。单荚种粒数4～5个。早春大棚栽培播种至始收110天左右，露地栽培栽培播种至始收60～65天。

18. 湘扁豆1号

株高4.1米，主蔓50厘米以下分枝2.7个，节间长2.8～18.5厘米。花紫红色，始花序产生在主蔓的第二节位，每花序结荚4～10个。鲜荚眉形，淡白色，长9.6厘米，宽3.0厘米、厚0.5厘米，单荚鲜样质量7.2克。种子黑色，千粒质量340克，产量42 000千克/公顷，前期（6月10日至8月15日）产量占总产量的68.8%。在湘北地区露地栽培，生育期245天左右。

19. 湘扁豆2号

主蔓长3.4米，6月初始花，花序长15.1～42.2厘米，第1花序生长于第2节位、第3节位上。每花序结荚7～12个。鲜荚长9.66厘米、宽2.57厘米、厚0.57厘米。单荚重6.78克。荚果眉形，淡绿色。种子棕红色，单株总序69.5个。据湘北、湘西多点生产试验示范，表现上市早，采收季节长。田间表现抗病毒病和枯萎病，抗寒性、耐热性较好。

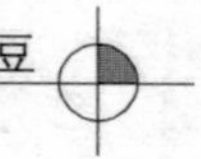

20. 通研红扁豆

南通市蔬菜科学研究所以从湖南引进的早熟春扁豆为母本，南通地方品种红扁豆（鸡血扁）为父本杂交后，经6年6个世代系谱选择法选育而成的扁豆新品种。在长江中下游地区布点试验过程中，表现为荚色红艳、早熟、肉厚、商品性好、抗病、高产，有效地综合了父母本的优点，植株蔓生，生长势强，分枝能力强。花序高22.9～35.8厘米，花淡紫色，每花序结荚8～18个。荚深紫红色，着色均匀，平均荚长9.2厘米，宽2.4厘米，厚0.95厘米，单荚质量10.2克。每荚有种子5～6粒，种子棕黑色，千粒质量305克。极早熟，4～10节着生第一花序，大棚栽培6月上中旬开始采收鲜荚，早期产量（8月份之前的产量）占总产量的50%以上，每亩产鲜荚3 500～4 000千克。较抗枯萎病、霜霉病。

21. 洋扁豆

又名利马豆，一年生植物。根系发达，耐旱力强。茎蔓性，叶为复叶，表面光滑无毛。花白色，花序自叶腋生。硬荚，每荚着生种子2～4粒，种子扁椭圆形，干籽粒种皮、种脐均白色，千粒重500克左右。洋扁豆喜温怕冷，种子发芽适宜温度为15～20℃，生长适宜温度为23～28℃。一般以排水良好的沙壤土为好，在栽培上分纯作、间套作两种。近年来，我市玉米棵间间作洋扁豆种植模式发展较快，以玉米秆为支架，洋扁豆藤蔓攀缘在玉米秆上。经济效益高。

22. 望扁一号

由安徽省望江经济作物技术研究所选育的极早熟扁豆新品种。生育期短，从出苗到收获只需50天，比常规品种早上市100天以上；极丰产，每节均有花序产生，每序花可结荚10～12片，采收期长达6个月，每亩产嫩荚4 500千克；品质佳，颜色嫩白，荚皮光滑，口味纯正，异味少，纤维含量低，适应南北各地方口味；抗性强，耐寒、耐热能力强，抗虫性和抗病性均优于豇豆；适应性广，对土壤和气候要求不严，我国各地均可栽培，特别适合广大蔬菜产区大面积种植。

植株蔓生，蔓生 2.5 米左右，生长势旺盛，有分枝，花冠紫红，荚长 7.5 厘米，宽 2.5 厘米，肉厚，白色，单荚重 6～8 克，每串结荚 10～12 片，结荚位极低，第 2 片叶时就开始节节开花，以后边上市边开花结荚，采收期 6 个月以上（春播）。极早熟，在 2 月份保护地栽培，4 月份即可采收嫩荚上市，比常规品种早上市 100 天左右。产量高，一般亩产 4 000～5 000 千克嫩荚。适合全国各地种植，露地、保护地均可栽培，南方 2～7 月份、北方 3～6 月份均可播种。高抗豆类各大病害，重点防治豆荚螟。

除了以上品种，目前报道的地方品种还有南通白洋扁豆（长江中下游地区）、南通红洋扁豆（长江中下游地区）、红白筋扁豆（华北保护地）、白花 2 号扁豆（梅豆）、扁豆 286（河北）、德阳扁豆（德阳）、猫儿扁豆（上海）、湘扁豆 3 号（湖南）、早红边扁豆（扬州）等。

二、扁豆栽培管理技术

扁豆以露地栽培为主，也可早春和秋冬在保护地种植。

1. 配好营养土

除直播大田不需育苗外，其他方式最好采用苗床育苗或营养钵育苗，这就需要配好营养土。营养土的配制方法视当地条件而定，但有一个原则是选择 2～3 年没有种过同类作物的土壤，以减少病虫源。配制的营养土要求肥力好、土质疏松、通气性好。以土壤 6 成、腐熟的农家肥 4 成，加少量磷肥，如果土壤黏重，则掺入部分炉灰或草木灰，然后按每立方米营养土加入 250 克左右杀菌剂，如多菌灵、敌克松等，同时还要加入适量的杀虫剂，如敌百虫粉剂。与营养土反复拌匀，用薄膜盖 5～7 天，让杀菌剂和杀虫剂充分杀死土壤中的病菌和虫卵。

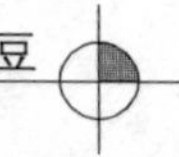

农家肥如粪肥、饼肥等必须充分腐熟发酵，否则会出现烧苗和坏根现象。在有机肥量充足的情况下，配制营养土最好不用化肥。盖种必须用盖种土，不能用猪粪或细沙，因其不保湿，晴天时连种子一起干枯，造成不出芽；可预先把杀菌后的营养土过筛一部分（筛孔手指大小）备用盖种土。

2. 整地施肥

种植扁豆的田块，直播或移栽前要认真清理前季作物残留物，并耕地、翻耕后晒土 2～3 日。底肥以农家肥为主，每亩加施复合肥 50 千克左右，撒施后耙平、整细土壤，尽可能使肥料落入底土层。对生长势强、分枝力强的品种如肉扁 6 号、边红 8 号，根据土壤原有肥力，底肥可少施或不施。

3. 播种育苗

极早熟和特早熟品种春夏都适宜播种，中熟品种不适宜早春大棚内栽培，以地膜覆盖栽培或露地栽培为好。苗床必须高垄向阳，播种时保持苗床土或营养钵土湿润，湿润的标准是抓一把土壤，捏得拢，随手丢在地上又散得开。切记避免苗床湿度过大，否则会造成烂种。

播种后，早春栽培应盖好膜，根据当地气候情况采用双拱棚或单拱棚。出苗前，一般不揭膜。如遇阴雨天时间长，应开棚通风，降低苗床湿度；如苗床土壤干白，应适当洒水。出苗后，晴天中午将棚的两头揭开，晚上和阴雨天把膜盖好。随着气温升高，应逐渐加长开棚时间。在苗期喷 2～3 次复方金叶肥，既可防止猝倒病、立枯病发生，又能使小苗长得粗壮。

4. 适时移栽

当扁豆小苗有 2～3 片真叶时即可移栽。栽大苗会明显影响产量。特早熟品种采用厢面 2 米包沟，双行单株栽培，株距 0.4～0.6 米，亩栽 1 200～1 500 株；中熟品种采用厢面 2.5 米包沟，双行单株栽培，株距 0.8～1 米，亩栽 600 株左右。也有厢面 2 米包沟，单行双株栽培；还有厢面 4 米包沟，两边栽扁豆，搭平架棚，在扁豆的前期生长阶段，中间种植短期作物，可充分利用土地。

5. 搭架、打顶、整枝

当扁豆苗长至30厘米左右时，及时搭“人”字架，引蔓上架，架高2米左右。在架半高处加横架材，固牢架子，防藤蔓爬满后倒架。

当主蔓长至0.5米左右时，及时对主蔓打顶摘心，促发子蔓和花絮枝；当子蔓长至0.5米左右时，对子蔓摘心，促发花絮和孙蔓；当孙蔓有0.5米左右时，对孙蔓摘心，促发更多花絮枝；同时剪除无花絮的细弱懒枝及老叶、病叶，保持良好的通风透光。特别是生长势强、分枝力强的品种，更应剪除多余的无花絮枝并喷施多效唑，防止疯长。如果出现疯长，将推迟结荚，产量大幅度下降。肉扁6号、边红8号爬满架后，会有较多的子蔓、孙蔓产生，每隔几天用小竹竿或树枝打断嫩尖，会产生更多的花絮结荚。如果密度过高、肥水充足而出现荫蔽，还应在1.5米左右高处剪断部分藤蔓；剪断多少应根据具体情况决定，甚至可以拔除部分植株，减低密度，以达到通风透光为目的；荫蔽之处是不开花、不结荚的。

抽蔓前要搭架，或抽蔓后及时用绳引蔓上架。主蔓5～6片复叶时摘心，促使多生侧蔓，待侧蔓3～4片叶时再摘心，可提早开花结荚，但产量较低。一般若用篱架或人字架栽培，在茎蔓长到架顶时摘心，可促荚早熟。

6. 肥水管理

由于扁豆结荚时间长，不断开花结荚，需要有足够的肥水才能保证其高产。开花前，一般追肥水2～3次，以腐熟人畜粪尿为好；当第一批扁豆荚能采收时，每亩追尿素10～15千克；之后每采收1～2次扁豆追肥水一次。对生长势强、分枝力强的品种要看苗施肥，如长势旺，就不要施肥，结荚后再追施肥水。在整个坐果期每隔7～10天喷一次复方金叶肥，起保花保荚、加速小荚快长的作用。苗期需水较少，蔓伸长后及结荚期需水较多。一般在蔓伸长期浇 1～2 次水，花荚期在无雨情况下10 天左右浇一次水。浇水后中耕除草，结合追肥防止落花、落荚和徒长。中耕宜浅，防止伤根。结荚前可施腐熟鸡粪等有机质肥料。结荚后追施少量化肥。

扁豆生长在春季和夏季雨水较多的季节里，要做到沟厢配套，达到水过沟干。扁豆苗期需水较少，开花结荚期需肥水较多。如遇干旱年份，要结合追肥浇水抗旱，或灌跑马水，厢沟湿润后把水排出，防渍水沤根；遇到长时间雨天，要及时疏通厢沟，达到雨停沟干。

7. 多效唑和 920 的使用

多效唑对扁豆全生育期都起作用。能促生更多花絮枝，明显提高前期产量。开花结荚期喷多效唑，用含量 15%多效唑 10～20 克对水 15 千克，能控制疯长，促进分枝，增加花絮，提高产量，提高抗性。对特早熟品种一般喷 1～2 次多效唑；对中熟品种从主蔓打顶摘心开始至开花结荚前，喷3～5 次，一般 5～7 天喷一次，如苗势生长过旺，适当加大多效唑的浓度。否则，会推迟结荚，影响产量。10 月上旬植株叶片发黄时，喷一次赤霉素(920)，能使叶片转绿，促进花絮再生。

8. 及时采收

扁豆从开花到鲜荚上市需 15～18 天，鲜荚籽粒没有明显鼓起时采收，推迟采收会降低品质，同时影响上层开花结荚的养分供应。采摘时，要一手捏住花絮枝，一手轻摘，尽量不要损坏花絮枝，因为花絮枝会重新开花结荚（开回头花）。当气温超过37℃时，扁豆有谢花现象，开花少，不结荚；当气温回落后，花絮枝会重新开花结荚，新枝也会产生更多的花絮枝，直至霜降。

扁豆嫩荚的成熟标准不严，适收期幅度较宽，一般谢花后7～15 天豆荚已充分长大，豆粒初显时采收。收时勿伤花轴，以利后续花、荚发育。

此外，早春尚可铺设地膜及利用温室育苗，定植于小棚或大棚内。其苗龄10～15天左右为宜。秋冬温室扁豆主要供节日市场，约9月中旬育苗，三叶左右定植。选用较耐低温的品种。生长期间，白天室温维持在20～25℃，不低于10℃，严寒期可临时生火加温防寒。

三、扁豆病虫害及防治

扁豆的病害主要有炭疽病、锈病、病毒病等，主要虫害有蚜虫、地老虎和豆荚螟。

炭疽病通常先在叶背上发生，初为红褐色斑点，以后在叶面上产生浅黄褐色小斑。斑点圆形或马蹄形，继而病部中央褪色破裂，叶柄、茎和荚上均可发生。病部密生小黑点，湿度大时，各处病斑上常发生大量粉红色黏稠物。在多雨多雾时，炭疽病发生严重。防治方法，可在病害严重地区于播前用福尔马林200倍液浸泡种子30分钟，然后洗净，晾干后播种；轮作可以减轻病害发生程度。药剂防治，可在发病初期用波尔多液（1∶1∶240）或65％代森锌可湿性粉剂500倍液、75％百菌清可湿性粉剂100倍液，每周喷药一次。

锈病在叶片上开始为褪绿小斑点，逐渐形成黄褐到暗褐色疱疹状夏孢子堆，成熟的孢子堆破裂后散出黄褐色锈粉状粉末。病重时叶片由黄变枯，然后脱落。叶柄、茎秆、豆荚上也感染此病。合理轮作可减少锈病发生。药剂防治可用高效内吸杀菌剂粉锈宁，使用浓度为100毫克/千克，喷雾，每亩用药液50～75千克，在发病初期及时、彻底防治。

病毒病主要由蚜虫传染，主要表现为受害的幼嫩叶顶端等皱缩，叶片褪色，有斑块，花叶，可用防治蚜虫的药剂如40％氧化乐果乳剂、50％辛硫磷乳剂等防治。

蚜虫分有翅胎生雌蚜和无翅胎生雌蚜。在蚜虫开始发生时用

40%氧化乐果乳剂1 000～1 500倍液或50%辛硫磷乳剂2 000倍液、50%磷胺乳剂3 000～5 000倍液喷雾。

对地老虎的防治，首先是清除各种杂草，其次是在幼虫期用2.5%敌百虫粉喷粉，每亩用药2千克，还可用毒饵诱杀。豆荚螟主要是幼虫危害豆荚和豆粒，也危害嫩茎、嫩叶。可在晚间用灯光诱杀；及时摘除被害的卷叶和豆荚，消灭其中幼虫。药剂防治可用2.5%敌百虫粉，每亩约2千克，或用5%杀螟松乳剂800～1 000倍、80%敌敌畏乳剂1 000倍液喷雾，每亩喷药60～75千克。

1. 苗期病害防治

多层覆盖栽培的扁豆，苗期主要病害有立枯病、猝倒病。床土消毒防治每平方米用50%多菌灵可湿性粉剂8～10克。加干细土0.5～1.5千克拌成药土，于播种前撒垫1/3药土在苗床上，余下药土播种后撒施覆盖在种子上；苗期发病初期，用50%甲基托布津可湿性粉剂600倍液喷洒幼苗和床面，隔5～7天，喷洒2～3次。可选用25%多菌灵400倍液浇根。

2. 结荚期害虫防治

结荚期主要害虫有红铃虫、棉铃虫、豆野螟、扁豆螟、玉米螟，可选用高效、速杀、低残留菊酯类农药防治，但喷药时注意不要将药液喷到豆荚上，以防污染。秋季开花后要防黑斑病，可用无公害、无残留的医用青霉素钠。为节省用工，青霉素、菊酯类农药、883可三药并用。

3. 花荚期病虫害防治

花荚期主要病虫害有灰霉病、潜叶蝇、豆野螟、斜纹夜蛾等。

由于灰霉病侵染速度快，病菌抗药性强，防治时宜采用农业防治与化学防治相结合的方法。农业防治，加强棚室环境调控，要求适温低湿，加强排风除湿，及时人工摘除病叶、病荚，并带出棚外深埋，有利于防止病害的发生和发展；化学防治，当发现灰霉病病叶、病荚零星发生时，用50%速克灵可湿性粉剂或50%扑海因可湿性粉剂800～1 000倍液，于晴天上午全株喷雾，并通风降湿，连续喷洒2～3次，每次间隔5～7天。

潜叶蝇防治在产卵盛期至孵化初期，选用2.5%敌杀死乳油1 500倍液施药，喷洒2～3次，每次间隔5～7天。

豆野螟防治药剂可选用2.5%敌杀死乳油1 500倍液或1.8%阿维菌素4 000～5 000倍液喷洒，始花期和盛花期在上午8～10时喷在花序上，喷洒2次，间隔时间为5～7天；豆荚期在傍晚害虫活动时施药。

斜纹夜蛾可选用5%抑太保1 000倍液或10%除尽3 000～5 000倍液，在清晨或傍晚害虫出来活动时对准豆荚喷雾。但最后一次用药时间应与采收间隔时间在20天以上。

四、扁豆保鲜贮藏及加工

（一）贮藏特性和贮运方法

扁豆不耐贮藏，以鲜销为主，在阴凉通风处只能短贮。低于6℃易产生冷害，适宜的贮温为8～10℃，相对湿度在95%以上为佳。运销过程中，以筐或麻袋包装，要避雨、防热、防冻，忌压。

（二）加工方法

1. 扁豆干

挑选鲜嫩、不鼓粒、无病虫斑、整齐一致的扁豆，抽掉筋，洗净，放在沸水中烫漂，烫漂时要使扁豆全部浸入水中，待锅内水再次沸腾时即可捞出，使其冷却，再均匀地平铺在置于通风处的芦席（或竹垫等）上，经过7天左右即可阴干。阴干后的扁豆干平整滑，色泽淡绿透明。也可将烫漂、冷却后的扁豆平铺在芦

席上，放在太阳下曝晒，但曝晒后的扁豆干商品性状不及阴干的扁豆干好。最后，将扁豆干分层叠好，放入复合塑料食品袋中密封，放在干燥处保存。食用前，只需将食品袋打开，取出扁豆干在热水中浸泡 2～3 分钟，即可凉拌或炒食。此加工方法简单、便捷，加上成本低，且产品可长期保存。

2. 泡扁豆

选用鲜嫩扁豆，用清滴水洗净、沥干，放入坛中，再按鲜扁豆 10 千克，加卤水 10 千克、干椒粉 250 克、精盐 2 千克、白酒 100 克、白砂糖 200 克的比例一同放入缸中，充分拌匀，密封坛盖，泡 3 天即成。泡好的扁豆带有一股清香，脆嫩爽口，风味十足。

3. 虾油扁豆

选用鲜嫩扁豆，去除杂质，抽掉筋，洗净，入锅煮开后捞出，投入冷水中，直到冷透为止，再捞出沥干水，放入缸中，按 1 000 千克鲜扁豆配 60 千克虾油的比例，倒进虾油浸渍 8～10 天，中间倒两次缸，即成。虾油扁豆成品不仅保持扁豆的新鲜色泽，而且质地脆嫩。

4. 速冻扁豆

选用成熟度适中的新鲜扁豆，去除有病虫斑、畸形、有鼓粒的次扁豆，抽掉筋，根据需要切成条或丝。将扁豆用清水洗净，然后投入沸水中，待锅内水再次沸腾时，立即取出进行冷却，可采用水冷或风冷。水冷后要沥去表面浮水。冷却后的扁豆要进行快速冻结，至扁豆中心温度在－18℃时即可，然后密封包装，置－18℃的冷库内贮藏。此方法虽然加工成本较高，但由于食用方便，更能保持扁豆的新鲜色泽、风味和营养成分，因而受到了消费者的普遍欢迎。速冻扁豆将是以后扁豆深加工的主要方法，也是出口创汇的佳品。

主要参考文献

程须珍，王述民，等．2009. 中国食用豆类品种志．北京：中国农业科学技术出版社．

运广荣．2004. 中国蔬菜实用新技术大全（北方蔬菜卷）．北京：北京科学技术出版社．

邹学校．2004. 中国蔬菜实用新技术大全（南方蔬菜卷）．北京：北京科学技术出版社．

崔召明．2009. 白扁豆品种特性及优质高产栽培技术．上海蔬菜（6）：33-34.

方家齐，张红宇，吴健妹．2001. 扁豆新品系——96－1. 长江蔬菜（3）：31.

李进，顾绘，许逢美，胡桂华．2006. 扁豆新品种——通研红扁豆．蔬菜（9）：6.

彭友林，王新明，李密，唐纯武．2001. 特早熟扁豆新品种——湘扁豆1号．园艺学报，28（5）：480.

钱春松．2007. 地方特色蔬菜——洋扁豆．上海蔬菜（2）：28.

徐月华，徐培根，葛小丽，仲卫华，孙亚军，杨和文，彭玉林．2010. 大棚扁豆高效栽培技术．上海农业科技（1）：92.

汪仁银，汪送宝．2001. 优质早熟扁豆新品种——望扁1号．农业科技通讯（4）：35-36.

吴俊平．2006. 长江红镶边扁豆早熟栽培技术．农业科技通讯（3）：37.

闫庆华，等．2001. 白花2号极早熟扁豆．河南科技（6）：17.

杨志英．2004. 红筋白扁豆日光温室长季节栽培技术．蔬菜（7）：13.

张继增．王志坚．王国民．朱松安．王秀．2008. 农家种扁豆种制及加工技术．河南农业：教育版（8）：44.

钟梓章．2002. 湘扁豆2号．湖南农业（1）：5.

庄勇，严继勇．2001. 扁豆新品种——银月亮．红月亮．长江蔬菜（12）：11.

第八章 刀 豆

一、刀豆生物学特性和主要品种类型

刀豆因其豆荚大且似刀剑而得名，又名大刀豆、挟剑豆、刀鞘豆、关刀豆、酱刀豆，别名肉豆、洋刀豆等。刀豆为一年生或多年生缠绕或直立草本植物。有蔓性刀豆和直立刀豆（矮生刀豆）之分，有人认为两者是两个种，也有人认为立刀豆是蔓性刀豆的一个变种，两者形态上的主要区别，在于茎的蔓性或直立，种脐的长短。

一般认为刀豆原产印度，在远东地区广泛栽培。立刀豆原产墨西哥南部，现已遍及热带地区。多数国家都是零星种植。

刀豆蛋白质含量比菜豆丰富，高达25%～27%，并富含钙、磷、钾、铁及多种维生素。立刀豆种子直链淀粉约为28.7%，具有很高的黏性。立刀豆种子中已分析出4种球蛋白，其中全刀豆素A是一种植物血球凝聚素，具有抗肿瘤作用。刀豆种子含微量有毒物质氢氰酸和皂角苷，立刀豆种子含微量氢氰酸，还含胰蛋白酶抑制素和胰凝乳蛋白酶抑制素。成熟种子食用时要注意安全食用方法。加热到一定程度才能破坏毒素，故必须熟食。

刀豆的嫩荚可作蔬菜，肉质肥厚，脆嫩味鲜，可炒食或煮食，也可加工腌渍酱菜、泡菜或作干菜食用。立刀豆嫩荚也可作蔬菜，花和嫩叶蒸熟后可作调味品用。干豆同肉类煮食或磨面食用。刀豆和立刀豆炒焙的种子可作为咖啡的代用品。

刀豆和立刀豆都是良好的绿肥作物，还可作为覆盖作物，防止土壤侵蚀。

刀豆和立刀豆种子、荚壳、根均可入药，有活面、散瘀、补肾之功效。

（一）生物学特性

1. 植物学性状

刀豆为多年生，但多为一年生栽培。生长繁茂，蔓生缠绕，株高可达 4.5～10 米，变异类型多，主要有缠绕程度、荚的大小、每荚结实数和粒色上的变异。直立型和半直立型的茎下部往往木质化。立刀豆为一年生，半直立丛生型也可变为多年生攀援性，株高 60～120 厘米。（彩图 49）

（1）根：刀豆主根粗大，侧根多，入土较深，根系形成后抗旱力大大增强。根系结瘤性能好，能与豇豆族根瘤菌共生。

（2）茎和叶：刀豆茎枝光滑，蔓生，茎叶茂盛，茎基粗壮，上部较细；立刀豆为直立或半直立，丛生，茎上有稀疏粗毛和不明显的棱。有时中空而无毛，顶端稍有攀援性。刀豆子叶出土，第一对真叶为对生单叶，三出复叶互生，小叶较大，呈革质状，无茸毛，侧生小叶偏斜，全缘；立刀豆小叶较厚，呈革质状，叶片下面有茸毛。

（3）花：刀豆腋生总状花序，蝶形花，小花 6～10 朵，花较大，成对生于花序轴瘤状突起的节上，花呈白色、粉红色、浅红色或浅紫色，雄蕊 10 个，单体；立刀豆总状花序下垂，每个花序着生小花可多达 50 朵，花呈红色或紫色。一般自花授粉，在自然条件下蜜蜂传粉，异花授粉率达 20%或更高，留种保纯可套袋。

（4）荚果：刀豆荚果宽大、扁平而长似刀状，其腹缝线两侧各具一纵肋，先端有钩状短喙，边缘有明显凸出的隆脊，荚绿色；立刀豆荚果剑形，有喙，下垂，果皮较坚硬，成熟荚草黄色。

（5）种子：刀豆种子大而较扁，有红色、淡红色、褐色、乌黑色等，种子长圆至椭圆形，两边明显内凹，种脐窄，灰黑色，长约为种子全长的 3/4 或几乎等长，种子百粒重 130～150 克；立刀豆种子大，扁而饱满，长椭圆形，白色或象牙色，种脐褐色，长约为种子的 1/2，百粒重 75～175 克。种皮革质，有光泽，种脐间有隆起的种脊。种子发芽出苗时子叶出土。

2. 刀豆对环境条件的要求

刀豆的生长期一般约为 70～90 天，分为发芽期（15～20 天）、幼苗期和抽蔓期（共 30～50 天）及结荚期（开花后约需 20 天左右即可采收），全生育期约为 180～310 天，因栽培地区和类型（品种）而不同，收获嫩荚作蔬菜，约需 90～150 天才可收获。

（1）温度：原产热带，喜温耐热，不耐霜冻。生长发育需较高温度（15～30℃），种子发芽适温为 25～30℃，生育适温为 20～25℃，开花结荚最适温为 25～28℃，能耐 35℃高温，在 35～40℃高温下花粉发芽力大减，易引起落花落荚。在我国北部地区栽培，因积温不够种子不易成熟，可育苗移栽。

（2）水分：刀豆要求中等雨量，以分布均匀的 900～1 200 毫米年降水量为适宜。我国华北地区夏季高温高湿的雨季亦适于刀豆生长，有些品种不耐渍水。立刀豆根系入土较深，相当耐旱，也比其他许多豆类作物更抗涝。在年降水量只有 650～750 毫米的地区，只要土壤底层水分充足或有灌溉条件，也能成功栽培立刀豆。

（3）光照：刀豆对光周期反应不敏感，要求不严格。立刀豆为短日照作物，但在各地区栽培的地方品种，由于长期的自然适应，对光照长短的敏感性有所不同。二者均较耐荫。但据报道，刀豆对光照强度要求较高，当光照减弱时，植株同化能力降低，坐蕾数和开花结荚数减少，潜伏花芽数和落蕾数增加。

（4）土壤：刀豆对土壤适应性广，但以土层深厚、排水良好、肥沃疏松的沙壤土或黏壤土为宜。刀豆适宜的土壤酸碱度为pH5.0～7.1，立刀豆耐酸耐盐，适宜的土壤酸碱度为pH4.5～8.0，比其他许多豆类作物更抗盐碱，但以土壤pH5～6为宜。在黏土地直播时，肥大的子叶不易破土而出，故直播以沙性土为好。但育苗移栽时，如选稍黏性的壤土栽培，则果荚的硬化较迟，荚肉柔嫩品质好，有利采收嫩荚。

（5）养分：刀豆生活力较强，对水肥要求不高，虽然根系发达有根瘤固氮，但茎叶繁茂，生育期长，需肥量大，故仍需施足基肥。在生育过程中，还应注意后期追施磷、钾肥，防止早衰，延长结荚期，增加产量。

（二）主要品种类型

我国刀豆的优良品种，主要是各地种植的地方品种。

1. 江苏大刀豆

江苏省连云港市和海州、中云等地有少量栽培。

植株蔓生，株高3～4米，生长势强，茎蔓绿色，略带条纹。基部初生3片单叶，每个叶腋有一分枝，向上各复叶叶腋不再分枝，三出复叶为长卵形。花冠浅紫色，花较大而美丽。每个花序有花约10朵，一般成荚2～3个。嫩荚绿色，大面宽厚，光滑无毛，似小长刀，荚长约30厘米，宽约4厘米，厚1～2厘米，距背线1厘米处两侧各有一条凸起的小棱，腹线处光滑无棱。单荚重100～150克，嫩荚可炒食或腌制，荚果肉质较硬，适宜酱渍。种子扁椭圆形，紫红色，种脐黑褐色，百粒重120～180克。

早熟，生长期80～85天，耐热性强，耐寒性差，春季生长缓慢，夏季生长旺盛，抗虫力较强。4月下旬催芽穴播，行距1.2～1.5米，穴距30～33厘米，每穴播种2～3粒，前期生长较慢，入夏生长旺盛，7月中下旬开始采收嫩荚。

2. 大田刀豆

福建省大田、永春、德化等地区多年栽培的品种。

植株蔓生，株高 2～3 米。三出复叶，小叶长 10 厘米，宽 8 厘米。花冠紫白色。嫩荚浅绿色，镰刀形，横断面扁圆形，荚长 32.5 厘米，宽 5.2 厘米，厚 2.6 厘米。嫩荚可鲜食，亦可腌渍加工，品质中等。种子较大，肾形，浅粉色。

晚熟，从播种至嫩荚采收需 90 天，可持续采收 100～120 天，嫩荚产量 22 500～30 000 千克/公顷。抗逆性强。3 月下旬至 4 月中旬播种，7 月上旬至 11 月上中旬均可采摘嫩荚。

3. 十堰刀豆

湖北省地方品种，栽培历史悠久，十堰市郊区栽培。

植株蔓生，节间长。单叶卵形，三出复叶，绿色。总状花序，花成紫色，每序结荚 2～4 个，荚扁平光滑，刀形，长 23 厘米，宽约 3.6 厘米，单荚重 100～150 克，绿色，肉厚，质地脆嫩，味鲜，可供炒食和腌制。每荚含种子 8～10 粒，种子椭圆形，略扁，浅红色。耐热性较强，耐寒性较弱。嫩荚产量 15 000 千克/公顷。

房前屋后均可种植。4 月下旬播种，穴距 60 厘米，挖穴施基肥，每穴 2～3 株，靠篱笆、树木攀援生长，生长期内施追肥 2 次，8 月上旬至 11 月中旬收获。

4. 沙市架刀豆

湖北沙市地方品种，栽培历史悠久。

植株蔓生，蔓长 3～3.5 米，分枝性中等。单叶倒卵形，三出复叶，深绿色。豆荚剑形，长 20～25 厘米，宽 4～5 厘米，厚 1.0～1.5 厘米，绿色，单荚重 100 克左右，每荚含种子 8 粒。嫩荚脆甜，适于炒食、腌制或泡制。单株可结荚 10 多个，嫩荚产量 22 500 千克/公顷。

晚熟，抗旱力强，耐涝，抗豆斑病。4 月下旬播种，每公顷用种量 60 千克，留苗 30 000 株，播种后盖草防土壤板结，蔓长 30 厘米时搭架，人工引蔓上架。

5. 蔓生刀豆

茎蔓生、粗壮，长约2～4米，根系发达，入土较深，较耐旱，生长期长，一般为晚熟品种，荚果扁长，长约30厘米左右，宽约4～5厘米，每荚重约100～150克，种子大，肾形，白色或红色，千粒重约1 300克。

6. 矮生刀豆

茎直立，植株高约70～100厘米，种子和花均白色，荚较短，小而厚，椭圆形，矮生刀豆较早熟。

7. 大刀豆

重庆市垫江县地方品种。四川省内零星种植100余年。主要分布在重庆市涪陵地区。蔓生种。小叶长卵圆形，叶柄绿色。茎绿色带紫晕。花浅紫色，第一花穗生于10～15节，每穗可结1～3荚。嫩荚浅绿色，长约28厘米，宽约5厘米，厚约2厘米。长刀形，荚面光滑扁平，背线两侧各有一条凸起的脊棱。老熟荚皮浅黄褐色。每荚种子5～10粒，种子大，淡红色，扁椭圆形，单荚重100～120克。3月中、下旬直播，行距80～90厘米，穴距40厘米，每穴2粒。7月中旬始收嫩荚直到10月下旬。其抗逆性、抗病性均强。

二、刀豆栽培技术

刀豆全生育期约180～310天，自播种到始收嫩荚约需90～150天。立刀豆全生育期约180～300天，播后至始嫩荚约需90～120天。具体每个品种的生育期则因栽培地区和品种类型而异。

1. 种植方式

刀豆很少大面积栽培，以零星栽培为多，大多种植于宅旁园地，房前屋后的墙边地角，或沿栅栏、篱笆、墙垣栽培，还可广泛种于经济林、果园的行间作绿肥或覆盖作物。丘陵山坡地亦可种植刀豆，在20世纪50～60年代，南方山区丘陵地区随地可见

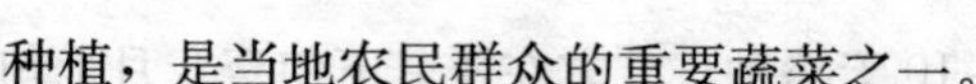

种植，是当地农民群众的重要蔬菜之一。

刀豆生育期长，一般是一季栽培，种子繁殖。刀豆喜温怕冷，北方地区露地须在终霜后播种，在初霜来临前收完。在北方生长期短的地区，种子多不易成熟，育苗移栽可延长生长期，种子可自然成熟。在黏质土壤中，种子不易发芽，容易腐烂，亦应育苗移栽。

刀豆怕积水，应选土层深厚、富含有机质、排水通气良好的沙壤土，进行秋深耕，春耙地，以改善土壤结构。基肥必须充分腐熟，免遭地蛆危害，保证全苗。

刀豆根系发达，土地需深翻 18～20 厘米，同时翻入腐熟有机肥或浇粪水。平整土地，平畦栽培，畦宽 135～150 厘米，畦长 6.5～13.5 米，沟深 30～50 厘米，每亩施基肥 2 000～2 500 千克。每畦种 2 行，穴距 50 厘米，每穴播种 1～2 粒。种子发芽时子叶出土。

2. 播种

刀豆的种子一般不易发芽，故通常进行育苗移栽，宜选粒大、饱满、大小整齐、色泽一致，无机械损伤或虫伤籽粒作种子，先晒种 1 天，用温水浸泡 24 小时，待其吸收膨胀后播种。如行干种直播，播种时宜使种脐向下，便于吸收水分促进发育。播种不宜太深，以免烂种，一般播深 5 厘米为宜，或播后先盖一层细土，再加盖谷糠灰或草木灰，以利种子发芽出土。如果土地黏重又过湿、通气不良，种子易烂，最好先放在 25～30℃条件下催芽，待 2 茎生叶，生出时即定植大田，则较安全可靠。

床播宜于 3 月下旬至 4 月上中旬进行。苗床可根据气候情况选用温床或冷床，播前浇足底墒，行株距各 13 厘米，每穴点播 1 粒，覆土 3 厘米厚，先盖细土，再盖一层谷糠或草灰。播后切勿多汗水，保持适温、适湿，以免烂种。7～10 天后发芽，终霜后幼苗有 2 片真叶时定植露地，每穴一株，行距 70～80 厘米，株距 40～45 厘米，每公顷 30 000 株。

直播多在终霜前7～10天播种，北方在4月下旬至5月上旬播种，每穴宜播种2粒。立刀豆行距66厘米，株距33厘米，播深5厘米左右，一般用穴播或点播，每穴为3～4粒。种植面积较大时可以条播，行距60～90厘米，株距15～30厘米，或采用30～40厘米的方形播种。丛生型立刀豆宜用100～150厘米×100厘米的宽行株距。

3. 田间管理

（1）苗高10厘米时，要查苗、定苗、补苗，在4叶期，结合中耕除草追肥一次。

（2）插架：蔓生刀豆株高35～40厘米时插支架，架高2米以上，顶部要纵横相联。也可利用篱笆、栅栏、墙垣、大树等拉绳做架，引蔓顺其自然缠绕。前期要注意中耕、除草和培土。

（3）肥水管理：开花前不宜多浇水，要注意中耕保墒以防落花落荚。开花结荚后需及时追肥、浇水。坐荚后，刀豆植株逐渐进入旺盛生长期，待幼荚3～4厘米时开始浇水。供水要充足，无雨时10～15天浇一次水，并结合进行追肥。刀豆是豆类中需氮肥较多的蔬菜，如氮素不足则分枝少，影响产量和品质。在4叶期追第一次肥，坐荚后结合浇水追第二次肥，结荚中后期再追一次肥。结荚盛期应进行2～3次叶面追肥。要经常保持地面湿润。

在开花结荚期应适当摘心，摘除侧蔓、疏叶，以利于提高结荚率。

4. 收获与贮藏

刀豆和立刀豆生育期均较长，收获嫩荚需90～120天，收获种子需150～300天。

（1）收获嫩荚刀豆：一般在荚长12～20厘米，豆荚尚未鼓粒肥大，荚皮未纤维化变硬之前采摘。北方在8月上旬盛夏开始陆续采收，直至初霜降临。单荚鲜重可达150～170克，嫩荚产量7 500～11 250千克/公顷。收立刀豆嫩荚作蔬菜时，在荚果基

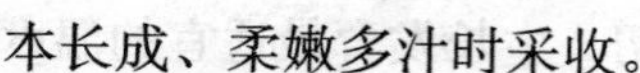

本长成、柔嫩多汁时采收。

（2）收获种子留种：一般选留植株中、下部先开花所结宽大肥厚并具本品种特征的豆荚，其余嫩荚应及时早采食，待种荚充分老熟、荚色变枯黄时摘下，带荚干燥，剥出种子晾干贮藏。豆荚过熟会在田间炸荚落粒，造成减产。刀豆产量为705～1 500千克/公顷，立刀豆为 1 500 千克/公顷。茎叶产量为40 500～52 000千克/公顷。

（3）贮藏：贮藏的种子含水量应在11%以下。种子一般贮藏于袋内或陶器。刀豆和立刀豆种子在贮藏期间抗病虫性较强。

三、刀豆花荚脱落的原因及防治

（一）引起刀豆花荚脱落的主要原因

1. 营养因素

刀豆花芽分化较早，一般矮生型品种第一对复叶展开时就开始花芽分化。蔓生型品种展开两对复叶时即开始花芽分化。开花初期常因豆苗徒长，营养生长与生殖生长间争夺养分而发生落花落荚。（彩图 50）

有机肥料欠缺，偏施N肥，P、K肥不足，致使根系发生少，入土浅，叶片多厚而嫩，蔓长而细。开花结荚盛期，全株花序间、花和荚之间争夺养分激烈从而导致晚开的花脱落。

刀豆开花结荚期间要求较强的光照，光饱和点在4万～5万勒克司，光补偿点1500勒克司。若栽植密度过大，支架不当，往往会造成枝叶间相互遮挡，光照减弱，同化物质积累减少，从而导致植株抗逆能力明显下降，花器官发育长期营养不足，很多花在肉眼尚看不到的时候就脱落，开花盛期，落花落荚更为严重。

2. 外界环境因素

（1）温度的影响

刀豆落花落荚与气温高低关系密切。生长发育最适宜的温度为20～25℃，开花期若遇28℃以上高温可能落花，30℃以上落花加剧，35℃以上落花率可达2/3左右，已开的花遇高温也会脱落或出现荚形不正。这是因为高温下植株体内同化物质主要运向茎叶从而减少了供应花荚的养分。28℃以上和15℃以下的温度均会降低花粉生活力，造成花粉管的伸长速度缓慢或不能正常伸长，无法正常受精而导致大量落花。

（2）湿度的影响

刀豆怕旱忌涝。花芽分化期若遇连续高温干旱天气，会使花粉母细胞减数分裂发生畸形，致使花药不孕或死亡而造成落花。花期雨多地涝，排水不畅，土壤积水空气湿度大，影响花粉散发而造成大量落花。

（二）预防刀豆花荚脱落的主要措施

1. 农业防治

（1）适期播种：刀豆性喜温暖气候。播种期是否适时对保花保荚具有关键性的作用。播种过早，气温低且不稳定，易使青刀豆受低温而导致落花。播种过晚容易受高温危害。故应把生育周期安排在气温适宜的月份，以满足花期对温度、光照的需求，华东地区春季栽培可于4月上中旬播种，秋季栽培以7月中下旬播种最适宜。矮生型品种的生育期和收获期较短，为延长收获期，在春季或秋季栽培中，可分期播种。

（2）科学施用肥水：水分是刀豆生长发育中很重要的环境条件之一。若浇水不当很容易引起花荚脱落，降低产量。据笔者长期观察所总结的浇水经验，应“浇荚不浇花”，即在大量开花时水不宜浇得过多过猛，目的是防止浇水过大引起落花，等坐住小荚后再逐渐加大浇水量。结荚盛期田间最大持水量维持在70%～80%为宜。进入高温季节，采用小水勤浇，早晚浇水和压清水等办法降低地表温度。大雨过后应及时排水、划锄，恢复土壤通气

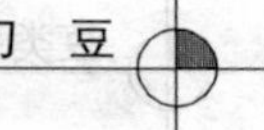

性，使根系生理活动正常，保证枝叶和荚果同步生长。

刀豆生育周期长，边开花边结荚，故在施肥上应做到底肥足、追肥勤。基肥应以腐熟有机肥为主，同时配合施用氮、磷、钾肥。早春地温回升慢，追肥可推迟至 4 叶前后进行。第一次收获后与结荚中期各追肥 1～2 次，后期如植株长势弱可追施一次肥料。

（3）合理密植：播种密度因品种和栽培季节而异，一般蔓生型品种行距 65～80 厘米，穴距 20～25 厘米，每畦栽培 2 行为宜。矮生型品种，行距 30～40 厘米，穴距 25～30 厘米。为改善光照，多采用南北畦向。蔓生性刀豆在抽蔓前后结合浇水进行搭架，架形多数为人字形花架，防止风吹倒，架头应连接加固。

2. 化学防治

用 15 毫克/升萘乙酸和 5～25 毫克/升萘氧乙酸喷施刀豆花序，每隔 7～10 天一次，可明显减少落花落荚。试验证明，用 1～5 毫克/升防落素喷青刀豆已开的花序，每隔 5～7 天喷施一次，可增产 10%～22.5%。

四、刀豆病虫害防治

刀豆和立刀豆抗逆性强，一般生长健壮，病虫害较少。主要病害有真菌根腐病、疮痂病，病毒病有苘麻属花叶病和长豇豆花叶病等，线虫病有大豆胞囊线虫等。病虫害的防治提倡“以防为主，综合防治”的原则，农业防治为基础，科学使用药剂防治技术，有效控制病虫危害。防治方法可采取选用无病种子、销毁病株、药物防治等措施。

（1）实行轮作：与非豆类作物轮作，或实行水旱轮作，可有效降低一些土传病害在土壤中的病原基数，减轻病害发生。

（2）种子消毒：播种前以种子重量 0.2%的 50%多菌灵可湿

性粉剂（或50%甲基托布津可湿性粉剂）进行拌种处理，预防青刀豆苗期病害发生。

（3）清洁田园：及时清除杂草、田间病株、虫株残体，集中深埋烧毁，能有效减轻病虫害和病原微生物，避免病虫害扩散。

（4）合理施肥：根据刀豆在不同时期对营养元素的需求，适当增施磷、钾肥，可提高作物的抗逆性，提高蔬菜品质。

（5）药剂防治：严禁使用剧毒、高毒、高残留化学合成农药，限制使用出口国家产品检测范围内的药剂类型。刀豆的主要病害有炭疽病、细菌性疫病和锈病等。

防治炭疽病可用75%百菌清可湿性粉剂600～800倍液；细菌性疫病可用72%农用硫酸链霉素或新植霉素4 000倍液；锈病可用25%粉锈宁可湿性粉剂2 000倍液。同时要注意药剂使用的安全间隔期，在青刀豆采收前20天，停止使用一切化学药剂。

刀豆的虫害较轻，有时发生蚜虫为害，有的地区主要害虫为斑蝥，咬食花荚，可在早晨露水未干，斑蝥不能飞动时带手套捕捉。据报道，主要害虫还有草地夜蛾（草地黏虫）和蛀食茎的蛴螬，常咬断幼苗，应在播种时施用毒谷防治。利用黄色黏虫卡诱杀烟粉虱、南美斑潜蝇，减少田间落卵量，降低害虫虫口基数，减轻危害。一般1公顷田块悬挂黄色黏虫卡450～600块（25厘米×40厘米）。

虫害主要发生在苗期，有南美斑潜蝇、烟粉虱、蚜虫甜菜夜蛾等，为害叶片和初生根。可用40%乐果乳剂750毫升/公顷，对水900～1 200千克/公顷喷雾、灌根，或用10%吡虫啉可湿性粉剂4 000～6 000倍液、20%米满悬浮剂1 000～1 500倍液等防治。结荚期虫害有豆荚螟，可用20%灭幼脲500～1 000倍液防治。同时要注意药剂使用的安全间隔期，在青刀豆采收前20天，停止使用一切化学药剂。

五、刀豆营养价值与利用

（一）刀豆的营养价值

据分析，刀豆鲜嫩荚每 100 克含热量 1420 千焦，水分 89.2 克，蛋白质 2.8 克，脂肪 0.2 克，总碳水化合物 7.3 克，纤维 1.5 克，灰分 0.5 克。刀豆嫩豆粒每 100 克含维生素 A40 国际单位。刀豆干豆、鲜豆营养成分见表 6-1。

刀豆主要以嫩荚供食。干豆作为粮食，质地较粗，食味较差。立刀豆粉与 30%小麦粉混食无有害作用。

刀豆可作饲料。据分析，立刀豆干草含粗蛋白 13.8%～16.0%，乙醚浸出物 2.1%～2.9%，粗纤维 26.5%～35.7%，无氮浸出物 41.2%～43.5%，这些养分消化率分别为 56%～59%、57%～69%、38%～61%、70%～72%，据报道作为牛饲料则不适口、不消化。干豆也可作家畜饲料，但不适口，还可能发生中毒，但经煮熟或将饲喂量限制在饲料量 30%以下，可以饲喂。

（二）刀豆的加工（刀豆干制品）

蔬菜干制品是从新鲜蔬菜中脱除一部分水，又尽量保存其原有风味的一种蔬菜加工品。新鲜蔬菜易变质，要求加工过程快，所以多数需人工干制，也有不少进行自然干制。人工干制（亦称脱水）的蔬菜称脱水蔬菜，其食用前应先行“复水”，即在水中浸泡一定时间，令其吸收水分，恢复鲜菜状态。脱水蔬菜具有加工工艺简单、食用方便、接近鲜菜口味、便于贮运等优点。我国生产和出口脱水蔬菜已有 30 多年历史，已成为世界脱水蔬菜生产和出口主要国家之一。

刀豆干制品（脱水刀豆）产品在国际市场上也享有一定信誉。脱水刀豆的主要工艺包括：

1. 原料要求

刀豆要在乳熟期采收，品质鲜嫩，含糖量高，粗细均匀，肉质厚，不起筋，荚面看不出豆粒，长度在7厘米以上，每50克约20条左右，横断面呈圆形的蔓性品种。

2. 挑选和处理

采收的豆荚到加工不能超过12小时，除去不健康的豆荚，然后用手工摘去豆荚两端。

3. 分级

按原料老嫩程度分大、中、小三档，以便于热处理，掌握烫漂时间。

4. 清洗

用清水洗涤，以除去污物杂质。

5. 护色

洗净的原料于0.2%的碳酸氢钠溶液中浸渍，一般大的浸30分钟，小的浸25分钟，然后用清水冲淋。

6. 烫漂

浸于0.06%的碳酸氢钠溶液烫漂，一般在100℃中处理3～7分钟，具体以原料老嫩而定。烫漂过程中需轻轻翻动，以免刀豆脱皮等，烫至原料颜色深绿而有亮光，背形无花纹、组织稍软为止。烫漂好的刀豆应迅速浸入清水中冷却，以冷透为标准。

7. 护色

冷却后的刀豆原料还须在0.2%的碳酸氢钠溶液中冷浸2～3分钟，然后沥干。

8. 脱水

将处理好的原料均匀摊于烘筛上，烘房温度掌握60～65℃为宜，脱水至含水量在6%为宜，拣尽潮条。

9. 成品挑选

除去成品中的不合格产品，如色泽差的，老白、黄褐色的产品。

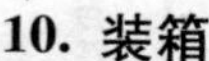

10. 装箱

包装入箱的产品，其含水量应不超过 7.5%。用纸板箱包装，内衬复合塑料袋，袋内再衬牛皮纸袋，外包装用塑料带打紧。

11. 成品质量要求

产品呈均匀墨绿色，长短大致均匀。

主要参考文献

程须珍，王述民，等.2009. 中国食用豆类品种志. 北京：中国农业科学技术出版.

运广荣.2004. 中国蔬菜实用新技术大全：北方蔬菜卷. 北京：北京科学技术出版社.

邹学校.2004. 中国蔬菜实用新技术大全：南方蔬菜卷. 北京：北京科学技术出版社.

吴家荣.2009. 青刀豆的高产栽培及病虫害综合防治技术. 现代农业科技（6）：38.

周广永，张新平，张玉玺.1997. 青刀豆花荚脱落原因及防治. 吉林蔬菜（4）：24.

第九章

多花菜豆

多花菜豆起源于墨西哥或中美洲，一年生或多年生草本植物。有白花和红花两种。开白花的籽实较大，充实饱满，白色有光泽，叫大白芸豆；开红花的籽实多，有紫底黑色大斑块或斑纹，叫大黑豆或大花芸豆，具有粮食、蔬菜、饲料、肥料和观赏等用途。世界上以温带地区种植，我国以云南、贵州、四川、山西等省种植较多，每公顷产籽粒1 000～3 000千克。

多花菜豆具有较高的营养和经济价值。100 克干子实含蛋白质约 20%，脂肪 1.8%，碳水化合物 62.0%，钙 114 毫克，磷 354 毫克，铁 9.0 毫克，维生素 B_1 0.5 毫克，维生素 B_2 0.19 毫克，维生素 PP（抗糙皮病维生素）2.3 毫克，维生素 C2.0 毫克。一般食用干豆粒，调制方法多样。煮食、制汤、制糕点、豆馅、罐头等，嫩荚作蔬菜，茎叶作牲畜饲料。

我国云南省栽培多花菜豆至少已有 100 多年的历史。近年来，由于外贸出口的需要，我国的多花菜豆生产发展较快，主要分布在云南、贵州、四川和陕西等省，云南省的楚雄、大理、丽江、曲靖和昭通等地已在海拔 2 400～2 800 米的冷凉山区大面积栽种。云南大白芸豆是外贸出口的重要蔬菜产品，仅南华县高寒山区播种面积就近千公顷。

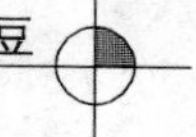

一、多花菜豆生物学特性和主要品种类型

（一）生物学特性

1. 形态特征

多花菜豆具有圆锥根系，幼茎有毛，开白花的幼茎绿色，开鲜红花的幼茎紫色，三出复叶，互生，复叶的叶柄长 10～16 厘米，小叶的叶柄短，叶卵圆至棱形，全缘，叶面绿色，叶背灰白。腋生总状花序，花梗细长，有棱，着生小花的花轴比花梗长。小花对生。花冠大，色白或原红、鲜红，荚果略弯，成熟时褐黄色，每荚有种子 2～4 粒，多的可达 9 粒，种子宽肾形，凸扁，百粒重 90～150 克。粒色有单色及花色，脐大，长圆形，子叶浅黄多。

2. 生长习性

依生长习性，多花菜豆可分为矮生和蔓生两个类型。各种类型中都有红花和白花种，白花菜豆品味较佳。多花菜豆为常异花授粉作物，异花授粉率 30%～40%，耐寒，要求温凉湿润的气候。苗期不耐涝，开花期不耐旱，成熟期需少雨晴朗天气。在热带地区海拔在 1 200 米以上，气候冷凉的地方种植可正常开花结荚，1 200 米以下的地方种植不易结荚。不耐霜冻，要求无霜期至少有 120～130 天，属中日性植物，对土壤要求不严，土层深厚的山坡和平地，有机质丰富的土壤都适宜栽培，在 pH4.9～8.2 的土壤上均能生长，但以 pH6～7 为宜。

（二）主要品种类型

1. 大白芸豆

又名雪山大豆，四川省和西藏甘孜地区地方品种栽培历史悠久，主要分布在四川省汉源、石柱、茂汶等地和雅鲁藏布江、大渡河、金沙江流域海拔 2 000～2 500 米的山区。其特点早熟性好，子粒大，产量高，由日本引进的太白花品种，特点子粒肥大，产量较高，但成熟期稍迟，适于无霜期较长的地区栽培。第一对真叶对生，以后发生叶片是三出复叶，互生，呈阔菱状卵形，幼苗茎为淡紫白色，花白色，荚长而实，荚长 11.7 厘米，宽 2 厘米，厚 1.4 厘米，有茸毛，种皮为白色，种子较扁而坚实，风味较佳，较耐旱耐寒。蔓性强，可达 4 米以上，每公顷产量 4～8 吨。晚熟，全生育期约 210 天，播种至收获约 130 天，耐寒、耐旱力较强，较抗病毒病、炭疽病和根腐病。3 月下旬至 4 月上旬直播，8 月中旬至 10 月中旬采收熟荚。

2. 红花菜豆

第一对真叶对生，以后发生叶片是三出复叶，互生，呈阔菱状卵形，幼苗茎为淡紫红色，花为猩红色，花美观，荚长而宽，有茸毛，种子较大而疏松，种皮较厚，有黑色斑纹，较耐旱、耐寒，蔓性强，可达 4 米以上，每公顷产量约 3.75～7.5 吨。

3. 中白芸豆

四川省地方品种，四川盆地四周海拔较高地区均有栽培。植株半蔓生，叶柄和茎浅绿色，小叶卵圆形，绿色，花白色。第一花序着生于 5～6 节，每序 2～3 荚，荚长 12～15 厘米，宽约 1.2 厘米，厚 1.2～1.4 厘米，镰刀形，嫩荚重约 10 克。老熟荚皮浅、黄色，每荚种子 6～9 粒，千粒重 520 克，种子肾形，白色，豆粒质地细软，风味鲜美，品质好，主食豆粒。早熟种，播种至采收 70～80 天。4 月上中旬播种，7 月中旬至 10 月上旬陆续采收老熟豆荚，耐寒力较强，亩产子粒约 200 千克。

二、多花菜豆栽培管理技术

1. 多花菜豆的生长环境

（1）温度、光照：多花菜豆不耐高温和霜冻天气，适宜在温带和亚热带高海拔地区种植，较耐寒。喜夏季凉爽的气候，在

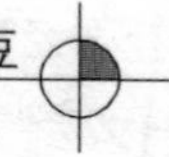

25℃以上的高温下不易结荚。多花菜豆10℃便可以萌发，生育适温18～20℃，幼苗生长的临界地温13℃左右，过低将会导致多花菜豆根系发育不良、生长迟缓。花芽分化和花粉发芽的适宜温度15～25℃，过高或过低会导致开花不完全现象。开花结荚的适宜气温18～25℃。生育期要求无霜120天以上。

多花菜豆为短日照作物，但有不少品种对光周期反应不敏感。由南往北引种延迟成熟时间，甚至只开花结荚，籽粒不能成熟。因此，引种时应注意。

（2）土壤、水分：多花菜豆最适宜在土层深厚、肥沃、排水良好的壤土和轻壤土上生长。不宜种植在重黏土及排水不良的土壤。适宜pH 6～7，如种植在酸性（pH 6以下）地块，需施石灰进行改良调节，才有利于生长。

多花菜豆要求全生育期雨量均匀充足。对干旱敏感，土壤水分不足时进行灌浇补充水分。土壤过湿或雨涝时，根系易引起病害，下部叶子变黄，生长后期发育不良或涝死。水分缺乏，易造成落花落荚。

2. 多花菜豆的栽培管理

（1）种植方式：多花菜豆在北方一季作地区须实行3年轮作倒茬，才能生长良好。可以单种，或与玉米、马铃薯等间混种。每隔3～5行马铃薯间作1～2行。蔓性品种与玉米少行间作可省去支架。农村也可在田边地角、房前房后、庭院空地种植，城镇可在街路旁、车站、公园、机关、单位、学校、工厂和居民院种植，起绿化和观赏作用。

（2）选用优良品种：我国各地栽培的多花菜豆主要以地方品种为主，均为蔓生。云南省南华、丽江和江西省的大白芸等，适应性广、粒大、丰产性较好。吉林、黑龙江的看花豆耐寒、耐高温、较早熟。

（3）整地播种：多花菜豆对土壤、肥水要求较高，要求秋翻耙、整地施肥，做到土壤疏松，无坷垃，墒情好。可采取垄作、平播或畦作。选择粒大、饱满、均匀、无病斑、无机械损伤、颜色一致的种子做种。播前晒种1～2天。一般在5月上中旬播种，可采用人工、畜力或机械穴播、开沟播。蔓生品种一般行距70厘米，穴距40厘米，亩播量8千克，保苗3 000株左右。如进行同作，可随主作物及当地习惯种植。

（4）田间管理：①多花菜豆是喜肥作物，要施足底肥。一般亩施农肥1 000千克左右，与氮、磷、钾化肥混合作底肥或做种肥施入。花期适量追施磷、钾速效肥。②多花菜豆的行距较大，早期易受杂草危害，要及早中耕除草。苗期以营养生长为主，应蹲苗。蔓生品种如遇干旱，开始抽蔓时可结合浇水后搭架，在花荚期如干旱可浇水。雨季要培土、排水。③多花菜豆的病害比菜豆轻，主要有白粉病，叶、茎、荚均可感染，可喷洒50％托布津可湿性粉剂或50％多菌灵可湿性粉剂500倍液进行防治。病毒病包括普遍花叶病毒和黄花叶病毒，感病较轻，对产量影响较小。防治方法同菜豆（第二章）。

（5）适时收获贮藏：多花菜豆一般115天左右成熟，摘菜食用一般80天。采种应在荚已成熟变黄褐而没裂开时进行。蔓生品种因成熟不一致需分期采收，荚果晒干后再脱落。留种的籽粒应充分干燥，使种子含水量在14％左右。贮前需用氯化苦、敌敌畏熏蒸防治豆象为害。

三、多花菜豆病虫害及防治

多花菜豆对根腐病的抗性比菜豆属的其他种强。主要的病害有细菌性疫病、根腐病、叶斑病、炭疽病。

1. 细菌性疫病

在叶缘处产生绿色油渍斑，后发展为红褐色，周围有黄色晕圈，随着病情发展，病斑连片。茎蔓感病后产生凹陷红褐色长斑，发病严重时病斑环绕茎一周，病斑上部叶片枯凋。豆荚感病

后，产生稍凹陷的圆形或不规则形褐色斑。潮湿时，病部有无色透明的菌脓溢出。

病原细菌可以在种子内或黏附在种皮上越冬，借风、雨、昆虫传播，从寄生气孔、水孔、虫孔侵入。高温高湿、叶片结露、雾大时病重。田间管理不当、排水不良、肥力不足、偏施氮肥、植株生长势弱，发病亦重。

防治方法：

（1）可用55℃温水浸种15分钟后捞出，放在凉水中冷却，晾干后播种。也可用硫酸链霉素500倍液浸种12小时。

（2）加强栽培管理，合理密植，增加植株通风透光度，避免田间积水，不可大水漫灌。

（3）发病初期可选用50%加瑞农或70%可杀得、75%百菌清、30%DT杀菌剂400倍液、200毫克/千克农用链霉素、200毫克/千克新植霉素喷雾，每隔7天一次，连续喷药3～4次。

2. 炭疽病

菜豆炭疽病是菜豆的重要病害，发生较为普遍。叶、茎、豆荚均可感病。苗期染病在子叶上生成红褐色的圆斑，凹陷呈溃疡状。成株发病，叶片上病斑多发生在叶背的叶脉上，常延叶脉扩成多角形小条斑，初为红褐色，后为黑褐色。叶柄和茎上病斑凹陷龟裂。豆荚上病斑暗褐色，圆形，稍凹陷，边缘有深红色晕圈，湿度大时病斑中央有粉红色黏液分泌出来。

病菌主要以菌丝体在种子上越冬，是初侵染的来源，在田间靠风雨、昆虫传播，进行再浸染。温度为20～25℃、湿度大利于病害发生，在天气凉爽，多雨、多露、多雾的季节发病重。地势低洼、连作、密度过大、土壤黏重，也会加重发病。

防治方法：

（1）从无病田、无病荚上采种。种子粒选，严格剔除病种子。播种前用45℃温水浸种10分钟，或用40%福尔马林200倍液浸种30分钟，捞出用清水洗净晾干待播。也可用种子重量

0.3%的50%福美双可湿性粉剂拌种。

（2）与非豆科蔬菜实行2年以上轮作。使用旧架材前以50%代森铵水剂1 000倍液或其他杀菌剂淋洗灭菌。进行地膜覆盖栽培，可防止或减轻土壤病害传播，降低空气湿度。深翻土地，增施磷钾肥，田间及时拔出病苗，雨后及时中耕，施肥后培土，注意排涝，降低土壤含水量。

（3）发病初期可用75%百菌清可湿性粉剂600倍液或50%甲基托布津可湿性粉剂800倍液、1∶1∶240波尔多液每亩50千克喷雾，间隔7天一次，共喷药2～3次。

3. 根腐病

一般在播后苗期至初花期就可能发生。主要侵染根部或茎基部。病部呈现褐色或黑色病变，病变部稍下陷。有时开裂，裂口可深入到皮层内。纵剖病根或茎基部，可见维管束变褐，病根侧根少或多已腐烂。当主根大部分或全部腐烂时，病株亦枯萎死亡。湿度大时病部产生粉红色霉状物病征（病菌分孢梗及分生孢子）。

由半知菌亚门的菜豆腐皮镰刀菌侵染所致。病菌腐生性很强，可在土中存活10年或者更长时间。借助农具、雨水和灌溉水传播。病菌从根部或茎基部伤口侵入，高温、高湿条件有利于发病，最适发病温度24℃左右。要求相对湿度80%以上，特别是在土壤含水量高时有利于病菌的传播和侵入。如果地下害虫多，根系虫伤多，也有利于病菌侵入，发病重。

防治方法：

（1）实行轮作，用无病菌土壤育苗或进行床土消毒。

（2）病害刚刚发生时，可用12.5%增效多菌灵可溶性粉剂200～300倍液或12.5%治萎灵水剂200～300倍液、35%立枯净可湿性粉剂900倍液、50%多菌灵可湿性粉剂500～600倍液、70%敌克松可湿性粉剂800～1 000倍液、40%根病灵可湿性粉剂500～600倍液等药剂喷洒或灌根，每株灌250毫升药液，隔

10 天再灌一次。

4. 菌核病

菜豆菌核病主要发生在保护地栽培的春菜豆和秋延后菜豆上。发病时，多从茎基部或第一分枝分杈处开始，初水浸状，逐渐发展，呈灰白色，茎表皮发干、崩裂，呈纤维状。潮湿时，在病组织中间生成鼠粪状黑色菌核，病斑表面形成白色霉层，严重时导致植株萎蔫枯死。

病菌以菌核在种子、病株残体、堆肥上越冬，成为早春初侵染的来源。在田间主要以子囊孢子和菌丝借露水、气流、雨水侵染传播、蔓延。病菌发生的适宜温度为 5～20℃，最适温度 15℃，相对湿度 100%，冷凉潮湿条件发病较重。

防治方法：

(1) 种子混有菌核时，可用 10%盐水选种，彻底剔除菌核，用清水洗净后播种。

(2) 在无病株上留种；实行轮作，拉秧时清除病株残体，结合整地进行深翻，将菌核埋入土壤深层。不偏施氮肥，增施磷、钾肥，提高植株抗性。实行地膜覆盖，阻隔子囊盘出土。适当提高棚内温度（25℃），及时摘除老叶。

(3) 发病初期及时喷药保护，对老叶与植株基部土壤重点喷药。常用药剂有 10%速克灵烟剂，每亩每次 250 克，傍晚点燃；也可用 40%菌核净可湿性粉剂 1000 倍液、50%多菌灵可湿性粉剂 800 倍液喷雾，每隔 10 天一次，共喷药 2～3 次。

5. 虫害

主要虫害有地老虎、蚜虫、豆荚螟、豆芫青等。可在初发生期每公顷用 40%乐果 1.1 升，对水，茎叶喷雾。

四、多花菜豆高产栽培技术

1. 整地作畦施基肥

多花菜豆着生根瘤，根系发达，选地时应选择前作非豆科的土层深厚、有机质丰富、通透性良好的中性壤土或沙壤土为宜，播种前应深翻晒白，清洁田园，结合整地施足基肥，一般每亩施土杂肥 1 000～2 000 千克，氮肥 40 千克，过磷酸钾钙40 千克，复合肥151 千克，在畦中间开沟施用，高畦种植，畦宽1.5 米包沟，双行定植，株距40～50 厘米，每穴2～3 株。

2. 适当早播保全苗

多花菜豆冬季反季节栽培，一般可考虑产品在 12 月至翌年3月上市来安排播种期，南方可根据地理位置从 10 月至翌年 1 月分期播种，华南温暖地区特别是海南地区或粤西地区可适当推迟播种，以冬播为主。根据多花菜豆比较耐寒和子叶不出土的特性，可适当早播和深播、早播，蔓茎节间短，开花结荚早，采收期长，产量高，深播，墒情较好，地温较稳定，在无灌溉条件的小区易于出苗，并能增强抗旱和抗寒能力，地温在 10℃即可播种。但各地常因前作收获期不同，播种期很不一致，一般以清明至谷雨为宜，播种深度决定于土质，一般以 10～15 厘米为宜，多花菜豆可直播和育苗移栽，大面积栽培以直播为主。播种前可用根瘤菌拌种，或用 0.01%～0.03%的钼酸铵、0.1%～1.0%的硫酸铜浸种，促进根瘤生长发育，增加根瘤数目，提早成熟，增加前期产量。采用穴播，每穴播种 2 粒，穴距 15～20 厘米，每穴播种量 2.5～3.5 千克。

3. 中耕培土

多花菜豆出苗后，视土面板结和杂草滋生情况进行数次中耕除草，并在支架前最后一次中耕时进行培土，使上胚轴多发不定根，扩大根系对水肥吸收面。

4. 及时搭架引蔓

多花菜豆及时支架和引蔓上架，是获得高产的重要措施之一。进入抽蔓期后必须进行搭架引蔓，以利于通风透光，提高结

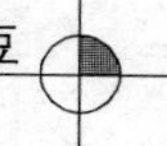

荚率与产量，竹竿、杂树枝都可作支架材料，南方多采用倒八字架式，斜面倾向沟，两排不交叉，因为倾斜，叶片与豆荚之间才能分开，避免害虫爬到豆荚上为害。另外两排不交叉，使两排的豆蔓不重叠在一起，避免互相交结成一股，以免影响后期开花结荚，插竹竿时按每根引蔓 4 条为宜。

多花菜豆的侧蔓虽然也能开花结荚，但数量太多，如任其生长，过于拥挤，影响通风透光，常导致落花落荚，反会影响产量，所以要适当整枝，并去除老叶、黄叶、病叶、病枝。

5. 肥水管理

多花菜豆不耐肥，对肥水很敏感，施肥过多，容易引起徒长，造成营养生长过旺；施肥过少，容易引起早衰，降低产量，因此合理的肥水管理对多花菜豆生长发育和产量的形成是很重要的。除应施足农家肥做基肥外，还应在始花期和盛花期适当重施两次追肥，一般于抽蔓期可结合淋水追稀粪水 2～3 次，每次每亩施 800～1 000 千克，若幼苗生长较差，可用复合肥追施，每亩施 15 千克，插竹竿时结合培土重施肥，每亩开沟施入复合肥 20 千克、过磷酸钙 30 千克、氯化钾 10 千克，然后培土。在开花结荚期，每隔 7～8 天根据生长期开花结果情况，每亩追施复合肥 10～12 千克，连续追肥 3～4 次。

土壤润而不湿，对多花菜豆生长有利，幼苗期需水不多，保持土壤湿润即可，抽蔓期枝叶大增，需水量较多，水分不足时，应及时补充水分，开花结荚后需水量更大，若遇旱天，可采用灌跑马水的方法进行灌溉，灌水时不能超过畦沟的 2/3，春季雨水多时，避免田间积水，减少病害的发生。

6. 采收

多花菜豆自上而下成熟，因此要分批采收。基部的几层豆荚易触地霉烂，要适当提前采用，一般在开花后 10～15 天可收嫩荚，此时豆荚由扁变圆，颜色由绿转为淡绿，外表有光泽，种子略为显露或尚未显露，每隔 2～3 天采收一次，若不及时采收，豆荚纤维多，商品价值下降，同时消耗养分多，引起落花落荚，降低产量。如果贮存干制品，需在豆荚充分成熟后采收，采收后的豆荚及时连荚晒干或晾干，并带蒂贮存，待出售时再集中脱粒，这样才能保证干豆的色泽，提高档次，一般每公顷老熟豆产量为 3～6 吨。

五、多花菜豆贮藏及加工

多花菜豆嫩荚采收后，可通过贮藏保鲜等技术防止豆荚腐烂变质。

1. 气调小包装贮藏

选择生长好、老嫩适中的多花菜豆 10 千克，装入垫有蒲草的筐中，然后用 0.1 毫米的聚乙烯膜包裹在筐外。若豆荚较少，也可直接装入聚乙烯袋中，并同时加入 0.5 千克的消石灰，密封，8～10℃保存，10 天检查一次。用此方法可保鲜贮藏一个月。

2. 加工

（1）脱水干制：将豆荚洗净切段，热水漂烫 5 分钟，取出控干水分并冷却。然后放入烘箱，60～70℃烘烤 6～7 小时。

（2）制罐头：选优质嫩豆荚洗净切段，放入 2.5%的食盐水中浸泡 10～15 分钟（盐水与豆荚 2：1）。取出浸泡好的豆荚用清水冲洗，然后放入沸水中预煮 3～5 分钟，当色泽青绿时放进冷水中冷却，装罐后注入 2.3%～2.4%的盐水，高温杀菌、排气、密封。

（3）速冻保鲜：将洗净的豆荚放入 2%盐水中浸泡 30 分钟，取出用清水冲洗干净后放入沸水中漂洗 2～3 分钟，捞出冷却后装入塑料薄膜袋中，排出空气，在－30℃下速冻，然后在－18℃下冷藏。

第十章

四棱豆

四棱豆，别名翼豆、翅豆、杨桃豆、四角豆等，属豆科蝶形花亚科一年生或多年生蔓性草本植物。四棱豆因其豆荚有四条棱边而得名。近年来，四棱豆以其蛋白质含量高、品质好而受到国内外重视，其嫩叶、嫩梢、花朵、嫩荚、种子、块根均可食用，但以食用豆荚为主。

一、四棱豆生物学特性和主要品种类型

四棱豆原产热带非洲和东南亚雨林地带，全球已有 70 多个国家进行四棱豆的研究和种植。我国广西早在 30 年代就已引种四棱豆并进行研究，从 20 世纪 70 年代后期，我国不少省、市生产科研部门和有关大专院校也相继进行引种和研究，取得一定成果，现已培育出矮生直立品种。近几年来，四棱豆已受到消费者的关注和喜爱，海南岛等地已有规模生产，南菜北运，具有市场价格的优势。北京和上海等地郊区的特产蔬菜基地也已引种栽培。

（一）生物学特性

1. 根、根瘤和块根

（1）根系：入土深度可达 80～200 厘米以上，根系发达。由主根、侧根、须根和块根组成，主根或侧根膨大成胡萝卜状块根，根上有较多根瘤，固氮力强。侧根分布直径 40～50 厘米，

匍匐在地上的茎蔓其节和节间都能生长不定根，其茎节可插条栽培。主要根群分布在10～20厘米耕层内，一年生植株便可形成块根。

（2）根瘤：一般在出苗20天后，幼苗5～6片叶时开始形成根瘤。其主根、侧根、不定根甚至块根上均能结瘤，主要分布在20厘米深的耕作层内。四棱豆在自然条件下能结瘤，结瘤能力惊人，根瘤直径一般为2～5毫米，最大达14毫米，重0.65克，尤其细小侧根上能形成大量根瘤，多者呈串珠状，单株结瘤多达200～956个，重26～67克。据报道，四棱豆每公顷鲜根瘤多达600～705千克，居豆类作物之首。四棱豆根瘤菌属于豇豆族互接种族，为慢生型，固氮效率高。

（3）块根：靠近土表的侧根能横向膨大为块根。匍匐地表的茎蔓上的不定根也能膨大为块根。大部分块根分布在10～20厘米深的土层，多横向水平生长，一年生植株一般每株可结块根3～7个不等。块根一般呈纺锤形或胡萝卜状，长5～20厘米，直径2～3厘米。如条件适宜，地下块根可存活多年，成为多年生，在地下越冬后，翌春从块根根颈上萌芽再生新枝叶。在生产上，四棱豆块根可作无性繁殖材料。

2. 茎、叶

茎光滑无毛，截面呈椭圆形、实心，茎色因品种而异，有绿色、绿紫色、紫色、紫红色或褐色。蔓生型左旋性缠绕生长，长达3～4米或更长，苗期生长缓慢，抽蔓后生长迅速，分枝力强；矮生型为自封顶有限生长型，分枝力更强，植株呈丛生状而直立，主蔓长约80厘米，主蔓、子蔓及孙蔓在分化出一定数量的叶片后，顶芽即分化形成花芽而自行封顶。

出苗时子叶不出土。第一对真叶为对生单叶，第三、四片真叶也有对生单叶，复叶一般为三出复叶，也有少数二出复叶、四出复叶和五出复叶。叶互生，叶柄长而坚实，有沟槽，茎部有叶枕。小叶多为阔卵形，也有披针形品种，全缘，急尖，光滑无

毛，叶背面有霜，叶色分绿，绿紫和紫红。小叶有小托叶，披针形。复叶功能期可长达 2～3 个月或更长。据研究，四棱豆叶片在发育过程中类似于大豆叶片，也存在着基因的选择性转录及顺序表达。

3. 花

总状花序，叶腋生，每个花序一般着生 2～12 朵花。花冠蝶形，较大，无毛。花色有淡蓝、紫蓝、白、红，有时有绿色斑点。花瓣 5 片，雄蕊二体（9）＋1，一般为自花传粉，但在有些条件下花柱从花苞中伸出，蜜蜂成了主要传粉媒介，异交率可达 7%～36%。一个花序成荚数一般为 1 个，部分为 2 个，少数 3 个，个别 4 个，偶见 5 个。因此，四棱豆开花虽多，但坐荚率较低，增产潜力大。

4. 荚果

荚长 20～30 厘米左右，宽 2.0～3.5 厘米，翅宽约 5 毫米，单株结荚 50 个左右，荚内含种子 6～20 粒。荚果呈长条方形四面体，有四条棱，棱缘翼状，有疏锯齿，也有扁平状，绿色或紫色。荚长一般 10～20 厘米，含种子 5～20 粒，种子卵圆形，光滑且有光泽。荚色分绿、黄绿、紫红，有的翼色与荚色不同为紫色或白色，嫩荚绿色，成熟荚深褐色或深红色。（彩图 51）

5. 种子

种子近球形、方圆形和卵圆形，表面平滑有光泽。没有休眠期，种皮较坚韧，长 6～10 毫米，稍具蜡质，需经处理后才能提高播种出苗率，缩短出苗时间，有 3%～30%的硬实。种子颜色随贮藏期延长而变褐。粒色有奶油色、浅黄、褐、深紫、黑或斑点、黑褐、紫褐等。种脐生于侧面，较小。百粒重 20～45 克。在一般贮藏条件下，种子发芽力可保持 2～3 年。低温霜冻后收获的种子虽然饱满但发芽率很低，不宜作种。

6. 生育期

四棱豆的生育期约 9 个月，从种子萌发到植株开花需要 70

天左右，始花后约 5 天形成幼荚，20 天左右的荚果生长达到最大长度，50 天左右种子可成熟，花期可持续 4～5 个月，9 个月后可收获块茎，块茎亦可留在土中贮藏。

四棱豆幼苗出土后约 30 天根部就开始形成根瘤，根瘤的数目及大小随品种而异，一般在 300～400 个/株，根瘤重量可达 21 克/株。

四棱豆一般属无限结荚习性，其生育期的长短不好用成熟期来计算。目前一般是以播种日期到第一朵花开放时所需要的天数为标准。从播种到第一朵花开放，时间最短的品种为 40 天左右，最长的为 160 天左右。四棱豆的生育周期一般为 65～95 天。

（二）生长发育对环境条件的要求

1. 温度

四棱豆是喜温作物，发芽最低温度为 12℃，生长适温 20～25℃，17℃以下结荚不良，遇霜冻即死亡。四棱豆种子萌发最低温度为 11℃，最适为 26～29℃，最高为 41℃。种子出苗最低温度为 12～13℃，最适为 20～36℃，低于 10℃对种子会产生直接冷害作用。开花结荚的临界温度为 17.2℃，最适温度为 20～25℃。花蕾发育期过高温会使花蕾发育不完全和不能完全开放，并影响花粉粒发芽与伸长，增加落花落荚。开花受精最适日平均温度为 20～25℃，32～36℃以上的持续高温有不良影响。豆荚生长的最低温为 12℃，17℃以下结荚不良，引起花蕾脱落，结荚率降低。初霜来临，结荚停止；气温降至 10℃以下时，生长停止。块根发育需较凉爽温度，昼夜温差大，利于块根的膨大和养分的积累，以昼夜温度分别为 27℃和 18℃时最适宜其生长发育，块根产量在 21℃温度条件下最高。较大的昼夜温差，能提高结荚率。四棱豆对霜冻敏感，地上部遇霜冻即干枯，生产上应注意在霜前 10～14 天采收嫩荚，以集中养分促进有效种荚正常早熟。

2. 水分

年降水量 1 500～2 500 毫米对四棱豆生长有利，最适为 2 500毫米。四棱豆枝叶繁茂，抗旱力较弱，不耐较长时间干旱，对永久性高地下水位也反应不良，但耐雨季短期渍水。如有人工灌溉条件，也可在年降水量 200～400 毫米的干旱地区栽培。

水分是影响四棱豆生长的重要因子，主要是发芽和结荚两个阶段。种子发芽一般吸水量相当于种子重量的一倍以上，播前浸种很有必要。苗期缺水，植株生长缓慢细弱。开花结荚期对干旱敏感，要求充足的土壤水分和湿润的环境。但雨季雨量过大，要及时排水，以免积水缺氧，影响根系生长，引起烂根和落花落荚。四棱豆开花结荚期对干旱敏感，要求温暖的湿润环境，但单纯由灌溉供应水分，有可能引起水分胁迫，如有灌溉条件，便可趋利避害，防止因干燥而落花落荚。

3. 光照

四棱豆为短日照作物，但对短日照的敏感性因品种不同而异。临界光周期约为 12.5～14 小时。少于 12.5 小时的日照长度对开花有利。生长初期 20～28 天中对日照敏感，苗期短日照处理可提早开花结荚，延长生育期，提高产量。晚熟类型，在长日照条件下易引起茎叶徒长，延长营养生长期，影响开花结荚。

四棱豆生长发育要求光照充足，不耐荫，但炎夏的强阳光直射是不利的，荫蔽区茎叶、荚、种子产量均高于无荫蔽区。光照要求短日照，而且需要有较大的昼夜温差，因此在高海拔地区的四棱豆开花结荚比低海拔地区的要早。

4. 土壤

四棱豆对土壤要求不严，较耐贫瘠，适应性较强。对土质要求中等，一般沙质土、黏性土都可栽培，但不宜在黏重板结土壤、渍水田或地下水位很高、酸性很强的土壤种植，以肥沃、渗透性和通气良好的微酸性土壤最佳。在深厚肥沃的沙壤土上嫩荚能高产优质，在贫瘠沙地上四棱豆籽粒产量很低，但块根产量往往较高。四棱豆能耐黏重和非灌溉土壤，因此常常栽培在江河和水库的堤岸上。

四棱豆不耐过酸过碱土壤。在土壤 pH4.5 时生长较差，但植株和根瘤还能存活，施用石灰后可明显促进生长。最适土壤酸碱度为 pH5.5，适宜的土壤酸碱度为 pH4.3～7.5，它虽不耐盐碱，但在 pH8.6 的土壤上也能栽培。

（三）主要品种类型

目前世界栽培的四棱豆主要有印尼品系和巴布亚新几内亚两个品系，140 多个品种。我国栽培的有 8 个，一种是绿色种，其叶、茎、豆荚棱翼均为绿色，嫩荚长 15～20 厘米，单荚重 20 克左右，纤维少，品质好；另一种为紫色种，其叶、茎、豆荚的棱翼为紫色，嫩荚长 20～22 厘米，单荚重25 克左右，纤维多、品质差。

印尼品系多年生，茎叶绿色，小叶圆形、三角形、披针形等。花淡蓝、白、紫色。大多数晚熟，也有早熟类型，在低纬度地区全年播种均能开花。有的对 12～12.5 小时的长光周期甚敏感，营养生长期达 4～6 个月。豆荚长 18～20 厘米，个别长达 70 厘米以上，我国南方栽培的多属此类。

巴布亚新几内亚品系一年生，早熟，播种至开花需 57～79 天。小叶以卵圆形和正三角形为多，茎蔓生，紫花。茎、叶和荚均具有花青素。荚长 6～25 厘米，表面粗糙，种子和块根和产量较低。

四棱豆在我国种植的产量水平，南方干豆一般 1 500 千克/公顷，嫩荚一般 18 750～22 500 千克/公顷。北京地区干豆一般 900～1 200 千克/公顷，嫩荚一般为 10 000～12 000 千克/公顷，与其他豆类作物相比，四棱豆是一种产量较高的豆类作物。近年来，由于新品种的选育和推广，使四棱豆种植的北界北纬 32°先后北移到北纬 40°（北京）和北纬 46°（哈尔滨）。

我国栽培的四棱豆，北方可以引种的主要有以下品种。

1. 早熟品种

(1) 早熟1号：中国农业大学选育而成。蛋白质含量种子为38.76%，块根为19%，氨基酸组成也较平衡，赖氨酸含量超过大豆。茎草质蔓生攀援，蔓长3.5～4米，光滑无毛，左旋缠绕生长，分枝力较强。茎叶绿色，腋生总状花序，每序小花数朵至十余朵，花淡蓝色。单株结荚40～50个，荚果四棱形，嫩荚绿色，荚长8～18厘米，宽1.5～2.5厘米，成熟荚黑褐色，不裂荚。种子近圆形，种脐稍突，种皮米黄色，单荚粒数8～13粒，百粒重26～28克。一般单株有薯块2～6个，呈粗纺锤形。每公顷产嫩荚10 815～12 240千克，干豆1 200～1 800千克，块根1 335千克。

在北京3月下旬至4月初育苗，苗龄25～30天具4～6片叶时，断霜后移栽露地，密度30 000株/公顷。苗期生长较慢，中后期旺盛。始花期在6月下旬，始熟期在8月中下旬，至9～10月份大量结荚，正是蔬菜秋淡季上市供应的优良蔬菜品种。10月中旬主茎顶芽出现“顶花”现象，初霜来临，植株干枯。在我国北方温带地区，块根不能在田间越冬，要及时收获。

(2) 早熟2号：中国农业大学选育而成。茎草质蔓生攀援，蔓长3.5～4.5米，分枝力强，茎叶深紫红色，花淡紫蓝色，荚果四棱形，嫩荚绿色，翼边深紫色，荚大美观，纤维化较迟。单株结荚40～50个，荚长18～22厘米，宽2～3.5厘米，成熟荚黑褐色，易裂荚，生产上要及时采收。种子近方圆形，种脐稍突出，种皮灰紫色，单荚种子10～20粒，百粒重26～32克，一般单株有块根3～12个，多达20个，呈细长纺锤形。每公顷产嫩荚12 750～18 000千克，干豆1 800～2 250千克，块根3 750千克。

栽培适宜密度稍小，每公顷25 500左右。花期较晚，始花期在7月初，始荚期在7月中旬，始熟期在9月上旬。8月下旬至10月上中旬大量结荚，荚大粒大。

（3）紫边四棱豆：北京蔬菜研究中心从国外引进的品种中筛选出的适应性较强的早熟品种，其特征与特性基本与83871相同，主要区别在于紫边四棱豆豆荚的周边为深紫色，叶和茎蔓深紫色或紫绿色。花期略晚，可食嫩荚较大，纤维化较迟。

紫边四棱豆与83871品系一样，能在华北地区开花结实，但是需要一定的栽培管理技术来保证其品质和产量。露地栽培管理较粗放，产嫩荚12 000～15 000千克/公顷，干豆900～2550千克/公顷。

（4）合85-6：安徽合肥市农林科学院选育的早熟优质新品系。茎圆柱形，空心无毛，茎蔓长2～3米，荚长8～25厘米，宽1.5～3.5厘米，内含种子7～15粒。种子近球形，深褐色，有光泽，种脐大而显，百粒重20～32克。

品质优良。籽粒蛋白质含量达37%，叶片高达26%，块根为16%。蛋白质中含18种氨基酸，其中赖氨酸含量较高（100克鲜豆含量3.01克），赖氨酸、亮氨酸、缬氨酸等含量均高于大豆。种子脂肪含量为14.39%，不饱和脂肪酸占脂肪酸总量的87%左右。其籽粒、叶和块根均含较多矿质元素和微量元素铁、锌、铜、锰、钙等。嫩叶富含维生素C和维生素B_2。

北移各地试种，表现早熟，抗病，品质优良。在北纬32°以南地区，4～5月初播种能开花结荚成熟，生育期为198～210天，初花期为播后87天左右，终花期为150天左右。在纬度较高的北京试种，也能开花结实。在低纬度地区的海南、广东、广西等地试种，初花期约在播种后60多天。适应性强，耐雨涝，不择土壤，既不与粮棉争地夺肥，又有利于肥田养地，可作为发展庭院经济的搭配品种。据安徽省多点试验，嫩荚产量15 000千克/公顷左右。浙江龙泉试种，单株一年生块根重1.5千克，多年生单株块根重达6千克。喜温暖、不耐寒冷，忌高温、喜湿润、不耐干旱，北移引种要注意创造适于它生长发育的条件。

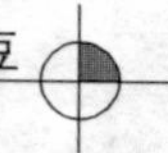

(5) 桂丰1号：广西农业大学从国外引进的四棱豆品系Kus-12中选育的极早熟品种。主蔓长3米左右，分枝和攀援能力较弱，适于密植栽培，每公顷可植60 000～90 000株。豆荚呈扁平状，肉质肥厚，不易纤维化，嫩豆荚的采收适期较长，嫩荚淡绿，每荚种子约9粒，成熟种子深灰色，百粒重26克。

在广西南宁不论春播还是夏播，都能开花结荚，如在早春3月上旬播种，5月下旬能开花，6月上旬坐荚结实。该品种对光周期不敏感，生长发育所需积温较低，早熟性状比较稳定，极早熟。在北京引种，能收到少量自然成熟种子。

(6) 铜翼豆1号：贵州省铜仁职业技术学院育成的特早熟新品种。分枝力弱，适于密植，植株长势较弱，株型紧凑，主蔓长3米左右，只有3～6条侧蔓，分枝和攀援能力较弱，适于密植栽培，耐寒特早，适应性广，对光周期反应不敏感，早熟性状稳定，适应不同土壤、不同气候、不同栽培形式下栽培，从南到北各地春、夏露地均可栽培，春播、夏播的初花节位都稳定在4～6节。豆荚扁平状，肉质肥厚，不易老化上筋，采收稍迟也不会因纤维老化而丧失商品价值，采收适期长。

(7) 早熟翼豆833：中国科学院华南植物研究所从澳大利亚引进四棱豆品种H45中的早熟变异株系选育成的早熟品系。经济性状好，成熟期早，适生地区范围广，其开花期比亲本提早63天，成熟期相应提早。

蔓生攀援植物，蔓长4～6米，茎叶绿色，花冠蓝色，嫩荚绿色，成熟荚果黑褐色。种子近圆形，种脐稍突起，种皮米黄色。荚长16～21厘米，单荚种子数8～13粒，种子百粒重31克。近地面根系能膨大成块根。

蛋白质含量高，种子38.5%，老藤蔓14.6%，老叶片23.1%，老豆荚14.5%，块根18.8%。根瘤固氮能力高于大豆。

在广州春季4～5月份播种，幼苗出土后4～5周内生长缓慢，其后随着气温升高雨量增加而加快，茎蔓日长2～4厘米，最快达12厘米。从播种至始花为60天。在广州，夏季7月播种，9月始花，10月下旬主茎顶芽分化为花芽，称为“顶花”，茎蔓表现为有限生长，在主茎下部的腋芽长出分枝，继续生长、开花、结荚。夏秋季种植的植株分枝数及茎蔓长度明显次于春种的。

在北京引种成功，打破了适种四棱豆的地理纬度（南纬21°～北纬25°）和年均温（15.4～27.5℃）的传统界限，表明该品种对光周期不敏感，生长发育所需积温较低，这使四棱豆种植地区得以大幅度北移。

（8）83871早熟四棱豆：中国科学院华南植物所从国外引进，与北京蔬菜研究中心共同系统选育而成的早熟品系。植株蔓生，生长势苗期中等，中、后期旺盛。蔓长3～4米，左旋性缠绕生长，分枝力强，茎蔓光滑无毛，易长不定根。总状花序，每序有2～40朵花，花冠较大，浅紫蓝色。花多于上午9～10时开放，气温低时下午开放，盛花期单株同时开的花可达百余朵。荚果长16～35厘米，宽2.5～4.5厘米，横切面呈矩形或棱形。荚内含种子6～14粒。嫩黄绿色，成熟荚黑褐色。种子黄褐色，种皮光滑，有明显种脐，无胚乳，子叶两片肥大，种子没有休眠期，发芽后子叶留土。种子百粒重27.5克。50%左右的植株近地表的侧根横向生长，膨大成块根呈纺锤形，每株有块根2～5个，皮较粗糙且厚，但易剥离，可食，质脆味微甜。

可在保护地栽培。北方使用保护地栽培需看保温设施条件，保温性能好的可全年播种，随时种植，以适应周年供应的需要。四棱豆是多年生状态，夏季高温时需进行人工降雨。

在华北地区露地栽培，宜于3月中下旬在保护地育苗，苗龄25～30天，晚霜后定植大田。春季有风沙地区，定植后要加风障或扣小棚。

（9）湘棱豆2号：湖南农业大学怀化学院选育的品种。全生育期160～180天。植株生长势旺盛，叶色深绿，三出复叶，小

叶卵圆形。蔓长4米，茎基分枝3～4个，侧枝发生多。主蔓及侧枝均可结荚，以主蔓结荚为主，连续结荚能力强。嫩荚浅绿，有光泽，嫩荚长16.7厘米，荚宽2.0厘米，荚厚2.0厘米，单嫩荚重14克，老熟荚黑褐色，不裂荚。种子近球形，种脐大而明显，种皮光滑，百粒重30克。块根纺锤形，每株有块根4～7个。较抗根腐病、果腐病、病毒病等病害。

4月下旬至6月上旬播种。选择土壤疏松、土层深厚的沙质土壤，播种前深翻18～20厘米，然后整平整细，开沟作畦，畦宽1米。施足基肥，一般每亩施充分腐熟的猪牛栏粪1 500～2 000千克，人畜粪尿500～750千克，过磷酸钙50～60千克，氯化钾5～10千克，施后翻耕入土。如基肥数量少，也可集中穴施，施后盖土，使种子或种苗不直接与肥料接触。播种前晒种1～2天，可在30～35℃的温水浸泡10～12后置于28～32℃的环境下催芽后播种或直播。株距60～65厘米，每穴栽1株，每亩栽1 500～2 000株。适时采收：采摘嫩荚食用，宜在荚果基本定型、手捏时较软、荚果由黄绿色开始转翠绿色时采收；采收种子，宜在豆荚呈深褐色时分次带荚采收，再摊晒脱荚贮藏。

(10) K0030 (96-13)：中国农业科学院品种资源所选育。早熟，蔓生，无限结荚习性，生产上需要搭架才能获得高产。株高2米以上，单株分枝6～9个，紫蓝花，籽粒近球形，棕黄色，亩产鲜荚2700千克以上，干种子产量120.7千克，每亩鲜块根产量为215.3千克。在田间一般不感病。采收期长，适应性广，适合南方各地种植，在北方可作为蔬菜生产发展。

2. 中晚熟品种

(1) 桂丰3号：广西农业大学选育的食嫩荚菜用中晚熟品种。开花结荚能力强，荚直而大，外形美观，横断面呈正方形。营养丰富，蛋白质含量2.15%，每100克嫩荚维生素C含量7.6毫克、维生素B_2 0.18毫克、维生素B_{12} 0.04毫克，还富含钙、磷、铁等多种矿物质。无限生长型蔓生品种，主蔓长3.5～4.5

米。花为腋生总状花序，每序2～10朵花，花冠蓝色。主侧蔓都可结荚，嫩荚浅绿色，荚长19厘米，单株结荚30～50个，每荚15粒，成熟荚黑褐色，种皮黄褐色，百粒重30克。每公顷产嫩荚16 500～24 750千克，种子3 000～4 350千克。

（2）桂丰4号：广西大学农学院选育。主蔓长4.0～4.8米，有4～6条侧蔓，中晚熟，最初花序着生节位11～18节，每花序有小花2朵至十几朵，花冠蓝紫色，结荚初期以侧蔓和孙蔓结荚为主，后期则以主蔓结荚为主。嫩豆荚绿色，翼紫红色，豆荚长21.2厘米，豆荚直而大，外观光滑漂亮，横断面呈正方形，单株结荚数60，每荚有种子13～17粒，成熟豆荚黑褐色，成熟的种子黑色，种子千粒重320克。

（3）矮生四棱豆——桂矮：广西农业大学选育的经济性状好而又不用支架栽培的矮生品种。嫩荚蛋白质含量2.15%，18种氨基酸总含量1.22%，富含维生素C、维生素B和钙、磷、铁等多种矿物质。成熟种子蛋白质含量为35.43%，18种氨基酸总含量为30.26%。块根蛋白质含量10.21%，碳水化合物含量35.00%。为自封顶的有限生长型品种，分枝能力强，植株呈丛生状，不用支架就能直立。主蔓长约80厘米。花为腋生总状花序，每序有花2～8朵，花冠淡紫色。嫩荚绿带微黄色，长18厘米，豆荚横断面呈正方形，单株结荚45个左右，成熟豆荚黑褐色，种皮黄褐至褐色。根系发达，须根着生大量根瘤，单株结瘤数约319个。根系能膨大成肥大的块根。每公顷产嫩荚约22 950千克，成熟种子约3 705千克，块根约1 425千克。

二、四棱豆栽培技术

（一）四棱豆高产栽培技术

四棱豆在北方一年栽培一茬，适应性强，容易栽培。

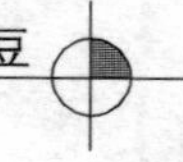

1. 种植方式

四棱豆可单作，也可与其他作物如甘薯、西瓜等间套作，前期与早熟蔬菜套作，或在幼年果园行间间作，还可种植于庭院房前屋后，田边地角。不宜连作。

2. 栽培季节及育苗方法

（1）保护地栽培：在北方保护地栽培需看保温设施条件，保温性能高的可全年播种，随时种植。四棱豆呈多年生状态，夏季高温时需进行喷喷灌。

（2）露地栽培：华北地区露地栽培宜于3月下旬在保护地育苗，苗期25～30天，终霜后定植大田。春季有风沙地区定植后要加风障或扣小拱棚。北京露地直播多在5月初浸种催芽后播种，出苗后月均气温达15℃以上，有利生长。过早播种，地温低，种子不易发芽，而且在8月中旬前开的花可能因花芽分化时遇高温长日，营养生长势又强，花芽发育不完全而常不结荚。生长期短的品种6月中旬前播种。

（3）种子处理及育苗：以种子繁殖为主，块根和茎蔓也可作为繁殖材料。每公顷用种量4.5～7.5千克，精量播种。播种前晒种1～2天，然后盛于纱布袋或细孔网袋，浸于50～55℃温水中（一般可用2份开水对1份凉水），不断摇动盛种袋，至不烫手为度。水凉后倒出种子，用清水冲洗后再用清水浸种8～12小时。种子吸水膨胀后置于25～28℃温度下，或用变温处理（白天30℃8小时，夜间20℃16小时），经2～3天萌芽后播种。不吸胀的硬实种子用砂纸擦破种皮，再浸种20小时，在25～28℃下催芽后播种。播种宜用营养土方或营养杯育苗，也可利用废旧纸卷、纸筒，或者塑料薄膜做成高10厘米、直径7～8厘米的袋，底部开一小孔，盖一块小纸，然后装上营养土，浇透水后播种，这样可保证移栽时的幼苗成活率较高。营养土的配制，可用80%的菜园土、20%草炭，再加细碎的饼肥、适量的过磷酸钙，充分拌匀后使用。播种后用塑料薄膜覆盖，如用黑色膜育苗效果更好。

3. 定植与直播

种植翻地时要施有机肥作基地并增施一些过磷酸钙，一般每公顷施入腐熟有机肥 3 000～4 500 千克、过磷酸钙 750 千克、钾肥 450～600 千克。幼苗 4～6 叶即要定植，苗龄太长则茎蔓缠绕易折断，定植后影响生长。定植密度每公顷 2.25 万～3 万株为宜，过密，秋季支架易倒塌，太疏影响早期产量。种子直播，1.5 米宽畦播 2 行，穴距 35～45 厘米，矮生品种 1 米畦播 2 行，7～8 叶时定苗。块根作种时，应在霜前收获块根，不要挖伤块根和弄断根颈（因为新枝从根颈周围萌发），也不要分蔸，播种时，根头朝上埋入穴内。

4. 田间管理

苗期一个多月生长较慢，要及时中耕除草，并保持土壤湿润。视幼苗生长势适当追肥 1～2 次，可用尿素 75 千克/公顷或土杂肥。整个生长期要看天时进行灌溉，尤其是开花结荚期不能受旱，经常浇水保持土壤湿润，遇 35℃以上高温，应勤浇轻浇，并在早晚浇水和雨后压清水，以降低地表温度。现蕾期和花荚期叶面施肥 2～3 次，用 0.5%～1%磷酸二氢钾和尿素混合稀释液，于晴天下午 4 时以后喷洒，均匀喷在叶片的正反面，能提高坐荚率和嫩荚质量。

立架整枝：幼苗 40 天后生长迅速，要在抽蔓前立架，支三角架或四方架，深中耕一次促根系生长，抽蔓后人工引蔓上架，使蔓叶在架上分布均匀。因四棱豆的结荚量以第一次分枝为最多，应于 10 片叶左右摘去顶尖，以促进低节位分枝，降低结荚节位的高度，促生有效分枝，从而增加结荚节位数，提高产量。开花结荚期枝叶生长仍旺，地下块根也逐渐膨大，各生长中心之间竞争养分激烈，要疏去过密的二、三级分枝和生长过旺的叶片，以利通风透光。摘下的嫩枝、嫩叶、花蕾和幼荚可作菜或汤。结合中耕进行培土，培高 15～20 厘米，以利地下块根形成

和膨大。

5. 采收

四棱豆一般具无限结荚习性，以嫩荚作蔬菜食用，一般在开花后12～15天豆荚绿色、手触软感、豆粒未膨大前采收，采收宜嫩不宜过老，否则纤维增加，荚壁粗硬，不能食用，只可剥食荚内种子。嫩荚可5～7天收一次，过迟采收影响上部节位坐荚而降低产量，每采收2～3次追肥一次，促荚果生长并防植株早衰，采收嫩荚前一周，切勿用化学农药。露地栽培管理较粗放的嫩荚每公顷约12 000～15 000千克，在稀植情况下，单株嫩豆荚产量可达2.5千克以上。采收干豆或留种用豆荚，一般在花后45天成熟，豆荚皮色由青绿变为黑褐即可采收。干豆产量一般900～2 550千克/公顷。种子贮藏比较容易，一般未发现有虫害，但要求种子含水量在10%以下。

（二）四棱豆无公害栽培技术

1. 品种选择

选择早熟、抗病、对光照不敏感的优质品种。如83871早熟四棱豆和紫边四棱豆。

2. 施肥整地

宜选择土壤肥沃、土层深厚的沙壤土。每亩施充分腐熟的有机肥5～6吨，三元复合肥50千克、硫酸钾15千克、5%辛硫磷颗粒剂3～5千克。铺施后，深翻25～30厘米，耙细作成高垄，垄宽80厘米，垄高20厘米，垄沟上沿宽30厘米。

3. 浸种催芽

（1）种子消毒：每亩用种量为500～700克，精选种子，晒1～2天后，用纱布或细网袋盛好种子，浸入55℃温水中，不断摇动盛种袋，时间15分钟，使种子受热均匀。

（2）浸种：把经过消毒的种子放入30℃左右温水中浸种8～10小时，种子吸水膨胀后捞出，甩去表面水分，进行催芽。

（3）催芽：采用变温催芽，白天30℃8个小时，夜间20℃16个小时。在催芽过程中，每天用清水冲洗种子2～3次，并剔除不萌动种子，以免传染病菌，2～3天萌芽后播种。

4. 适期播种

春播，播期4月中旬，播于高垄中央，穴距60～70厘米，每穴2粒种子，每亩1 500～1 800株。播后覆土15厘米，并随时浇水。

5. 间苗补苗

播后8～10天幼苗出土，具2～3片真叶时查苗补苗。7～8片真叶时定苗，每穴留壮苗1株。

6. 中耕培土

四棱豆前期生长速度较慢，植株纤细，可结合除草或中耕1～2次，以利春季提高地温和保墒。随着温度升高，植株生长加快，主茎蔓长至80～100厘米时，结合追肥、浇水，再中耕1～2次，在枝叶旺盛生长、植株封垄时，停止中耕，以免伤根，但应培土，以利于地下块根形成。

7. 肥水管理

四棱豆喜温喜湿，怕旱怕涝，3片叶茎抽蔓期生长缓慢，一般不浇水。抽蔓现蕾后，结合浇水追施三元复合肥和钾肥，施肥量为三元复合肥15千克、硫酸钾10千克，并在叶面喷施0.2％尿素水溶液和0.5％磷酸二氢钾溶液2～3次，提高坐荚率及嫩荚质量，其间保持土壤湿润，防止干旱落荚及嫩荚品质变劣。

8. 立架整枝

四棱豆攀援性强，抽蔓后要及时搭架引蔓，架材要选择2米以上竹竿，直径4厘米左右，搭人字架或三角架，架高1.5米左右。由于四棱豆的嫩荚以主茎和第一分枝为最多，所以应在主茎具有10～12片叶时打去顶尖，以便降低节位分枝，降低结荚节位高度，从而增加结荚位数，提高产量。结荚中期疏去无效分枝，打掉中下部的密叶，以免茎蔓旺长，降低结荚率。

9. 病虫害防治

四棱豆覆地膜栽培病虫害较少。病害主要是病毒病，可用25％病毒 Awp2 000 倍液加入 20％灭扫利乳油 2 500 倍，配合灭蚜进行防治。虫害主要是蚜虫和豆荚螟，可用 2.5％阿克泰水剂3 000 倍液和 1.8％阿维菌素 1 500 倍液或 47％ 乐斯本 1 000 倍液防治。

10. 适时采收

四棱豆的嫩荚一般花后 2 周即可采收，豫北地区适采期为 8 月上旬至 10 月中旬，采收标准为嫩荚长 10～12 厘米，荚色嫩绿，手触软感。采收时宜小不宜老，否则纤维化后不能食用，但可食用荚内种子。同时，过迟采收，还会影响上部节位的坐果，影响产量。每亩春露地栽培四棱豆可采收嫩荚 1 000～1300 千克，采收宜在早晨进行，及早上市。

三、四棱豆病虫害及防治

（一）四棱豆病害及防治

1. 立枯病

立枯病是土传真菌性病害。主要发生在苗床，俗称死苗病，危害多种蔬菜。幼苗初病成茎即产生椭圆形暗褐色病斑，最后病部收缩干枯，导致植株折断死亡。在 20～28℃下最宜发病，播种过密，通风不良，幼苗徒长，苗龄过长，均易发病。

防治方法：控制播种密度，一般每株幼苗占地 7～8 平方厘米为宜。肥水不宜过多，以防徒长。播前晒种 1～2 天，再用55℃温水浸种 10～15 分钟。苗床用 50％多菌灵 1 000 倍稀释液或 50％托布津 500～1 000 倍稀释液浇洒，或在播前作苗床药土处理。在幼苗子叶期，用移栽灵 2000～3 000 倍稀释液浇洒，及时剔除发病植株及周围幼苗，及时移栽。

2. 病毒病

常见的为花叶型病毒病。感病植株嫩叶皱缩，先是黄绿相间，以后转为暗绿，叶片变厚发脆，显著变小。植株现蕾开花极少，不结荚。蚜虫是传病的主要媒介，如遇久晴高温、土壤干燥，则发病严重。

防治方法：剪去感病枝叶，杀灭蚜虫，加强肥水管理后病症减轻或消失，新生枝叶能现蕾、开花、结荚。感病前已长成定型的叶片不表现症状，但幼苗期如感病，则全株矮缩，要整株连根挖除、烧毁。

3. 细菌性疫病

先从叶缘感病，扩展迅速，呈沸水烫伤状，逐渐干枯呈黄白色，严重者叶片大量枯死。一般从基部老叶开始发病，花冠感病后腐烂脱落，幼荚感病后期转为霉菌腐生出现白霉。

防治方法：全田开好排水沟，及时清除病株中心。疏枝打叶应选晴天露水干后进行，剪枝时剪刀勿接触病株，以减少传染。中心病株用硫酸铜 100 倍稀释液灭杀，中心病株周围用 1∶1∶100（石灰∶硫酸铜∶水）的波尔多液或硫酸铜 1 000 倍稀释液消毒预防，每隔 7～10 天喷 2～3 次。

4. 四棱豆白星病

多在夏、秋露地种植时发生，主要危害叶片，病斑初期在叶片上出现紫红色放射小点，以后发展成中心白色至灰白色、边缘紫红色界限不明显的小斑，中央略陷，通常病斑大小为 2～5 毫米，后期在病斑表面产生少许褐色小点，即病菌的分生孢子器。条件适宜时，病斑稍大，可相互连接，有时可穿孔，终致叶片提前老化坏死。

防治方法：发病初期喷洒 70％甲基硫菌灵可湿性粉剂 600 倍液或 50％异菌脲可湿性粉剂 1 000 倍液、80％代森锰锌可湿性微粒粉剂 800 倍液、70％甲基硫菌灵可湿性粉剂 1 000 倍液＋75％百菌清可湿性粉剂 1 000 倍液、45％噻菌灵悬浮剂 1 000 倍液，每隔 7～10 天喷施一次，连防 2～3 次。

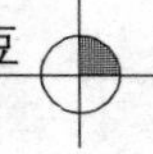

5. 四棱豆荚果腐烂病

又称赤霉病，主要侵害幼嫩荚果。被害荚果初期出现水渍状湿腐小斑，后扩大为近圆形至不定形褐斑，有的病斑沿荚果翼瓣扩展为褐色条斑，潮湿时斑面出现黄色至略带粉红的霉状物，即为本病病症，为病菌分生孢子。被害荚果终致枯萎，不能食用。

防治方法：注意防治小灰蝶等蛀果害虫（初荚期喷施2.5%氟氯氰菊酯乳油3 000～4 000倍液1～2次）。及早喷药，保护幼荚，可选用75%百菌清＋75%硫菌灵可湿性粉剂1 000～1 500倍液，或30%氧氯化铜悬浮剂＋70%代森锰锌可湿性粉剂（1∶1）800～1 000倍液、30%氧氯化铜悬浮剂＋10%多抗霉素可湿性粉剂（1∶1）800～1 000倍液，每隔10天左右喷施一次，交替喷施2～3次。

6. 四棱豆假尾孢叶斑病

主要危害叶片。叶片病斑初为褪绿小斑，后转为黄褐色至灰褐色，边缘色较深，中部色较淡，病健部位分界明显，有的病斑外围具有黄晕。病斑大小不等，小的直径为2～3毫米，大的直径达10～18毫米，数个病斑可互相融合为更大的斑块。斑面病症不甚明显，如果存在则呈暗灰色薄霉层（病菌分生孢子梗和分生孢子）。

防治方法：于植株上架起至发病之初，可喷施75%百菌清可湿性粉剂＋70%硫菌灵可湿性粉剂（1∶1）1 000～1 500倍液或30%氧氯化铜悬浮剂＋70%代森锰锌可湿性粉剂（1∶1）1 000倍液，每隔7～15天喷施一次，共喷2～3次，前密后疏，交替使用。

7. 四棱豆锈病

分布较广，多在秋季发病，发病率30%～100%，发病严重时影响产量和质量。病原为担子菌疣顶单胞锈菌真菌，主要危害叶片。

防治方法：采收后及时清理田间病枝叶，集中烧毁或深埋；

选用抗病品种，增施充分腐熟的有机肥，生长期间加强肥水管理；发病初期用25%丙环唑（敌力脱）乳油 8 000 倍液喷雾防治，7～10 天防治一次，连防 2～3 次。

（二）四棱豆虫害及防治

1. 地老虎

又叫土蚕或切根虫，是我国分布较广、为害较严重的地下害虫。北方一年发生 2～3 代。在四棱豆幼苗期为害严重，初孵化幼虫群集心叶及幼嫩部分，将其吃成小孔或缺刻，4 龄后幼虫常把幼苗齐地面咬断，或爬上幼苗上部咬断嫩枝。

防治方法：①用毒饵诱杀幼虫。一是鲜苗毒饵，用 50 千克鲜嫩杂草和菜叶切成 3 厘米长小段，加 90%敌百虫 500 克，对水少量拌匀，每公顷施 375 千克。二是麦麸毒饵，用 90%敌百虫 30 倍液将麦麸拌匀，按每公顷 37.5～75 千克的用量，于傍晚撒于土表，最好挖洞施放，诱杀 3 龄以上幼虫，效果很好。3 龄以下幼虫可用 2.5%敌百虫粉喷杀，每公顷喷 45 千克。②用毒液诱杀成虫。在早春诱杀地老虎成虫，将红糖 3 份、酒 1 份、醋 4 份、水 2 份，加入总溶液 1/30 的敌百虫，配制成糖醋毒液，置于田间诱杀成虫。

2. 吸花蓟马

又名台湾蓟马。近几年我国多数地区均有危害，成虫和幼虫为害蔬菜花器，影响开花结实，也为害幼苗、嫩叶和嫩荚。

防治方法：冬前深翻土壤，破坏化蛹场所，减少害虫越冬场所；避免连作，采用地膜覆盖栽培，阻止害虫入土化蛹；播种前选用 70%高巧干拌种剂，按种子重量的 0.3%～0.5%拌种；害虫发生前或发生初期，采用滴灌施药液浇根的方法，也可喷雾防治，宜选用有内吸熏蒸作用且对作物花器无药害的药剂，如 20%吡虫啉（康福多）可溶剂 3 000 倍或 25%噻虫嗪（阿克泰）水分散剂 3 000～4 000 倍液、1.8%阿维菌素（虫螨克）乳油

3 000倍液喷雾。因幼虫多隐藏在花器内为害以及为害幼荚组织的特点，喷雾重点对花器和幼嫩部位。

3. 豆荚螟

是四棱豆的主要害虫之一。一般幼虫孵化后，蛀入嫩荚阴面下部和基部，食害幼荚和种子，蛀孔内堆积很多粪便，还能吐丝卷叶，吞食叶肉或蛀食嫩茎，造成枯梢，并有迁荚为害习性，成虫有趋光性。旱年发生严重，重茬地严重。

防治方法：①减少虫源，及时清除田间落花、落荚，摘除受害卷叶和豆荚。②植株盛花期喷药，一般宜在上午植株开花时进行，喷洒重点部位是花蕾、花朵和嫩荚以及落花落荚，连续喷3～4 次，每隔 7～10 天喷一次。可选用杀螟杆菌 500 倍稀释液或杀螟松 800～1 000 倍稀释液、B. t. 乳剂加 2.5％敌杀死乳油，按 1∶0.1 比例配合，并对水 800～1 000 倍；或用 10％氯氰菊酯乳油 3 000 倍稀释液或 25％菊乐合剂 3 000 倍稀释液、10％除虫精 25 毫升加水 40 升等，喷洒。

4. 茶黄螨

我国各地均有发生。近年来，北方地区茶黄螨在蔬菜上为害日益严重。北京地区 7 月份以后开始为害，尤其为害芽、嫩叶、嫩茎、花蕾和幼荚。被害叶片增厚、僵直、变小、变窄，叶片背面变黄褐色或灰褐色，叶缘向背面卷曲，花蕾畸形或不能开花，豆荚受害处变黄褐色，荚面变粗糙，甚至龟裂。

防治方法：喷药应注意重点喷在植株易受害的部位，并注意不同药剂轮换使用。此外，发育期不同的螨其抗药能力有差异，连续喷药才有好效果。可选用 20％哒嗪硫磷乳油、35％杀螨特乳油、40％乐果乳油各 1 000 倍稀释液或 73％克螨特乳油1 000～1 500 倍稀释液喷雾。一般每 10～14 天喷一次，连续喷2～3 次。

此外，为害四棱豆的还有红蜘蛛、瓢虫、尺蠖等。凡防治茶黄螨的喷雾药液，一般都可用来防治红蜘蛛。防治瓢虫、尺蠖可用乐果1 000倍稀释液喷洒。

主 要 参 考 文 献

李娘辉，徐颂军．1996．四棱豆的营养价值和利用．华南师范大学学报：自然科学版，2：84－89.

全妙华，陈东明．2008．四棱豆可溶性总糖含量的测定．怀化学院学报，27（8）：52－53.

全妙华，陈东明．2006．四棱豆总黄酮含量的研究．时珍国医国药，17（10）：1907－1909.

全妙华，姚元枝，陈东明．2006．四棱豆硒含量的测定．微量元素与健康研究，23（3）：42，47.

张良彪，罗春梅．2008．四棱豆栽培技术．云南农业科技，5：36－37.